机电一体化工程专业课程实践教程

曾亿山
刘征宇 主编
王皖江 主审

合肥工业大学出版社

内容简介

《机电一体化工程专业课程实践教程》一书由实验篇、课程设计篇和毕业设计篇三部分组成。其中实验篇分7章给出了《机械工程控制基础》、《传感器与检测技术》、《计算机软件基础》、《现代设计方法》、《微机接口与控制》、《单片机原理及应用》和《机电一体化系统设计》各门主干课程的实验指导书;课程设计篇首先阐述了机电一体化综合课程设计的内容、方法和要点,然后给出了典型的机电一体化课程设计方法;毕业设计篇介绍了毕业设计的基本要求、方法和步骤,并收录了一篇优秀毕业设计论文作为范例。

本书贯穿了机电一体化工程专业实践教学的各个环节,内容翔实,可供机电一体化工程和机械电子工程等专业大学本科生在实践教学环节中使用。本书也适用于各类成人高校、自学考试相近专业的本专科学生。

图书在版编目(CIP)数据

机电一体化工程专业课程实践教程/曾亿山,刘征宇主编.—合肥:合肥工业大学出版社,2007.6

ISBN 978-7-81093-604-0

Ⅰ.机… Ⅱ.①曾…②刘… Ⅲ.机电一体化-高等学校-教材 Ⅳ.TH-39

中国版本图书馆CIP数据核字(2007)第088202号

机电一体化工程专业课程实践教程

曾亿山 刘征宇 主编 责任编辑 陈淮民

出 版	合肥工业大学出版社	**版 次**	2007年6月第1版
地 址	合肥市屯溪路193号	**印 次**	2008年6月第2次印刷
邮 编	230009	**开 本**	787×1092 1/16
电 话	总编室:0551-2903038	**印 张**	17
	发行部:0551-2903198	**字 数**	402千字
网 址	www.hfutpress.com.cn	**发 行**	全国新华书店
E-mail	press@hfutpress.com.cn	**印 刷**	合肥现代印务有限公司

ISBN 978-7-81093-604-0 定价:27.00元

如果有影响阅读的印装质量问题,请与出版社发行部联系调换

前　言

现代科学技术的不断发展，极大地推动了不同学科的交叉与渗透。在机械工程领域，由于微电子技术和计算机技术的迅速发展及其向机械工业的渗透，从而使机械工业的技术结构、产品、功能与构成、生产方式及管理体系发生了巨大的变化，工业生产已由“机械电气化”迈入了“机电一体化”的发展阶段。

机电一体化是指从系统的观点出发，综合运用机械技术、微电子技术、自动控制技术、计算机技术、信息技术、传感测控技术、电力电子技术、信息变换技术以及软件编程技术等群体技术，根据系统功能目标和优化组织目标，合理配置与布局各功能单元，在多功能、高质量、高可靠性、低能耗的意义上实现特定功能价值，并使整个系统最优化的系统工程技术。由此而产生的功能系统则成为一个机电一体化系统或机电一体化产品。

实践教学是一种以培养学生综合能力为主要目标的教学方式。有计划地组织学生通过观察、实验、操作、实习等教学环节巩固和深化与专业培养目标相关的理论知识和专业知识，掌握从事本专业领域实际工作的基本能力、基本技能和深造所需的基本能力和素质。因此实践教学环节在整个人才培养中占有举足轻重的作用。

机电一体化专业的培养目标可以分解为基础、提高、研究与创新三个层次。我们将各门主干课程的实验、课程设计和毕业设计等实践环节统筹安排，于是就构成了与培养目标相对应的“三层实践课程体系结构”——即本书的主要内容架构：

实验篇根据专业的培养目标，分7章给出了《机械工程控制基础》、《传感器与检测技术》、《计算机软件基础》、《现代设计方法》、《微机接口与控制》、《单片机原理及应用》和《机电一体化系统设计》各门主干课程的实验指导书。

课程设计篇首先阐述了机电一体化综合课程设计的内容、方法和要点，然后给出了典型的机电一体化课程设计方法。

毕业设计篇介绍了毕业设计的基本要求、方法和步骤等内容，并收录了一篇优秀毕业设计论文作为范例。

本书由合肥工业大学机械与汽车工程学院曾亿山和刘征宇担任主编，一批教学经验丰富的教师参加了本书的编写工作。其中刘征宇编写了第一章，丁曙光编写了第二章，朱武编写了第三章，高荣慧编写了第四章，王玉琳编写了第五、六章，尹志强和王玉琳编写了第七章，尹志强、王玉琳和宋守许编定了八至十一章，曾亿山编写了第十二、十三、十四章。

合肥工业大学机械与汽车工程学院王皖江副院长担任本书的主审，特此感谢！

由于水平有限，时间紧张，书中难免存在错误和不妥之处，恳请同行和广大读者不吝指正。

曾亿山

2007 年 5月于斛兵塘畔

目　录

[实验篇]

第一章　《机械工程控制基础》实验…… 1
　第一节　教学实验系统构成…… 2
　第二节　线性系统的时域分析实验…… 4
　第三节　线性控制系统的频率响应分析…… 16
　第四节　线性系统的校正与状态反馈…… 21
第二章　《传感器与检测技术》实验…… 29
　第一节　电阻应变片的灵敏度标定…… 29
　第二节　电阻应变片及测量电路性能实验…… 32
　第三节　电感式传感器—差动变压器的标定及位移测量…… 33
　第四节　简支梁的振动测试…… 35
　第五节　CSY2001/2001B 型传感器系统综合实验台使用说明…… 37
第三章　《计算机软件基础》实验…… 40
　第一节　微机操作系统…… 41
　第二节　C 语言程序设计…… 41
　第三节　数据结构…… 48
　第四节　FoxPro 数据库系统…… 50
第四章　《现代设计方法》实验…… 54
　第一节　SOLIDWORKS 绘制三维零件图…… 54
　第二节　SOLIDWORKS 数据交换…… 54
　第三节　ANSYS 基本操作及建模…… 55
　第四节　二维有限元结构分析实验…… 59
　第五节　一维搜索算法程序实验…… 63
第五章　《微机接口与控制》实验…… 65
　第一节　8259A 中断控制器实验…… 66
　第二节　8255A 并行口应用实验…… 72
　第三节　8253 定时/计数器应用实验…… 73
　第四节　8251A 串行接口应用实验——串行发送…… 74

第五节 8251A 串行接口应用实验——串行接收 …… 82
第六节 D/A 转换实验 …… 86
第七节 A/D 转换实验 …… 87
第六章 《单片机原理及应用》实验 …… 88
第一节 工业顺序控制 …… 89
第二节 8255 控制交通信号灯 …… 90
第三节 简单 I/O 口的扩展 …… 93
第四节 利用 8253 芯片输出方波 …… 94
第七章 《机电一体化系统设计》实验 …… 96
第一节 数控车床自动回转刀架机电系统结构分析设计 …… 96
第二节 微机数控 X—Y 工作台机电系统综合实验 …… 98
第三节 微机数控车床机电系统综合实验 …… 102
第四节 步进电动机半闭环控制系统分析实验 …… 105

[课程设计篇]

第八章 课程设计的内容、方法与要点 …… 109
第一节 课程设计的目的 …… 109
第二节 课程设计的内容与工作量要求 …… 109
第三节 课程设计的时间分配建议 …… 110
第四节 课程设计的成绩评定 …… 110
第五节 课程设计的阶段 …… 111
第六节 课程设计的方法和要点 …… 112
第九章 普通车床数控化改造设计实例 …… 115
第一节 设计任务 …… 116
第二节 总体方案的确定 …… 116
第三节 机械系统的改造设计方案 …… 117
第四节 进给传动部件的计算和选型 …… 118
第五节 绘制进给传动机构的装配图 …… 124
第六节 控制系统硬件电路设计 …… 125
第七节 步进电动机驱动电源的选用 …… 127
第八节 控制系统的部分软件设计 …… 127
第十章 机电一体化系统机械部件设计 …… 132
第一节 切削力的分析与计算 …… 132

第二节　齿轮传动副的选用 …… 142
第三节　同步带传动副的选型与计算 …… 145
第四节　滚珠丝杠副的选型与计算 …… 155
第五节　直线滚动导轨副的选型与计算 …… 170
第六节　联轴器的选用 …… 177
第十一章　步进电动机的设计计算 …… 180
第一节　机械系统运动参数的计算 …… 180
第二节　步进电动机及其选择 …… 184
第三节　步进电动机的控制与驱动 …… 194
第十二章　液压系统的设计与计算 …… 213
第一节　液压系统的设计内容和步骤 …… 213
第二节　明确液压系统设计要求 …… 214
第三节　液压系统的工况分析 …… 214
第四节　液压系统主要参数的确定 …… 217
第五节　拟定液压系统草图 …… 220
第六节　计算和选择液压元件 …… 221
第七节　液压系统的性能验算 …… 222
第八节　绘制工作图和编制技术文件 …… 223

[毕业设计篇]

第十三章　毕业设计概述 …… 224
第一节　设计内容与要求 …… 224
第二节　设计方法与步骤 …… 226
第十四章　毕业设计范例 …… 233

参考文献 …… 247

[实验篇]

第一章 《机械工程控制基础》实验

自动控制理论的形成和发展经历了近半个世纪的历程。现代数字计算机的迅速发展，为自动控制技术的应用开辟了广阔的前景。自动控制技术的广泛应用不仅能够使生产设备或过程实现自动化，而且在人类征服大自然、探索新能源、发展空间技术和改善人民生活等方面都起着极其重要的作用。

控制理论在工程技术领域中体现为工程控制论，在同机械工业相应的机械工程领域中体现为机械工程控制论。《机械工程控制基础》是机械工程、自动化、电子技术、电气技术、精密仪器等专业教学中的一门重要专业基础课程。实验作为感性认知的重要渠道构成教学环节中必不可少的一环，也是理论联系实际的重要环节。通过学生自己动手进行实验，获得基本实验技能的训练，培养学生独立思考和操作的能力，使学生初步具备运用本课程及相关已学课程的理论知识，分析和解决实际问题的能力，为后续课程和专业课程设计、毕业设计以及今后从事生产技术工作打下良好的基础。

本课程实验主要借助于"AEDK LabACT 自控/计控原理教学实验系统"，利用电网络模拟各种控制系统环节，从而搭建各类控制系统并进行相应实验研究。"AEDK LabACT 自控/计控原理教学实验系统"具有以下特点：

1. 采用模块式结构，可构造出各种形式和阶次的模拟环节和控制系统。标准实验部分只需使用短路套连接即可，直观且简化了实验操作和设备管理。扩充环节可以灵活搭建多种不同参数的系统。

2. 元器件的选用上，采用了较高精度元器件，使之实验结果更接近于理论值。

3. 实验系统自带多种信号源，足以满足各种实验的要求。

4. AEDK LabACT 自控/计控原理教学实验系统加了外接接口模块，可以容易的扩展外设接口。

5. 系统集成软件提供的虚拟示波器功能可实时、清晰的观察控制系统各项静态、动态特性，方便了对模拟控制系统特性的研究。

6. 利用系统自带的电机、温度模块等控制对象，可开设控制系统综合课程的实验。

第一节　教学实验系统构成

AEDK LabACT 自控/计控原理实验机由自动控制原理实验模块、微机控制原理实验模块、信号源模块、控制对象模块、虚拟示波器模块、控制对象输入显示模块和 CPU 控制模块 7 个模块组成。各模块相互交联关系如图 1－1 所示。

自动控制原理实验模块由 6 个模拟运算单元及元器件库组成。这些模拟运算单元的输入回路和反馈回路上配有多个各种参数的电阻、电容，因此可以完成各种自动控制模拟运算，例如构成比例环节、比例微分环节、PID 环节和典型的二阶、三阶系统等。将本实验机所提供的多种信号源输入到模拟运算单元中去，再使用本实验机提供的虚拟示波器，可观察和分析各类系统的响应曲线。利用本实验平台及虚拟示波器还可以用相轨迹法和相平面法观察和分析非线性系统的瞬间响应和稳态误差等。

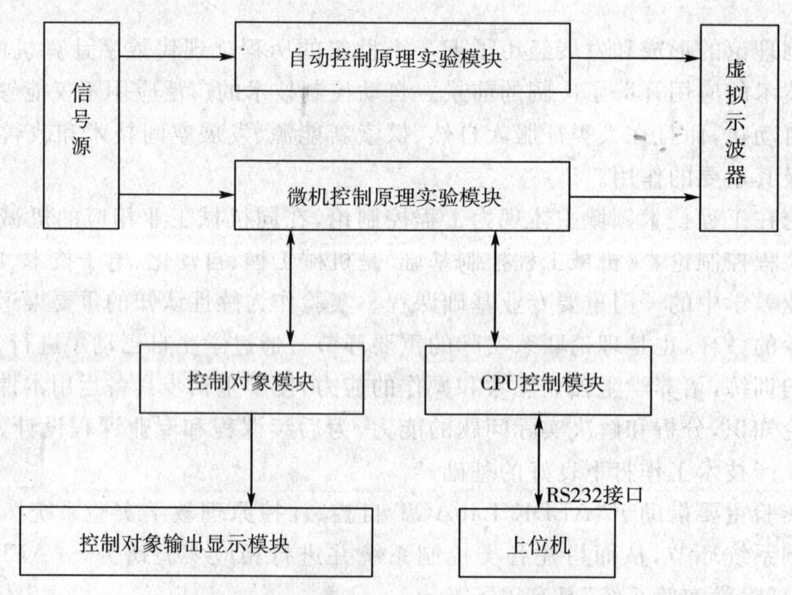

图 1－1　各模块相互交联关系框图

微机控制原理实验模块由模数转换器、数模转换器、8253 定时器、8259 中断控制器及模拟运算单元组成。在 CPU 的运算和控制下，可完成数字 PID 控制，最少拍无纹波控制及大林算法等实验。

控制对象模块由温度控制模块、直流电机模块和步进电机模块组成。可实现温度闭环控制实验、直流电机闭环调速实验和步进电机调速实验，还包括外设接口模块，可实现扩展外设各种实验。

CPU 控制模块由 16 位微机 8088、只读存储器 27512、随机存取存储器 62256、时钟芯片以及 RS232 串行接口通讯芯片等组成。CPU 控制模块位于主实验板的下面，经 J1 插座与主实验板相联。

根据功能本实验机划分了各种实验区均在主实验板上。实验区组成见表 1-1。

表 1-1 实验区组成

A实验区	模拟运算单元	有 6 个模拟运算单元,每单元由输入回路 6 组电阻、或电容,反馈回路 7 组电阻、或电容,1 个运算放大器组成	A1～A6
	可变阻容元件库	由电位器 330K 和 22K,直读式可变电阻 0～999.9KΩ,直读式可变电容 0～0.7uF 组成	A7
	阻容元件库	有 10 个电阻,6 个电容,2 个二极管,1 个双向稳压管	A8
	运算放大器库	有 3 组运算放大器	A9
B实验区	信号发生器	由手控阶跃发生(0/＋5v、－5v/＋5v),幅度控制(电位器),非线性输出组成	B1
	数模转换器	8 位数/模转换,输出有 0～＋5v、－5v～＋5v、－10v～＋10v,三个测孔供选择	B2
	虚拟示波器	2 个通道模拟信号输入,输入信号可不衰减输入,也可衰减 5 倍后输入	B3
	采样/保持器	LF398,4538	B4
	函数发生器	有单位阶跃,斜坡,抛物线信号输出,信号宽度范围 2ms～6s,可调,幅度可调	B5
	正弦波发生器	频率范围 0.1Hz～100Hz 可调,幅度可调	B6
	基准电压单元	＋Vref(＋5.00v),－Vref(－5.00v)	B7
	模数转换器	8 位模/数转换,其中有 6 个通道为 0～＋5v 输入,有 2 个通道为－5v～＋5v 输入	B8
	定时器/中断单元	有 8253 定时器中的计数器 1,固定时钟(1.229MHz)输入的 OUTO 输出及与 OUTO 级联的 OUT2 输出。有中断控制器 8259 中的输入 IRQ6,IRQ7	B9
C实验区	步进电机模块	步进电机 35BY48	C1
	直流电机模块	直流电机 BY25 及光电断续器测速	C2
	温控模块	AD590 测温及温度闭环控制(0℃～80℃)	C3
	外设接口模块	1 路 4～20mA 或 1～5v 模拟电压输出(AOUT),2 路 4～20mA 或 1～5v 模拟电压输入(IN－2、IN－3),4 路开关量输入和 8 路开关量输出(DIN 和 DOUT),1 路测温传感器(铂电阻 PT100)输入(IN－1)	C4
D实验区	控制对象输出显示模块	自带 CPU (89C2051)控制,10 位 A/D 转换器 TLC1543。3 位八段数码管,可切换显示温度/转速/电压/电流。可当作－5v～＋5v 电压表	D

第二节 线性系统的时域分析实验

一、典型环节的模拟研究

(一)实验要求

1. 掌握各典型环节模拟电路的构成方法、传递函数表达式及输出时域函数表达式。

2. 观察和分析各典型环节的阶跃响应曲线,了解各项电路参数对典型环节动态特性的影响。

(二)实验内容及步骤

在实验中欲观测实验结果时,可用普通示波器,也可选用本实验机配套的虚拟示波器。

如果选用虚拟示波器,只要运行LABACT程序,选择自动控制菜单下的线性系统的时域分析下的典型环节的模拟研究实验项目,再选择开始实验,就会弹出虚拟示波器的界面,点击开始即可使用本实验机配套的虚拟示波器(B3)单元的CH1测孔测量波形。

1. 观察比例环节的阶跃响应曲线

典型比例环节模拟电路如图1-2所示。该环节在A1单元中分别选取反馈电阻$R1$=100K、200K来改变比例参数。

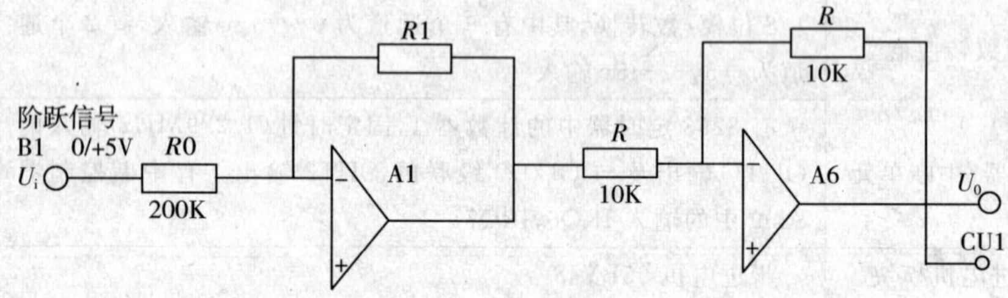

图1-2 典型比例环节模拟电路

实验步骤:

(1)将信号发生器(B1)中的阶跃输出0/+5V作为系统的信号输入(Ui)。

注:"S-ST"不能用短路套短接!

(2)安置短路套、联线,构造模拟电路:

①安置短路套

	模块号	跨接座号	
1	A1	当反馈电阻$R1$=100K时 当反馈电阻$R1$=200K时	S4,S7 S4,S8
2	A6		S2,S6

②测孔联线

1	信号输入(Ui)	B1(0/+5V) →A1(H1)
2	运放级联	A1(OUT)→A6(H1)

(3)虚拟示波器(B3)的连接:示波器输入端 CH1 接到 A6 单元信号输出端 OUT(*Uo*)。注:CH1 选“X1”档。时间量程选“x4”档。

(4)运行、观察、记录:

按下信号发生器(B1)阶跃信号按钮时(0→+5V 阶跃),用示波器观测 A6 输出端(*Uo*)的实际响应曲线 *Uo*(*t*),且将结果记下。改变比例参数(改变运算模拟单元 A1 的反馈电阻 *R*1),重新观测结果。

2. 观察惯性环节的阶跃响应曲线

典型惯性环节模拟电路如图 1-3 所示。该环节在 A1 单元中分别选取反馈电容 *C*=1uf、2uf 来改变时间常数。

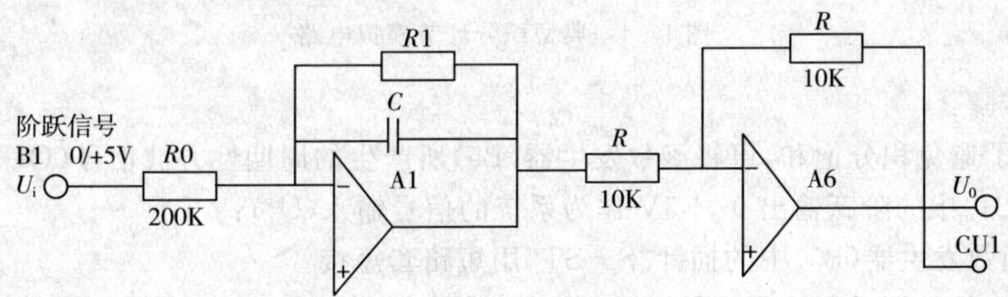

图 1-3 典型惯性环节模拟电路

实验步骤:

(1)将信号发生器(B1)中的阶跃输出 0/+5V 作为系统的信号输入(*Ui*)。

注:“S-ST”不能用短路套短接!

(2)安置短路套、联线,构造模拟电路:

①安置短路套

	模块号	跨接座号	
1	A1	当反馈电容 *C*=1uf 时 当反馈电容 *C*=2uf 时	S4,S8,S10 S4,S8,S10,S11
2	A6	S2,S6	

②测孔联线

1	信号输入(Ui)	B1(0/+5V) →A1(H1)
2	运放级联	A1(OUT)→A6(H1)

(3)虚拟示波器(B3)的连接:示波器输入端 CH1 接到 A6 单元信号输出端 OUT(*Uo*)。注:CH1 选“X1”档。时间量程选“x4”档。

(4)运行、观察、记录：

按下信号发生器(B1)阶跃信号按钮时(0→+5V 阶跃)，用示波器观测 A6 输出端(U_o)的实际响应曲线 $U_o(t)$，且将结果记下。改变时间常数(改变运算模拟单元 A1 的反馈电容 C)，重新观测结果。

3. 观察积分环节的阶跃响应曲线

典型积分环节模拟电路如图 1-4 所示。该环节在 A1 单元中分别选取反馈电容 C=1uf、2uf 来改变时间常数。

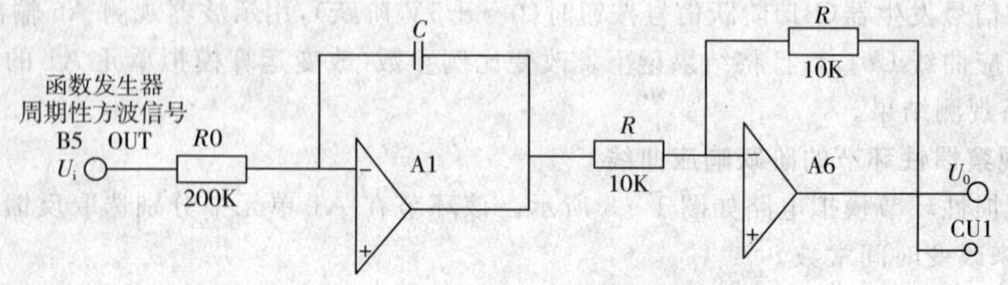

图 1-4 典型积分环节模拟电路

实验步骤：

(1)为了避免积分饱和，可将函数发生器(B5)所产生的周期性方波信号(OUT)，代替信号发生器(B1)中的阶跃输出 0/+5V 作为系统的信号输入(Ui)：

①将函数发生器(B5)中的插针“S-ST”用短路套短接。

②将 S1 拨动开关置于最上档(阶跃信号)。

③信号周期由拨动开关 S2 和“调宽”旋钮调节，信号幅度由“调幅”旋钮调节，以信号幅值小，信号周期较长比较适宜(周期在 0.5s 左右，幅度在 2.5V 左右)。

(2)安置短路套、联线，构造模拟电路：

①安置短路套

	模块号	跨接座号	
1	A1	当反馈电容 C=1uf 时	S4，S10
		当反馈电容 C=2uf 时	S4，S10，S11
2	A6		S2，S6

②测孔联线

1	信号输入(Ui)	B5(OUT) →A1(H1)
2	运放级联	A1(OUT)→A6(H1)

(3)虚拟示波器(B3)的连接：示波器输入端 CH1 接到 A6 单元信号输出端 OUT(U_o)。注：CH1 选“X1”档。时间量程选“x4”档。

(4)运行、观察、记录：

用示波器观测 A6 输出端(U_o)的实际响应曲线 $U_o(t)$，且将结果记下。改变时间常数

(改变运算模拟单元 A1 的反馈电容 C),重新观测结果。

4. 观察比例积分环节的阶跃响应曲线

典型比例积分环节模拟电路如图 1－5 所示。该环节在 A5 单元中分别选取反馈电容 C＝1uf、2uf 来改变时间常数。

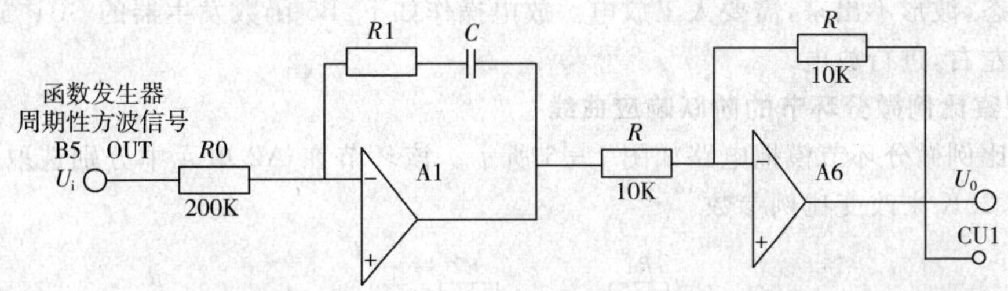

图 1－5 典型比例积分环节模拟电路

实验步骤:

(1)为了避免积分饱和,可将函数发生器(B5)所产生的周期性方波信号(OUT),代替信号发生器(B1)中的阶跃输出 0/＋5V 作为系统的信号输入(*Ui*):

①将函数发生器(B5)中的插针"S－ST"用短路套短接。

②将 S1 拨动开关置于最上档(阶跃信号)。

③信号周期由拨动开关 S2 和"调宽"旋钮调节,信号幅度由"调幅"旋钮调节,以信号幅值小,信号周期较长比较适宜(正输出宽度在 0.5s 左右,幅度在 1V 左右)。

(2)安置短路套、联线,构造模拟电路:

①安置短路套

	模块号	跨接座号	
1	A5	当反馈电容 C＝1uf 时 当反馈电容 C＝2uf 时	S4,S8 S4,S9
2	A6		S2,S6

②测孔联线

1	信号输入(*Ui*)	B5(OUT)→A5(H1)
2	运放级联	A5(OUT)→A6(H1)

(3)虚拟示波器(B3)的连接:示波器输入端 CH1 接到 A6 单元信号输出端 OUT(*Uo*)。

注:CH1 选"X1"档。时间量程调选"x2"档。

(4)运行、观察、记录:

用示波器观测 A6 输出端(*Uo*)的实际响应曲线 $U0(t)$,且将结果记下。改变时间常数(改变运算模拟单元 A5 的反馈电容 C),重新观测结果。

注:由于虚拟示波器(B3)的频率限制,在作比例积分实验时所观察到的现象不明显时,可适当调整参数。调整方法如下:

将 $R0$＝200K 调整为 $R0$＝430K 或者 $R0$＝330K，以此来延长积分时间，将会得到明显的效果图。（可将运算模拟单元 A5 的输入电阻的短路套（S4）去掉，将可变元件库（A7）中的可变电阻跨接到 A5 单元的 H1 和 IN 测孔上，调整可变电阻继续实验。）

在做该实验时，如果发现有积分饱和现象产生时，即构成积分或惯性环节的模拟电路处于饱和状态，波形不出来，需要人工放电。放电操作如下：B5 函数发生器的 SB4“放电按钮”按住 3 秒左右，进行放电。

5. 观察比例微分环节的阶跃响应曲线

典型比例微分环节模拟电路如图 1－6 所示。该环节在 A2 单元中分别选取反馈电阻 $R1$＝10K、20K 来改变比例参数。

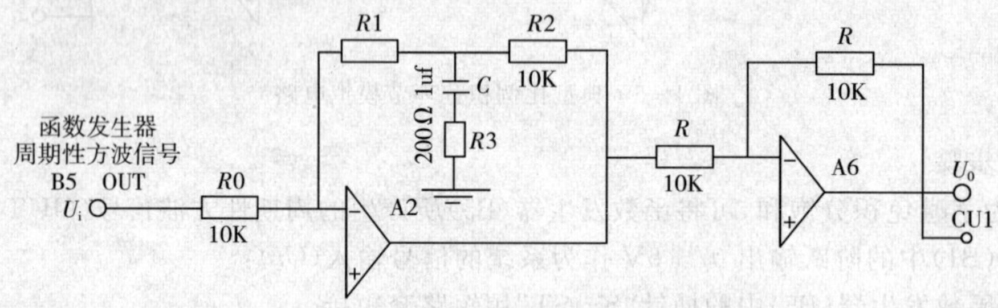

图 1－6　典型比例微分环节模拟电路

实验步骤：

(1)为了避免积分饱和，可将函数发生器(B5)所产生的周期性方波信号(OUT)，代替信号发生器(B1)中的阶跃输出 0/＋5V 作为系统的信号输入(Ui)：

①将函数发生器(B5)中的插针“S－ST”用短路套短接。

②将 S1 拨动开关置于最上档(阶跃信号)。

③信号周期由拨动开关 S2 和“调宽”旋钮调节，信号幅度由“调幅”旋钮调节，以信号幅值小，信号周期较长比较适宜(正输出宽度在 70ms 左右，幅度在 400mv 左右)。

(2)安置短路套、联线，构造模拟电路：

①安置短路套

	模块号	跨接座号	
1	A2	当反馈电阻 $R1$＝10K 时	S1，S7，S9
		当反馈电阻 $R1$＝20K 时	S1，S8，S9
2	A6		S2，S6

②测孔联线

1	信号输入(Ui)	B5(OUT)→A2(H1)
2	运放级联	A2(OUT)→A6(H1)

(3)虚拟示波器(B3)的连接：示波器输入端 CH1 接到 A6 单元信号输出端 OUT(Uo)。

注：CH1 选“X1”档。时间量程选“/2”档。

(4)运行、观察、记录：

用示波器观测 A6 输出端(Uo)的实际响应曲线 $Uo(t)$，且将结果记下。改变比例参数(改变运算模拟单元 A1 的反馈电阻 $R1$)，重新观测结果。

注：该实验由于微分的时间太短，如果用虚拟示波器(B3)观察，必须把波形扩展到最大(/ 4 档)，但有时仍无法显示微分信号。因此建议用普通示波器观察。

6. 观察 PID(比例积分微分)环节的响应曲线

PID(比例积分微分)环节模拟电路如图 1－7 所示。该环节在 A2 单元中分别选取反馈电阻 $R1$＝10K、20K 来改变比例参数。

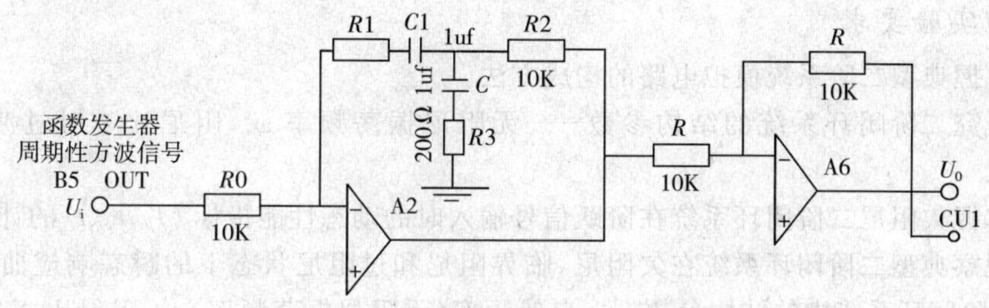

图 1－7 PID(比例积分微分)环节模拟电路

实验步骤：

(1)为了避免积分饱和，可将函数发生器(B5)所产生的周期性方波信号(OUT)，代替信号发生器(B1)中的阶跃输出 0/＋5V 作为 PID 环节的信号输入(Ui)：

①将函数发生器(B5)中的插针“S－ST”用短路套短接。

②将 S1 拨动开关置于最上档(阶跃信号)。

③信号周期由拨动开关 S2 和“调宽”旋钮调节，信号幅度由“调幅”旋钮调节，以信号幅值小，信号周期较长比较适宜(正输出宽度在 70ms 左右，幅度在 400mv 左右)。

(2)安置短路套、联线，构造模拟电路：

①安置短路套

	模块号	跨接座号	
1	A2	当反馈电容 C＝1uf 时 当反馈电容 C＝2uf 时	S1，S7 S1，S8
2	A6		S2，S6

②测孔联线

1	信号输入(Ui)	
2	运放级联	

(3)虚拟示波器(B3)的连接：示波器输入端 CH1 接到 A6 单元信号输出端 OUT(Uo)。注：CH1 选“X1”档。时间量程选“/2”档。

(4)运行、观察、记录：

用示波器观测 A6 输出端(Uo)的实际响应曲线 $Uo(t)$，且将结果记下。改变比例参数(改变运算模拟单元 A2 的反馈电阻 $R1$)，重新观测结果。

注：该实验由于微分的时间太短，如果用虚拟示波器(B3)观察，必须把波形扩展到最大(/ 4 档)，但有时仍无法显示微分信号。因此，建议用普通示波器观察。

二、二阶系统瞬态响应和稳定性

(一)实验要求

1. 掌握典型二阶系统模拟电路的构成方法。

2. 研究二阶闭环系统的结构参数——无阻尼振荡频率 ω_n，阻尼比 ξ 对过渡过程的影响。

3. 掌握欠阻尼二阶闭环系统在阶跃信号输入时的动态性能指标 M_p、t_p、t_s 的计算。

4. 观察典型二阶闭环系统在欠阻尼、临界阻尼和过阻尼状态下的瞬态响应曲线，分析欠阻尼二阶闭环系统中的结构参数——自然频率(无阻尼振荡频率)ω_n，阻尼比 ξ 对瞬态响应的影响。

(二)实验原理及说明

图 1-8 是典型二阶系统原理方块图。

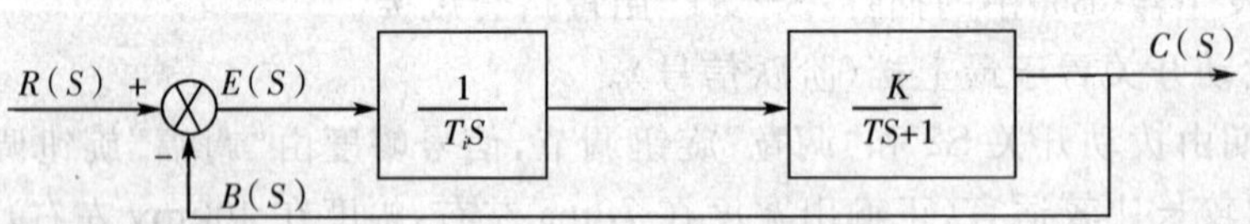

图 1-8 典型二阶系统原理方块图

Ⅰ型二阶系统的开环传递函数：$G(S)=\dfrac{K}{T_iS(TS+1)}$

Ⅰ型二阶系统的闭环传递函数标准式：$\phi(S)=\dfrac{G(S)}{1+G(S)}=\dfrac{\omega_n^2}{S^2+2\xi\omega_nS+\omega_n^2}$

自然频率(无阻尼振荡频率)：$\omega_n=\sqrt{K/T_iT}$　　阻尼比：$\xi=\dfrac{1}{2}\sqrt{T_i/KT}$

有二阶闭环系统模拟电路如图 1-9 所示。它由积分环节(A2)和惯性环节(A3)构成。

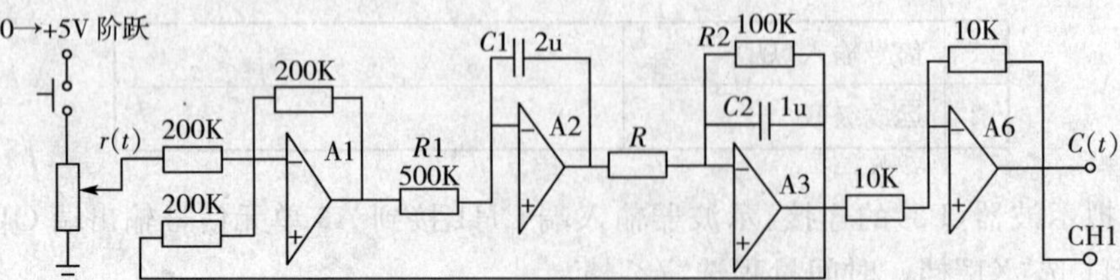

图 1-9 二阶系统模拟电路的各环节参数及系统的传递函数

积分环节(A2 单元)的积分时间常数 $T_i=R1\cdot C1=1s$

惯性环节(A3 单元)的惯性时间常数 $T=R2\cdot C2=0.1s$

该闭环系统在 A3 单元中改变输入电阻 R 来调整增益 K,R 分别设定为 10k、40k、100k。

$$G(S)=\frac{K}{TiS(TS+1)}=\frac{K}{S(0.1S+1)} \quad 其中 K=\frac{R_2}{R}=\frac{100k}{R}$$

$$\phi(s)=\frac{\omega_n^2}{S^2+2\xi\omega_n S+\omega_n^2}=\frac{10K}{S^2+10S+10K}$$

$$\omega_n=\sqrt{K/TiT}=\sqrt{10K} \qquad \xi=\frac{1}{2}\sqrt{T/KT}=\frac{1}{2}\sqrt{\frac{10}{K}}$$

当 $R=100k$, K=1, ξ=1.58 >1, 为过阻尼响应;

当 $R=40k$, K=2.5, ξ=1, 为临界阻尼响应;

当 $R=10k$, K=10, ξ=0.5, 0<ξ<1, 为欠阻尼响应。

欠阻尼二阶闭环系统在阶跃信号输入时的动态性能指标 M_p、t_p、t_s 的计算:(K=10ξ=0.5)

超调量:$M_P=e^{\frac{\xi\pi}{\sqrt{1-\xi^2}}}\times100\%=16.3\%$

峰值时间:$t_P=\dfrac{\pi}{\omega_n\sqrt{1-\xi^2}}=0.36$

调节时间:$t_S=\dfrac{4}{\xi\omega_n}=0.8$

(三)实验内容及步骤

在实验中欲观测实验结果时,可用普通示波器,也可选用本实验机配套的虚拟示波器。

如果选用虚拟示波器,只要运行LabACT程序,选择自动控制菜单下的线性系统的时域分析下的二阶典型系统瞬态响应和稳定性实验项目,再选择开始实验,就会弹出虚拟示波器的界面,点击开始即可使用本实验机配套的虚拟示波器(B3)单元的 CH1 测孔测量波形。具体用法参见实验指导书第二章虚拟示波器部分。

典型二阶系统模拟电路见图 1-9。该环节在 A3 单元中改变输入电阻 R 来调整衰减时间。

实验步骤:

(1)用信号发生器(B1)的"阶跃信号输出"和"幅度控制电位器"构造输入信号(Ui):

B1 单元中电位器的左边 K3 开关拨下(GND),右边 K4 开关拨下(0/+5V 阶跃)。阶跃信号输出(B1-2 的 Y 测孔)调整为 2V(调节方法:调节电位器,用万用表测量 Y 测孔)。

注:"S—ST"不能用短路套短接!

(2)安置短路套、联线,构造模拟电路:

①安置短路套

	模块号	跨接座号	
1	A1		S4,S8
2	A2		S2,S10
3	A3	当输入电阻 R=10K 当输入电阻 R=39K 当输入电阻 R=100K	S1,S8,S10 S2,S8,S10 S4,S8,S10
4	A6		S2,S6

②测孔联线

1	信号输入 r(t)	B1(Y) →A1(H1)
2	运放级联	A1(OUT→A2(H1)
3	运放级联	A2(OUT→A3(H1)
4	负反馈	A3(OUT→A1(H2)
5	运放级联	A3(OUT→A6(H1)

(3)虚拟示波器(B3)的连接:示波器输入端 CH1 接到 A6 单元信号输出端 OUT(C(t))。

注:CH1 选"X1"档。

(4)运行、观察、记录:

按下 B1 按钮,用示波器观察在 3 种情况下 A3 输出端 $C(t)$的系统阶跃响应,记录超调量 M_P,峰值时间 t_p 和调节时间 t_s,并将测量值和计算值(实验前必须按公式计算出)进行比较。

注:在作欠阻尼阶跃响应实验时,由于虚拟示波器(B3)的频率限制,无法很明显的观察到正确的衰减振荡图形,此时可适当调节参数。

调节方法:减小运算模拟单元 A3 的输入电阻 R=10K 的阻值,延长衰减时间(参考参数:R=2K)。(可将运算模拟单元 A3 的输入电阻的短路套(S1/S2/S4)去掉,将可变元件库(A7)中的可变电阻跨接到 A3 单元的 H1 和 IN 测孔上,调整可变电阻继续实验。)

在做该实验时,如果发现有积分饱和现象产生时,即构成积分或惯性环节的模拟电路处于饱和状态,波形不出来,需要人工放电。放电操作如下:B5 函数发生器的 SB4"放电按钮"按住 3 秒左右,进行放电。

如欲用相平面分析该模块电路时,需把示波器的输入端 CH2 接到 A1 单元信号输出端,并选用示波器界面中的 X－Y 选项。

三、三阶系统的瞬态响应和稳定性

(一)实验要求

1. 掌握典型三阶系统模拟电路的构成方法,Ⅰ型三阶系统的传递函数表达式。

2. 熟悉劳斯(Routh)判据使用方法。

3. 应用劳斯(Routh)判据，观察和分析Ⅰ型三阶系统在阶跃信号输入时，系统的稳定、临界稳定及不稳定三种瞬态响应。

（二）实验原理及说明

典型三阶系统的方块图见图 1-10。

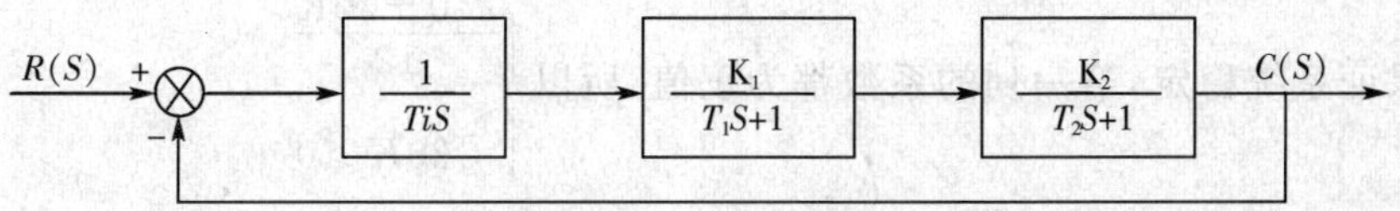

图 1-10 典型三阶系统的方块图

典型三阶系统的开环传递函数(单位反馈)：$G(S)=\dfrac{K_1K_2}{TiS(T_1S+1)(T_2S+1)}$

闭环传递函数：$\phi(S)=\dfrac{K_1K_2}{TiS(T_1S+1)(T_2S+1)+K_1K_2}$

有三阶系统模拟电路如图 1-11 所示。它由积分环节(A2)和惯性环节(A3 和 A5)构成。

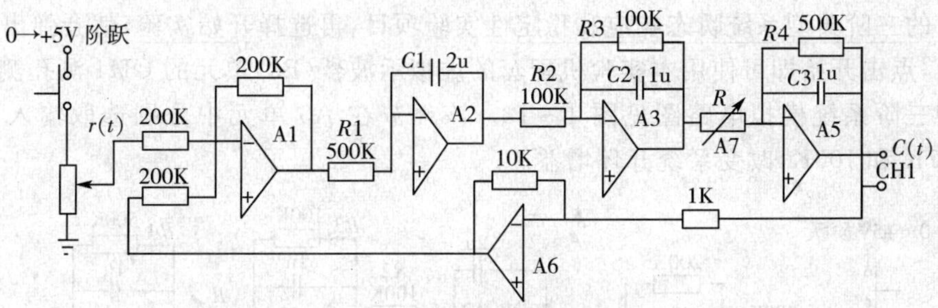

图 1-11 典型三阶系统模拟电路图

图 1-11 的三阶系统模拟电路的各环节参数及系统的传递函数：

积分环节(A2 单元)的积分时间常数 $T_i=R1\cdot C1=1\text{s}$；

惯性环节(A3 单元)的惯性时间常数 $T_1=R3\cdot C2=0.1\text{s}$，$K_1=R3/R2=1$；

惯性环节(A5 单元)的惯性时间常数 $T_2=R4\cdot C3=0.5\text{s}$，$K_2=R4/R=500\text{k}/R$。

该系统在 A5 单元中改变输入电阻 R 来调整增益 K，R 分别为 30k、41.7k、100k。

图 1-11 的三阶系统模拟电路传递函数为：

开环传递函数：$G(S)=\dfrac{K}{S(0.1S+1)(0.5S+1)}$，　　$K=\dfrac{K_1\cdot K_2}{T_i}=\dfrac{500k}{R}$

闭环传递函数：$\phi(S)=\dfrac{G(S)}{1+G(S)}=\dfrac{K}{S(0.1S+1)(0.5S+1)+K}=\dfrac{20K}{S^3+12S^2+20S+20K}$

闭环系统的特征方程为：$1+G(S)=0\Rightarrow S^3+12S^2+20S+20K=0$

特征方程标准式：$a_0S^3+a_1S^2+a_2S+a_3=0$

由 Routh 稳定判据判断得 Routh 行列式为：

$$\begin{array}{lll} S^3 & a_0 & a_2 \\ S^2 & a_1 & a_3 \\ S^1 & \dfrac{a_1a_2-a_0a_3}{a_1} & 0 \\ S^0 & a_3 & 0 \end{array} \Rightarrow \begin{array}{lll} S^3 & 1 & 20 \\ S^2 & 12 & 20K \\ S^1 & \dfrac{240-20K}{12} & 0 \\ S^0 & 20K & 0 \end{array}$$

为了保证系统稳定，第一列的系数都为正值，所以$\begin{cases} \dfrac{240-20K}{12}>0 \\ 20K>0 \end{cases}$

由 Routh 判据，得$\begin{cases} 0<K<12 & \Rightarrow R>41.7\text{K}\Omega & \text{系统稳定} \\ K=12 & \Rightarrow R=41.7\text{K}\Omega & \text{系统临界稳定} \\ K>12 & \Rightarrow R<41.7\text{K}\Omega & \text{系统不稳定} \end{cases}$

（三）实验内容及步骤

在实验中欲观测实验结果时，可用普通示波器，也可选用本实验机配套的虚拟示波器。

如果选用虚拟示波器，只要运行LABACT 程序，选择自动控制菜单下的线性系统的时域分析下的三阶典型系统瞬态响应和稳定性实验项目，再选择开始实验，就会弹出虚拟示波器的界面，点击开始即可使用本实验机配套的虚拟示波器(B3)单元的 CH1 测孔测量波形。

典型三阶系统模拟电路图见图 1-12。该环节在 A5 单元中分别选取输入电阻 $R=30\text{K}$、41.7K 和 100K，改变系统开环增益。

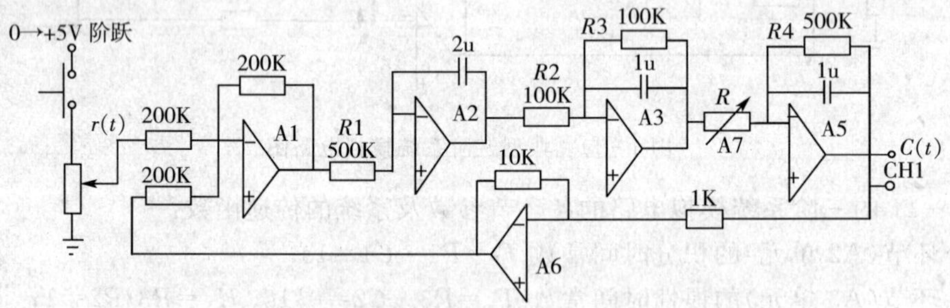

图 1-12 典型三阶系统模拟电路图

实验步骤：

(1)用信号发生器(B1)的“阶跃信号输出”和“幅度控制电位器”构造输入信号(Ui)：

B1 单元中电位器的左边 K3 开关拨下(GND)，右边 K4 开关拨下(0/+5V 阶跃)。阶跃信号输出(B1-2 的 Y 测孔)调整为 2V(调节方法：调节电位器，用万用表测量 Y 测孔)。

注：“S-ST”不能用短路套短接！

(2)安置短路套、联线，构造模拟电路：

①安置短路套

	模块号	跨接座号
1	A1	S4,S8
2	A2	S2,S10
3	A3	S4,S8,S10
4	A5	S1,S7,S10
5	A6	S2,S6

②测孔联线

1	信号输入 r(t)	B1(Y) →A1(H1)
2	运放级联	A1(OUT)→A2(H1)
3	运放级联	A2(OUT)→A3(H1)
4	运放级联	A3(OUT)→A5(H1)
5	运放级联	A5(OUT)→A6(H1)
6	负反馈	A6(OUT)→A1(H2)

③跨接元件

将元件库(A7)中的直读式可变电阻跨接到(A5)单元(H1)和(IN)之间。

(3)虚拟示波器(B3)的连接:示波器输入端 CH1 接到 A5 单元信号输出端 OUT(C(t))。

注:CH1 选“X1”档。

(4)运行、观察、记录:

分别将(A7)中的直读式可变电阻调整到 30K、41.7K、100K。按下 B1 按钮,用示波器观察 A5 单元信号输出端 $C(t)$ 的系统阶跃响应,测量并记录超调量 M_P,峰值时间 t_p 和调节时间 t_s。

在做实验时,如果发现有积分饱和现象产生时,即构成积分或惯性环节的模拟电路处于饱和状态,波形不出来,需要人工放电。放电操作如下:B5 函数发生器的 SB4“放电按钮”按住 3 秒左右,进行放电。

如欲用相平面分析该模块电路时,需把示波器的输入端 CH2 接到 A1 单元信号输出端,并选用示波器界面中的 X－Y 选项。

第三节 线性控制系统的频率响应分析

一、实验要求

1. 掌握对数幅频曲线、相频曲线(波德图)和幅相曲线(奈奎斯特图)的构造及绘制方法。

2. 研究二阶闭环系统的结构参数——自然频率或无阻尼振荡频率 ω_n，ξ阻尼比 ξ 对对数幅频曲线和相频曲线的影响，以及渐近线的绘制。

3. 掌握欠阻尼二阶闭环系统中的幅频特性 $L(\omega)$、相频特性 $\phi(\omega)$、谐振频率 ω_r 和谐振峰值 $L(\omega_r)$ 的计算。

4. 研究表征系统稳定程度的相位裕度 γ 和幅值裕度 h(dB)对系统的影响。

5. 观察和分析欠阻尼二阶闭环系统谐振频率 ω_r 和谐振峰值 $L(\omega_r)$。

6. 观察和分析Ⅰ型三阶系统中，相位裕度 γ 和幅值裕度 h(dB)对系统的稳定的影响。

二、实验原理及说明

被测系统的方块图见图 1-13。

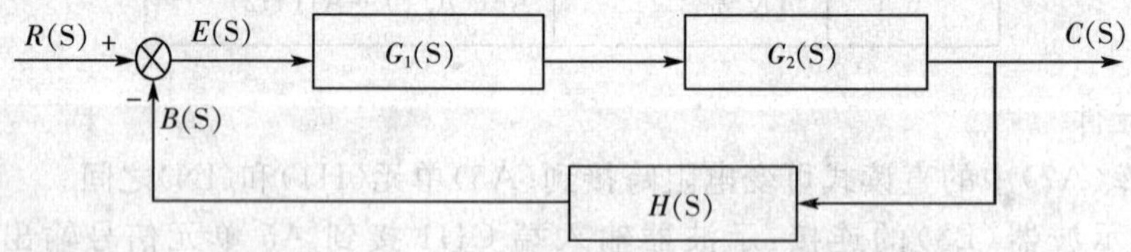

图 1-13 被测系统方块图

系统(环节)的频率特性 $G(j\omega)$是一个复变量，可以表示成以角频率 ω 为参数的幅值和相角：

$$G(j\omega)=|G(j\omega)|\angle G(j\omega) \tag{1-1}$$

图 1-13 所示被测系统的闭环传递函数：

$$\phi(S)=\frac{C(S)}{R(S)}=\frac{G_1(S)G_2(S)}{1+G_1(S)G_2(S)H(S)} \tag{1-2}$$

如被测系统的反馈传递函数 H(S)=1，则(式 1-2)可简化为：

$$\phi(S)=\frac{C(S)}{R(S)}=\frac{G_1(S)G_2(S)}{1+G_1(S)G_2(S)} \tag{1-3}$$

式(1-3)以角频率 ω 为参数的幅值和相角：

$$L(\omega)=20\lg|\phi(j\omega)| \qquad \phi(\omega)=\angle\phi(j\omega)$$

由于Ⅰ型系统含有一个积分环节，它在开环时响应曲线是发散的，因此欲获得其开环频率特性时，还是需要构建成闭环系统，测试其闭环频率特性，然后通过公式换算，获得其开环频率特性。算法如下：

图 1-13 所示被测系统的开环频率特性为：

$$G_1(S)G_2(S)=\frac{\phi(S)}{1-\phi(S)} \tag{1-4}$$

图 1-13 所示被测系统以角频率 ω 为参数表示成的开环频率特性为：

$$G_1(j\omega)G_2(j\omega)=\frac{\phi(j\omega)}{1-\phi(j\omega)}=\left|\frac{\phi(j\omega)}{1-\phi(j\omega)}\right|\angle\frac{\phi(j\omega)}{1-\phi(j\omega)} \tag{1-5}$$

式(1-5)亦可以角频率 ω 为参数表示为对数幅频特性和相频特性：

$$20\lg|G_1(j\omega)G_2(j\omega)|=20\lg\left|\frac{\phi(j\omega)}{1-\phi(j\omega)}\right| \qquad \angle G_1(j\omega)G_2(j\omega)=\angle\frac{\phi(j\omega)}{1-\phi(j\omega)}$$

三、实验内容及步骤

在实验中欲观测实验结果时，应运行LABACT程序，选择自动控制菜单下的线性控制系统的频率响应分析实验项目，再分别选择一阶系统、或二阶系统、或三阶系统、或时域分析，就会弹出虚拟示波器的界面，点击开始即可使用本实验机配套的虚拟示波器(B3)显示波形。

(一)一阶系统的对数幅频曲线、相频曲线和幅相曲线

本实验将数/模转换器(B2)单元作为信号发生器，产生的超低频正弦信号的频率从低到高变化(0.5Hz～64Hz)，施加于被测系统的输入端 r(t)，然后分别测量被测系统的输出信号的对数幅值和相位，数据经相关运算后在虚拟示波器中显示。一阶被测系统的模拟电路图见图 1-14。

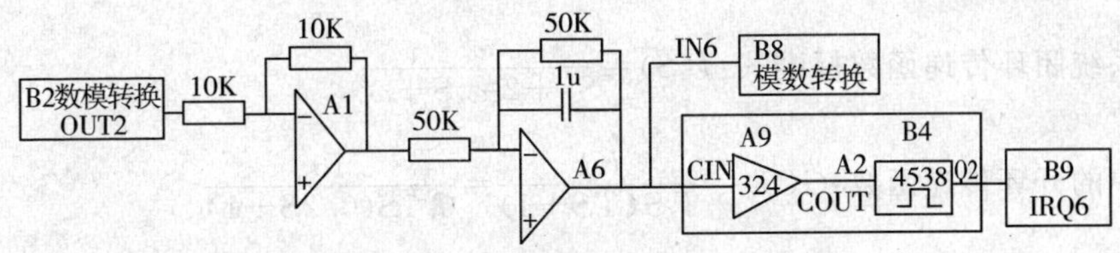

图 1-14　一阶被测系统的模拟电路图

实验步骤：

(1)将数/模转换器(B2)输出 OUT2(信号频率范围为 0.5Hz～64Hz)作为被测系统的输入端 r(t)。

注："S-ST"不能用短路套短接！

(2)安置短路套、联线，构造模拟电路：

①安置短路套　　　　②测孔联线

	模块号	跨接座号
1	A1	S2,S6
2	A6	S4,S7,S9

1	信号输入	B2(OUT2)→A1(H1)
2	运放级联	A1(OUT)→A6(H1)
3	信号联线	A6(OUT)→A9(CIN)
4	信号联线	A9(COUT)→B4(A2)
5	信号联线	A6(OUT)→B8(IN6)
6	中断请求线	B4(Q2)→B9(IRQ6)

(3)运行、观察、记录:

用示波器观察系统各环节波形,避免系统进入非线性状态。

(二)二阶系统的对数幅频曲线、相频曲线和幅相曲线

本实验将数/模转换器(B2)单元作为信号发生器,产生的超低频正弦信号的频率从低到高变化(0.5Hz～64Hz),施加于被测系统的输入端r(t),然后分别测量被测系统的输出信号的对数幅值和相位,数据经相关运算后在虚拟示波器中显示。二阶闭环系统模拟电路图如图1-15所示。它由积分环节(A5单元)和惯性环节(A3单元)构成。

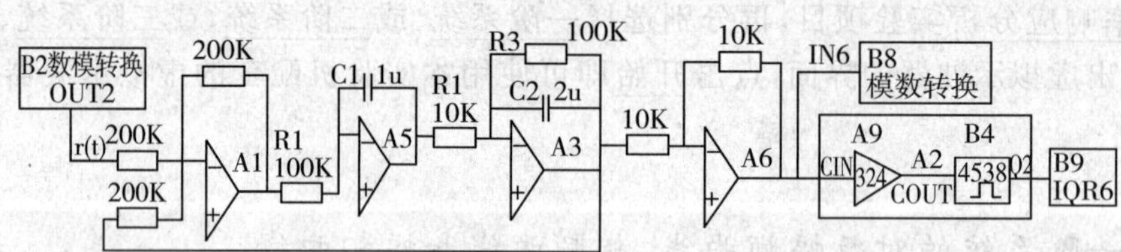

图 1-15 被测二阶闭环系统模拟电路图

图1-15二阶闭环系统模拟电路的各环节参数及系统的传递函数:

积分环节(A5单元)的积分时间常数 $T_i = R1 \cdot C1 = 0.1\text{s}$;

惯性环节(A3单元)的惯性时间常数 $T = R3 \cdot C2 = 0.2\text{s}, K1 = R3/R2 = 10$。

二阶系统闭环传递函数标准式:$\phi(S) = \dfrac{\omega_n^2}{S^2 + 2\xi\omega_n S + \omega_n^2}$

系统中的开环传递函数:$G(S) = \dfrac{K1}{T_i S(TS+1)} = \dfrac{10}{0.1S(0.2S+1)}$

则其自然频率(或无阻尼振荡频率,或交接频率):$\omega_n = \dfrac{1}{2} = \sqrt{\text{K}/TT_i} = 22.36$

$\phi(\omega_n) = -90^\circ$ 阻尼比:$\xi = \dfrac{1}{2}\sqrt{T_i/KT} = 0.1118$

谐振频率:$\omega_r = \omega_n\sqrt{1-2\xi^2} = 22.078$　　峰值:$L(\omega_r) = 20\log\dfrac{1}{2\xi\sqrt{1-\xi^2}} = 13.065dB$

如更改图1-15二阶闭环系统模拟电路的各环节参数,使之 $T_i = 1, T = 0.3, K = 1$,则:

自然频率或无阻尼振荡频率或交接频率：$\omega_n=\sqrt{K/TT_i}=1.8257$ $\phi(\omega_n)=-90°$

阻尼比：$\xi=\frac{1}{2}\sqrt{T_i/KT}=0.913$

由于$\xi\geqslant0.707$，因此不存在谐振峰值，两条渐近线交点为ω_n，其中一条渐近线斜率为一40dB/dec。

如更改图1-15二阶闭环系统模拟电路的各环节参数，使之$Ti=0.043$，$T=0.1$，$K=10$，则：

自然频率（或无阻尼振荡频率，或交接频率）：$\omega_n=\sqrt{K/TT_i}=48.22$ $\phi(\omega_n)=90°$

阻尼比：$\xi=\frac{1}{2}\sqrt{T_i/KT}=0.103$

谐振频率：$\omega_r=\omega_n\sqrt{1-2\xi^2}=47.71$

峰值：$L(\omega_r)=20\log\frac{1}{2\xi\sqrt{1-\xi^2}}=13.77dB$

[注]：

1. 根据本实验机的现况，要求构成被测二阶闭环系统的阻尼比ξ必须满足$\xi\geqslant0.102$即$T_i/KT\geqslant0.042$，否则模/数转换器（B8单元）将产生削顶。

2. 实验机在测试频率特性时，实验开始后实验机将按序自动产生0.5Hz、1Hz、2Hz、4Hz、8Hz、16Hz、32Hz、64Hz等多种频率信号，当被测系统的输出$C(t)\leqslant60mV$时将停止测试。

实验步骤：

(1)将数/模转换器（B2）输出OUT2（信号频率范围为0.5Hz～32Hz）作为被测系统的输入端r(t)。

注："S－ST"不能用短路套短接！

(2)安置短路套、联线，构造模拟电路：

①安置短路套

	模块号	跨接座号
1	A1	S4，S8
2	A5	S3，S10
3	A3	S1，S8，S9，S10
5	A6	S2，S6

②测孔联线

1	信号输入 r(t)	B2(OUT2)→A1(H1)
2	运放级联	A1(OUT)→A5(H1)
3	运放级联	A5(OUT)→A3(H1)
4	运放级联	A3(OUT)→A6(H1)
6	负反馈	A3(OUT)→A1(H2)
7	信号联线	A6(OUT)→A9(CIN)
8	信号联线	A9(COUT)→B4(A2)
9	信号联线	A6(OUT)→B8(IN6)
10	"中断请求"线	B4(Q2)→B9(IRQ6)

(3)运行、观察、记录：

用示波器观察系统各环节波形，避免系统进入非线性状态。

实验机在测试频率特性时，实验开始后实验机先自动产生0.5Hz、1Hz、2Hz、4Hz、8Hz、16Hz、32Hz、64Hz等多种频率信号，在示波器的界面上形成不同频率信号时的对数幅频、相频特性曲线(伯德图)和幅相曲线(奈奎斯特图)。然后提示用户用鼠标直接在幅频或相频特性曲线的界面上点击所需增加的频率点,实验机将会把鼠标点取的频率点的频率信号送入到被测对象的输入端,然后检测该频率的频率。检测完成后在界面上方显示该频率点的频率和相关数据,同时在曲线上打点。如果增添的频率点足够多,则频率特性曲线将成为一条近似光滑的曲线。频率点的选择范围为 0.1Hz～100Hz,用鼠标在界面上移动时,在曲线界面的左下角将会同步显示鼠标位置所选取的频率值。

(三)频率特性的时域分析

本实验将正弦波发生器(B6)单元'SIN'测孔作为信号源,加于被测系统的输入端,同时加到虚拟示波器 CH1 端口作为基准,被测系统的输出加到示波器 CH2 端口。待运行停止后,虚拟示波器将以 CH1 端口输入的正弦信号周期,用弧度作为 X 轴坐标进行显示。被测系统的模拟电路图见图 1-16。

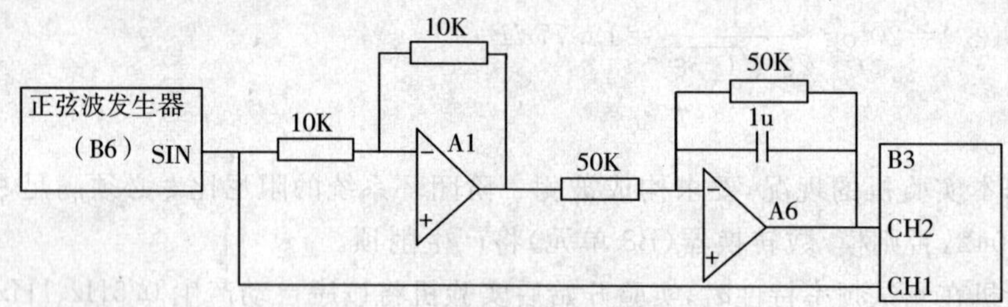

图 1-16 被测系统的模拟电路图

实验步骤:

(1)将正弦波发生器(B6)输出 SIN(信号频率范围为 0.1Hz～100Hz)作为被测系统输入端。

注:"S—ST"不能用短路套短接!

(2)安置短路套、联线,构造模拟电路:

①安置短路套

	模块号	跨接座号
1	A1	S2,S6
2	A6	S4,S7,S9

②测孔联线

1	信号输入	B6(SIN)→A1(H1)
2	运放级联	A1(OUT)→A6(H1)

③虚拟示波器(B3)的连接:B6 单元 SIN 测孔接 CH1,A6 单元信号输出端 OUT 接 CH2。

(3)运行、观察、记录:

程序正常运行时,示波器的 X 轴仍按时间 t 显示;点击停止键后,则示波器将以 CH1 点击时刻测得正弦波信号的周期,转为"弧度"作为 X 轴坐标来显示。此时输入的正弦波信号频率为 5Hz,输入和输出的相位差为 59 度。

第四节 线性系统的校正与状态反馈

一、线性系统的校正

(一)实验要求

1. 掌握系统校正的方法(串联超前校正),根据期望的时域性能指标设计校正装置。
2. 观察和分析未校正系统和校正后系统的响应曲线。

(二)实验原理及说明

图 1-17 是未校正系统的原理方块图。

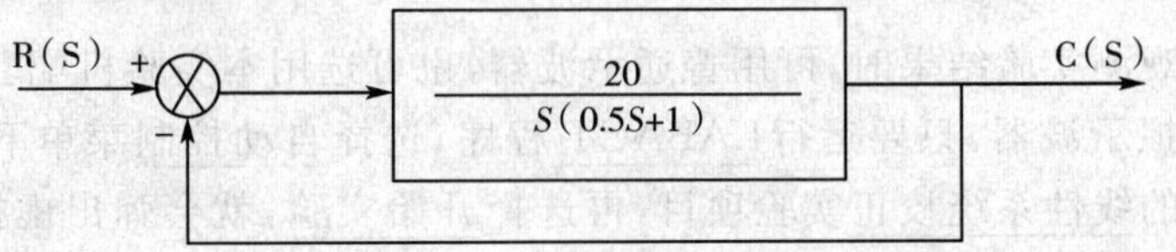

图 1-17 未校正系统的原理方块图

图 1-17 的二阶系统(Ⅰ型)开环传递函数:$G(S)=\dfrac{K}{T_iS(TS+1)}$ (1-6)

二阶系统(Ⅰ型)闭环传递函数标准式:$\phi(S)=\dfrac{G(S)}{1+G(S)}=\dfrac{\omega_n^2}{S^2+2\xi\omega_nS+\omega_n^2}$ (1-7)

图 1-17 的二阶系统(Ⅰ型)闭环传递函数:$\phi(S)=\dfrac{40}{S^2+2S+40}$ (1-8)

从式(1-8)计算可得到图 1-17 二阶系统的自然频率和阻尼比为:

自然频率 $\omega_n=\sqrt{K/T_iT}=6.32$ 阻尼比:$\xi=\dfrac{1}{2}\sqrt{T_i/KT}=0.158$ (1-9)

从式(1-9)计算可得到图 1-17 二阶系统的超调量和调节时间为:

超调量:$M_P=e^{-\frac{\xi\pi}{\sqrt{1-\xi^2}}}\times100\%=60$ 调节时间:$t_S=\dfrac{4}{\xi\omega_n}=4$ (1-10)

要求设计校正装置,使系统满足下述性能指标:$\begin{cases}M_P\leqslant25\%\\ t_S\leqslant1s\end{cases}$ (1-11)

$M_P\leqslant25\%$和 $t_S\leqslant1$s 代入(式 1-9),可得到 $\omega_n\geqslant10$,$\xi\geqslant0.4$

设串联超前(微分)校正网络的传递函数为:$G_C(S)=\dfrac{0.5S+1}{0.05S+1}$

加入校正网络后系统的原理方块图如图 1－18 所示：

图 1－18 加入校正网络后系统的方块图

图 1－18 的系统闭环传递函数：$\phi(S)=\dfrac{400}{S^2+20S+400}$ (1－12)

从式(1－12)计算可得到图 1－17 二阶系统的超调量和调节时间为：

超调量：$M_P=e^{-\frac{\xi\pi}{\sqrt{1-\xi^2}}}\times100\%=16$　　调节时间：$t_S=\dfrac{4}{\xi\omega_n}=0.4$

计算结果满足设计要求。

(三)实验内容及步骤

在实验中欲观测实验结果时，可用普通示波器，也可选用本实验机配套的虚拟示波器。

如果选用虚拟示波器，只要运行LABACT 程序，选择自动控制菜单下的线性系统的校正与状态反馈下的线性系统校正实验项目，再选择开始实验，就会弹出虚拟示波器的界面，点击开始即可使用本实验机配套的虚拟示波器(B3)单元的 CH1 测孔测量波形。

1. 测量未校正系统的性能指标

未校正系统的模拟电路图见图 1－19。

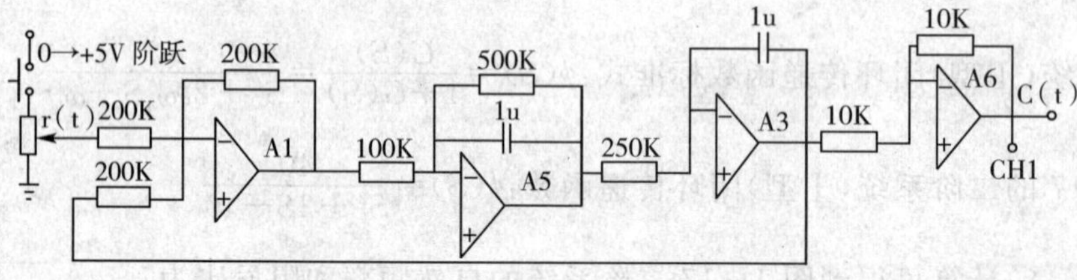

图 1－19　未校正系统的模拟电路图

实验步骤：

(1)用信号发生器(B1)的“阶跃信号输出”和“幅度控制电位器”构造输入信号(Ui)：

B1 单元中电位器的左边 K3 开关拨下(GND)，右边 K4 开关拨下(0/＋5V 阶跃)。阶跃信号输出(B1－2 的 Y 测孔)调整为 2V(调节方法：调节电位器，用万用表测量 Y 测孔)。

注：“S－ST”不能用短路套短接！

(2)安置短路套、联线，构造模拟电路：

①安置短路套

	模块号	跨接座号
1	A1	S4,S8
2	A5	S3,S7,S10
3	A3	S5,S10
4	A6	S2, S6

②测孔联线

1	信号输入 r(t)	B1(Y) →A1(H1)
2	运放级联	A1(OUT)→A5(H1)
3	运放级联	A5(OUT)→A3(H1)
4	负反馈	A3(OUT)→A1(H2)
5	运放级联	A3 (OUT) →A6 (H1)

(3)虚拟示波器(B3)的连接:示波器输入端 CH1 接到 A6 单元信号输出端 OUT(C(t))。

注:CH1 选"X1"档。

(4)运行、观察、记录:

按下信号发生器(B1)阶跃信号按钮时(0→+5V 阶跃),用示波器观察 A6 单元信号输出端 C(t)系统阶跃响应,测量并记录超调量 M_P,峰值时间 t_p 和调节时间 t_s。

在做实验时,如果发现有积分饱和现象产生时,即构成积分或惯性环节的模拟电路处于饱和状态,波形不出来,需要人工放电。放电操作如下:B5 函数发生器的 SB4"放电按钮"按住 3 秒左右,进行放电。

2. 测量校正系统的性能指标

校正后系统模拟电路见图 1-20。

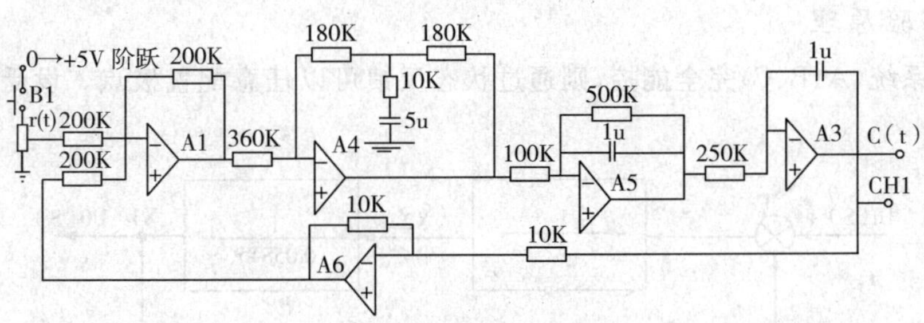

图 1-20 校正后系统模拟电路

实验步骤:

(1)用信号发生器(B1)的"阶跃信号输出"和"幅度控制电位器"构造输入信号(Ui):

B1 单元中电位器的左边 K3 开关拨下(GND),右边 K4 开关拨下(0/+5V 阶跃)。阶跃信号输出(B1-2 的 Y 测孔)调整为 2V(调节方法:调节电位器,用万用表测量 Y 测孔)。

注:"S-ST"不能用短路套短接!

(2)安置短路套、联线,构造模拟电路:

①安置短路套

	模块号	跨接座号
1	A1	S4,S8
2	A4	S4,S9
3	A5	S3,S7,S10
4	A3	S5,S10
5	A6	S2,S6

②测孔联线

1	信号输入 r(t)	B1(Y)→A1(H1)
2	运放级联	A1(OUT)→A4(H1)
3	运放级联	A4(OUT)→A5(H1)
4	运放级联	A5(OUT)→A3(H1)
5	运放级联	A3(OUT)→A6(H1)
6	负反馈	A6(OUT)→A1(H2)

(3)虚拟示波器(B3)的连接:示波器输入端 CH1 接到 A3 单元信号输出端 OUT(C(t))。

注:CH1 选“X1”档。

(4)运行、观察、记录:

按下信号发生器(B1)阶跃信号按钮时,用示波器观察 A3 单元信号输出端 C(t)系统阶跃响应,测量并记录超调量 M_P,峰值时间 t_p 和调节时间 t_s。

在做实验时,如果发现有积分饱和现象产生时,即构成积分或惯性环节的模拟电路处于饱和状态,波形不出来,需要人工放电。放电操作如下:将 B5 函数发生器的 SB4“放电按钮”按住 3 秒左右,进行放电。

二、线性系统的状态反馈及极点配置

(一)实验要求

了解和掌握状态反馈的原理,观察和分析极点配置后系统的阶跃响应曲线。

(二)实验原理

若受控系统(A、B、C)完全能控,则通过状态反馈可以任意配置极点。设受控系统如图 1-21 所示。

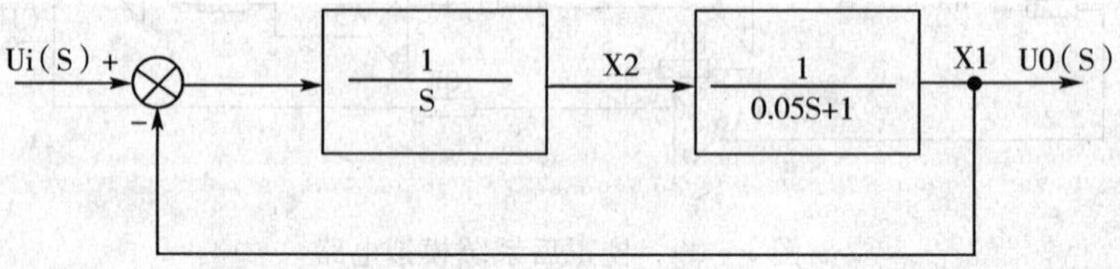

图 1-21 受控系统

期望性能指标为:超调量 $M_P \leqslant 5\%$;峰值时间 $t_P \leqslant 0.5$ 秒。

由 $M_P = e^{-\xi\pi/\sqrt{1-\xi^2}} \leqslant 5\% \Rightarrow \xi = 0.707$

$$t_P = \frac{\pi}{\omega_n\sqrt{1-\xi^2}} \leqslant 0.5 \Rightarrow \omega_n \geqslant 9\text{,取 } \omega_n = 10$$

因此,根据性能指标确定系统希望极点为:

$$\begin{cases} \lambda_1^* = -7.07 + j7.07 \\ \lambda_2^* = -7.07 - j7.07 \end{cases}$$

图 1-21 受控系统的状态方程和输出方程为:

$$\begin{cases}\dot{\underline{x}}=\underline{A}\ \underline{x}+b\mu \\ \overline{y}=\underline{C}\ \underline{x}\end{cases} \tag{1-13}$$

式中 $\underline{x}\begin{bmatrix}x_1\\x_2\end{bmatrix}$，$\underline{A}=\begin{bmatrix}-20 & 20\\-1 & 0\end{bmatrix}$，$b=\begin{bmatrix}0\\1\end{bmatrix}$，$\underline{C}=[1\quad 0]$

系统的传递函数为：

$$G_0(S)=\frac{\beta_1 S+\beta_0}{S^2+a_1 S+a_0}=\frac{20}{S^2+20S+20} \tag{1-14}$$

受控系统的能控规范形为：

$$\begin{cases}X_K=A_K X_K+b_K U \\ Y=C_K X_K\end{cases} \tag{1-15}$$

式中 $\underline{X_K}=T^{-1}X$，（T 为变换阵）

$$\underline{A}_K=\underline{T}^{-1}\underline{AT}=\begin{bmatrix}0 & 1\\-a_0 & -a_1\end{bmatrix}=\begin{bmatrix}0 & 1\\-20 & -20\end{bmatrix}$$

$$\underline{b}_K=\underline{T}^{-1}\underline{b}=\begin{bmatrix}0\\1\end{bmatrix},\ \underline{C}_K=\underline{C}\ \underline{T}=[\beta_0\quad \beta_1]=[20\quad 0]$$

当引入状态反馈阵 $KK=[K0K1]$ 后，闭环系统（$\underline{A}_K-\underline{b}_K K_K$，$\underline{b}_K$，$\underline{C}_K$）的传递函数为：

$$G(S)=\frac{\beta_1 S+\beta_0}{S^2+(a_1+K_1)S+(a_0+K_0)}$$

$$=\frac{20}{S^2+(20+K_1)S+(20+K_0)} \tag{1-16}$$

而希望的闭环系统特征多项为：

$$F^*(S)=S^2+a_1^* S+a_0^*$$

$$=(S-\lambda_1^*)(S-\lambda_2^*)$$

$$=S^2+14.1S+100 \tag{1-17}$$

令 $G(S)$ 的分母等于 $F^*(S)$，则得到 KK 为：

$\underline{K}_K=[K_0\quad K_1]=[80\quad -5.9]$

最后确定原受控系统的状态反馈阵 K：

由于 $\underline{K}=\overline{K_K}T^{-1}$

$\underline{A}_K=\underline{T}^{-1}\underline{AT}$，$\underline{b}_k=\underline{T}^{-1}\underline{b}$ 和 $\underline{C}_K=\underline{C}\ \underline{T}$，求得

$$T^{-1}=\begin{bmatrix}\frac{1}{20} & 0\\ -1 & 1\end{bmatrix}$$

所以状态反馈阵为：

$$\underline{K}=[80 \quad -5.9]\begin{bmatrix}\frac{1}{20} & 0\\ -1 & 1\end{bmatrix}=[9.9 \quad -5.9]$$

极点配置系统如图 1－22 或图 1－23 所示：

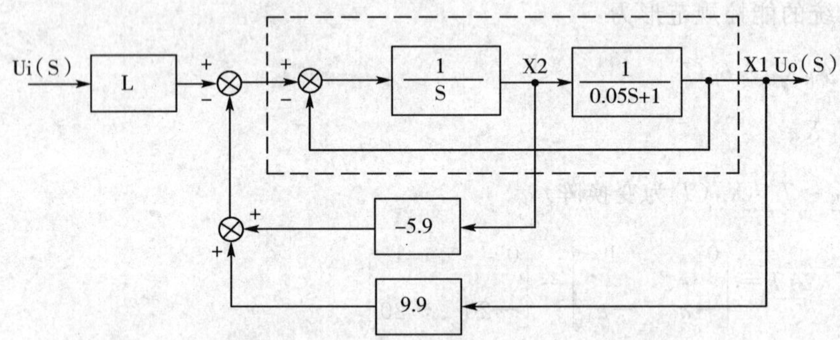

图 1－22　极点配置前系统

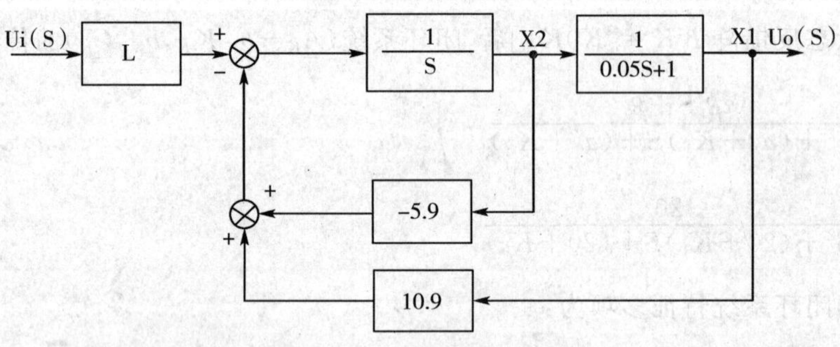

图 1－23　极点配置后系统

（注：以上两图中，输入增益阵“L”是用来满足静态要求的，可取 L＝1）

（三）实验内容及步骤

在实验中欲观测实验结果时，可用普通示波器，也可选用本实验机配套的虚拟示波器。

如果选用虚拟示波器，只要运行LABACT 程序，选择自动控制菜单下的线性系统的校正与状态反馈下的线性系统的状态反馈及极点配置相应实验项目，再选择开始实验，就会弹出虚拟示波器的界面，点击开始即可使用本实验机配套的虚拟示波器（B3）单元的 CH1、CH2 测孔测量波形。

1. 观察极点配置前系统

极点配置前系统的模拟电路见图 1-24 所示。

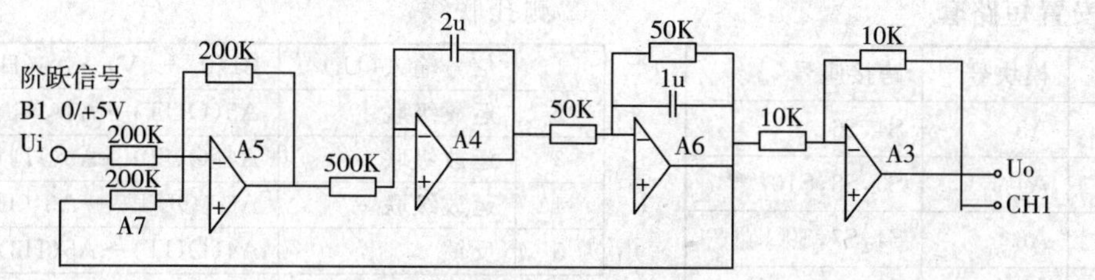

图 1-24 极点配置前系统的模拟电路

实验步骤：

(1)将信号发生器(B1)中的阶跃输出 0/+5V 作为系统的信号输入 r(t)。

注："S－ST"不能用短路套短接！

(2)安置短路套、联线，构造模拟电路：

①安置短路套

	模块号	跨接座号
1	A5	S4，S6
2	A4	S5，S8，S10
3	A6	S4，S7，S9
4	A3	S1，S6

②测孔联线

1	信号输入(Ui)	B1(0/+5V)→A5(H1)
2	运放级联	A5(OUT)→A4(H1)
3	运放级联	A4(OUT)→A6(H1)
4	运放级联	A6 (OUT) →A3 (H1)

将元件库(A7)中的直读式可变电阻跨接到(A5)单元(H1)和(IN)之间，调整为 200K。

(3)虚拟示波器(B3)的连接：示波器输入端 CH1 接到 A3 单元输出端 OUT(Uo)。

注：CH1 选"X1"档。

(4)运行、观察、记录：按下信号发生器(B1)阶跃信号按钮时(0→+5V 阶跃)，用示波器观测输出端的实际响应曲线。

2. 观察极点配置后系统

极点配置后系统的模拟电路见图 1-25 所示。

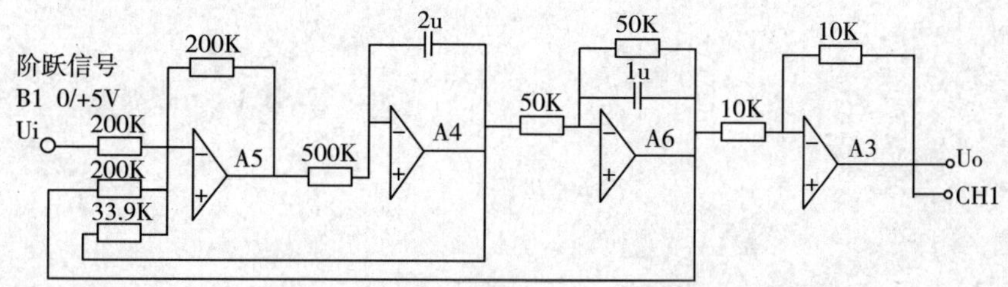

图 1-25 极点配置后系统的模拟电路

实验步骤：

(1)将信号发生器(B1)中的阶跃输出 0/+5V 作为系统的信号输入 r(t)。

注:"S－ST"不能用短路套短接!

(2)安置短路套、联线,构造模拟电路:

①安置短路套

	模块号	跨接座号
1	A5	S4,S6
2	A4	S5,S8,S10
3	A6	S4,S7,S9
4	A3	S1, S6

②测孔联线

1	信号输入(Ui)	B1(0/＋5V)→A5(H1)
2	运放级联	A5(OUT)→A4(H1)
3	运放级联	A4(OUT)→A6(H1)
4	运放级联	A6 (OUT) →A3 (H1)
5	反馈	A4(OUT)→A5(H3)
6	反馈	A6(OUT)→A5(H2)

(3)虚拟示波器(B3)的连接:示波器输入端 CH1 接到 A3 单元输出端 OUT(Uo)。

注:CH1 选"X1"档。

(4)运行、观察、记录:

按下信号发生器(B1)阶跃信号按钮时(0→＋5V 阶跃),用示波器观测输出端的实际响应曲线 Uo(t),且将结果记下。改变比例参数,重新观测结果。

在做该实验时,如果发现有积分饱和现象产生时,即构成积分或惯性环节的模拟电路处于饱和状态,波形不出来,需要人工放电。放电操作如下:按住 B5 函数发生器的 SB4"放电按钮"3 秒左右,进行放电。

第二章 《传感器与检测技术》实验

第一节 电阻应变片的灵敏度标定

一、实验目的

1. 掌握电阻应变片灵敏系数的一种测定方法。
2. 练习使用 YJD－1 静动态电阻应变仪。

二、实验原理

1. 电阻应变片的灵敏系数测定原理

当电阻应变片粘贴在试件上受应变 ε 时，其电阻产生的相对变化

$$\frac{\Delta R}{R}=K\varepsilon \tag{2-1}$$

比值 K 即为应变片的灵敏系数。只要应变量不过分大时，K 为常数。当$\frac{\Delta R}{R}$及 ε 值分别测得后，K 值即可算出。

等强度梁表面轴向应变 ε，可从挠度计上百分表的读数算出：

$$\varepsilon=\frac{4hf}{l^2} \tag{2-2}$$

式中：

f——百分表读出的挠度计中的挠度值。

h——等强度梁厚度。

l——挠度计跨度。

电阻应变片的相对电阻变化$\frac{\Delta R}{R}$是根据电阻应变仪测出的指示应变 $\varepsilon_{仪}$ 和应变仪所设定的灵敏系数值 $K_{仪}$（通常用 $K_{仪}=2.0$）算得：

$$\frac{\Delta R}{R}=K_{仪}\cdot\varepsilon_{仪}$$

应变片的灵敏系数 $$K=\frac{\Delta R/R}{\varepsilon}=\frac{K_{仪}\cdot\varepsilon_{仪}}{4hf/l^2} \tag{2-3}$$

实验时可采用分级加载的方式，分别测量在不同应变值时应变片的相对电阻变化，以此来验证它们两者之间的线性关系。

2. YJD—1 型静动态应变仪的使用方法

YJD－1 型应变仪可用于静动态应变测量。其主要技术参数为：静态时量程 0～±16000$\mu\varepsilon$，基本误差＜2%，动态测量时量程①0～±2000$\mu\varepsilon$，②0±400$\mu\varepsilon$，工作频率 0～200Hz，采用应变片的灵敏系数在 1.95～2.60 范围内连续可调。配套使用的 P20R－1 预调平衡箱共 20 点，预调范围为±2000$\mu\varepsilon$，重复误差±5$\mu\varepsilon$。

静态应变测量时操作步骤：

①将应变片出线与应变仪连接，半桥接法时（参见图 2－1），将应变片 R1、R2 分别接到 AB 和 BC 接线柱，此时应变仪面板上 A′DC′三点用连接铜片接好，应变仪内 AA′和 CC′一对 120Ω 精密电阻构成另外半桥；全桥接法时，将 A′DC′三点连接铜片拆除，应变片 R1，R2，R3，R4 分别接到 ABCD 接线柱上并拧紧。

②按应变片盒上标明的灵敏系数 K 值，调整应变仪灵敏系数盘 $K_{仪}$ 与之符合。（当 K 值需通过实验测定时，可先设定 K，为计算方便，通常取 $K=2.0$）。

③使微调、中调、粗调三个调节旋钮置于零位。检流计指针应准确指零，否则需校正到零位。

④转动选择开关，先后转到 A 和 B 两处，指针应偏在红格以内，否则说明 A、B 电池电压过低，应该更换新电池。使用交流电源时可不作此项检查。

⑤选择开关转到“静”位。进行电阻、电容预调平衡，先调应变仪右方的电阻平衡、转动螺丝，使电表指针指零；然后开关转到“预”位置，转动电容平衡螺丝，再调电表零位，这样在“预”、“静”之间反复调整数次，此时电桥已预调平衡，以后在测量过程中电阻、电容平衡螺丝不可再动。

⑥如因应变片电阻值相差较大而不能预调平衡时，可将微调或中调盘旋转到相应挡数，并记录初始应变值，再调整电阻平衡使检流计指针在零位。然后仔细观察 3 分钟，仪表不应有漂移现象。

⑦进行加载，指针偏转，估计应变量大小，与指针反向转动调节旋钮，使指针回零，将 3 个应变调节盘读数相加即为应变读数。“＋”表示伸长应变，“－”表示压缩应变。如有初始应变值应从最后读数中减去初始应变值。

三、实验仪器设备

1. 已贴片的等强度梁和加载装置，温度补偿件。

2. 带有千分表（或百分表）的挠度计、游标卡尺。

3. YJD－1 静动态电阻应变仪。

四、实验步骤

电阻应变片灵敏系数测定：

1. 分别用千分尺和游标卡尺，测得等强度梁的厚度 h 和挠度计的跨度 l。

2. 按图 2－1 所示安装等强度梁和挠度计，将等强度梁上纵向应变片 R1、R2 分别与温度补偿梁上的应变片 R5 接入应变仪。将以上两种情况下读数预调到零位。

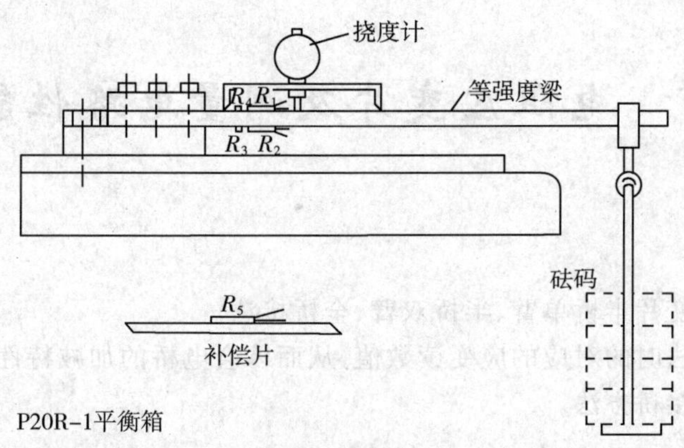

图 2-1 应变片综合实验装置结构

3．记录挠度计上百分表的初读数 f_0，以后分级加载 2kg、4kg、6kg 砝码，测量千分表读数 f_e 和 R1、R2 应变片指示应变读数，列表(如表 2-1)记录。

表 2-1 灵敏系数测定结果

等强度梁号________，厚度 h ________mm，挠度计 l ________mm。

应变片号	Pkg	f_0	f_e	计算 ε	$\varepsilon_{仪}$	$\frac{\Delta R}{R}$	K
R_1							
R_2							

五、实验报告要求

1．按表 2-1 记录和计算各应变片灵敏系数，和它的平均值 $\overline{K}$，以及相对标准误差：

$$\delta=\frac{S}{K}=\frac{1}{K}\sqrt{\frac{\sum_{i=1}^{n}(K_i-\overline{K})^2}{n-1}}\times 100\%$$

2．讨论这两种测定时的测量误差。

3．试用材料力学有关公式，计算在加载过程中，等强度梁的上(下)表面的应力和应变数值。并与实验测定值相比较。

第二节　电阻应变片及测量电路性能实验

一、实验目的

1. 学会电阻应变片半桥单臂、半桥双臂、全桥接法。
2. 检查各种接法时的对应的应变读数值，从而体会电桥的加减特性和补偿原理。
3. 学会正确的接桥方法。

二、实验原理

电阻应变仪电桥输出电压 U 与各桥臂的相对电阻变化率 $\frac{\Delta R}{R}$ 或各应变片的指示应变值 ε_i 之间有下列关系：

$$U=\frac{E}{4}\left[\frac{\Delta R_1}{R_1}-\frac{\Delta R_2}{R_2}+\frac{\Delta R_3}{R_3}-\frac{\Delta R_4}{R_4}\right]$$

$$=\frac{E}{4}K(\varepsilon_1-\varepsilon_2+\varepsilon_3-\varepsilon_4) \tag{2-4}$$

式中：

ε_1、ε_2、ε_3、ε_4——分别为各桥臂应变片的指示应变；

K——应变片灵敏系数；

E——供桥电压。

从上可知，对同种性质的应变(同为＋或同为－)，相对桥臂(如 ε_1 与 ε_2、ε_3 与 ε_4)其应变值是叠加的，而相邻桥臂(如 ε_1、ε_3 的相邻桥臂为 ε_2 和 ε_4)应变值是相抵消的。

对于不同种应变(一桥臂为＋，另一桥臂为－)，情况正好相反，相对桥臂应变彼此消减，而相邻桥臂则彼此叠加。利用上述特性，选择合适的接桥方法，可以使输出电压增大，同时可抵消那些对测量值产生干扰因素的影响。例如测量过程中对温度的补偿，对某些非线性误差的改善及复杂应力情况下需要测定其中一个应力单独作用所产生的应变等，都是电桥加减特性的应用。

三、实验仪器和设备

1. 等强度梁试验装置，加载砝码。
2. 静动态电阻应变仪(YJD－1)。

四、实验步骤

分别按图 2－2(a)、(b)、(c)、(d)所示的各种接法接成桥路(图中 R 为应变仪内部固定桥臂的精密电阻)。先在初载荷下将应变仪调零，加载 3kg 和 6kg 测量指示应变 $\varepsilon_{仪}$ 记录在

表 2-2 中，加载 3 次并进行数据处理，检查 $\varepsilon_{仪}$ 以及它与应变值 $\varepsilon_{仪}$ 的倍数。

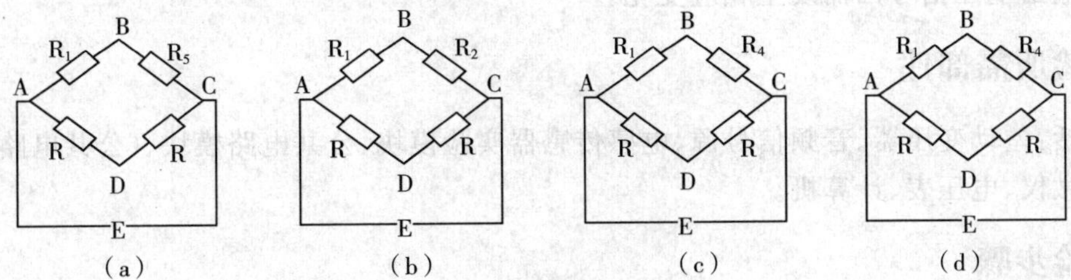

图 2-2 应变片测量电路

表 2-2 各种接法测量结果

$K_{仪}=K=$______

接法 / 载荷 / 次数	(a)		(b)		(c)		(d)	
	3kg	6kg	3kg	6kg	3kg	6kg	3kg	6kg
1 2 3								
平均应变 $\mu\varepsilon$								
桥臂系数 A								

五、实验报告要求

1. 讨论各种接桥方法时的特性，比较其优缺点。
2. 试用公式推导不同接法时的桥臂系数 A 的理论值，并与实测值相比较。
3. 实验中的心得体会。

第三节 电感式传感器—差动变压器的标定及位移测量

一、实验目的

1. 掌握差动变压器测试系统的组成和标定方法。
2. 了解差动变压器的基本结构及原理，通过实验验证差动变压器的特性。

二、实验原理

差动变压器由电感线圈的两个次级线圈反相串接而成，工作在互感基础上，由于衔铁在线圈中位置的变化使两个次级线圈的互感量发生变化，包括两个次级线圈在内组成的电桥电路的输出电压信号因而发生相应变化。

三、实验所需部件

包括：差动变压器、音频信号源、电感传感器实验模块、公共电路模块、（公共电路实验模块）、测微仪、电压表、计算机。

四、实验步骤

（一）差动变压器的标定

1. 按图 2－3 接线：连接主机与实验模块电源，示波器接相敏检波器输入端，电压表接低通滤波器输出端，差动放大器稍有增益（10 倍左右）即可。

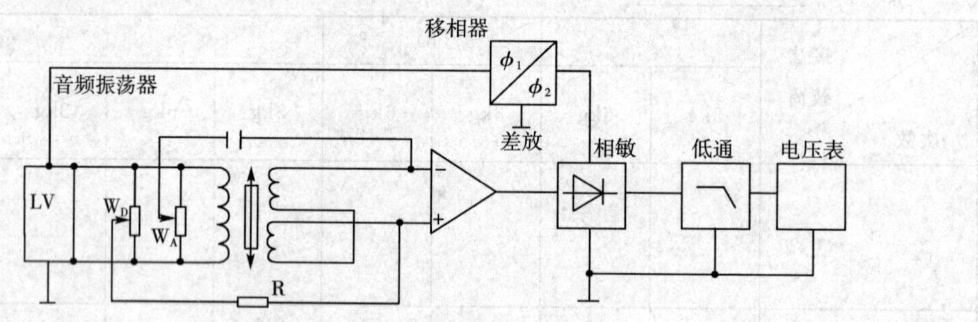

图 2－3　实验原理图（标定）

2. 打开主机电源，调节音频信号源输出频率，使次级线圈波形不失真，用手将中间铁芯压至最低（移至最左端），然后调节移相器，当示波器两通道所示波形正好是同相或反相时，松开铁芯（将铁心重新安装到位移装置上），用测微仪将铁芯置于线圈中部，调节电桥 WD、WA 电位器使系统输出电压为零。

3. 用测微仪分别带动铁芯向上（左）和向下（右）位移 5mm，每位移 0.5mm 记录一电压值并填入表 2－3 中。

表 2－3　测量结果记录表 1

位移 mm						0					
电压 V						0					

作出 V－X 曲线，求出灵敏度 S，S＝△V/△X，指出线性工作范围。

（二）差动变压器位移测量

1. 连接主机与实验模块电源线，按图 2－4 组成测试系统，两个次级线圈必须接成差动状态，差动放大器增益不要太大。

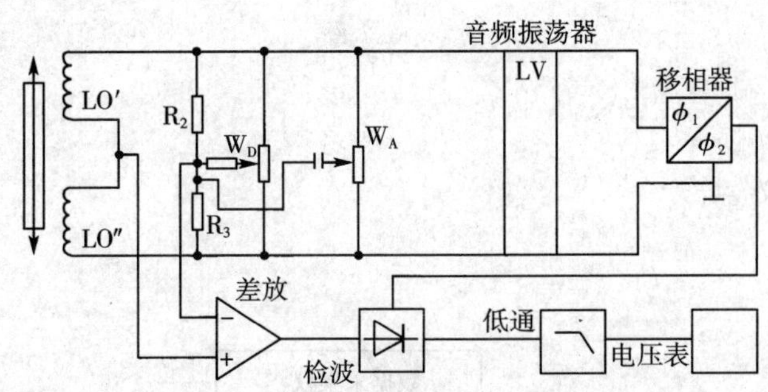

图 2-4 实验原理图(位移测量)

2. 旋动测微仪使衔铁居中线圈,此时 LO′=LO″,系统输出为零。

3. 当衔铁在线圈中上(左)、下(右)位移时,LO′≠LO″,电桥失衡,输出电压信号的大小与衔铁位移量成比例,相位则与衔铁位移方向有关,衔铁向上(左)和向下(右)移动时输出波形相差约 180°,因此必须经过相敏检波器才能判断电压极性。

以衔铁位置居中为起点,分别向上(左)、向下(右)各位移 5mm,记录 V、X 值并填入表 2-4中(每位移 0.5mm 记录一个数值)。

表 2-4 测量结果记录表 2

Xmm											0										
V_0											0										

依此做出 V-X 曲线,指出线性工作范围。

五、注意事项

观察相敏检波器输入端波形时示波器各功能键及“触发”选择要正确,否则可能看不到正确的波形相位的变化。

第四节 简支梁的振动测试

一、实验目的

了解激振器、加速度传感器、电荷放大器、电阻应变片、动态电阻应变仪、信号采集及分析系统的工作原理;掌握上述设备的使用方法;掌握简谐振动振幅与频率最简单直观的测量方法;掌握信号的谱分析方法。

二、实验仪器及设备

机械振动综合实验装置(安装双简支梁)(装置结构如图 2-5 所示) 1套

激振器及功率放大器 1套

加速度传感器	2 只
电荷放大器	2 台
电阻应变片	2 片
动态电阻应变仪	4 台
数据采集仪	1 台
信号分析软件	1 套

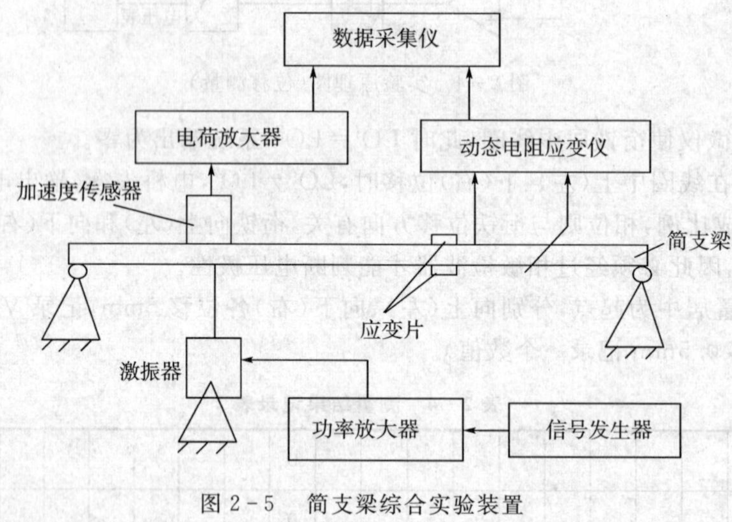

图 2－5　简支梁综合实验装置

三、实验方法及步骤

1. 将振动器通过顶杆连接到简支梁上(注意确保顶杆与激振器的中心在一直线上)，激振点位于双简支梁中心偏左 50mm 处(已有安装螺孔)，将信号发生器输出端连接到功率放大器的输入端，并将功率放大器与激振器相连接。

2. 用传感器磁座将加速度传感器安装在双简支梁上(中心偏左 50mm)并与电荷放大器连接，将电荷放大器输出端分别与数据采集仪输入端连接。

3. 将电阻应变片通过接桥盒接成两个半桥单臂，分别接到动态电阻应变仪的各个通道中。

4. XHDT—1 型动态综合测试仪的初步调整，XHDT—1 型动态综合测试仪是集四个通道的动态电阻应变仪和两个通道电荷放大器于一体的综合测试仪。

(1)CS—1A 动态电阻应变仪的调整：根据被测信号设置低通滤波器的截止频率、合适的桥压、适当的增益。设置完成后，接通电源。

(2)CA—3 型电荷放大器的调整：根据被测信号和选择的加速度传感器进行灵敏度、低通滤波器上限频率设置及功能选择。完成后，接通电源。

5. 将信号发生器和功率放大器的幅值旋钮调至最小，打开所有仪器电源。设置信号发生器在某一频率(可以为 5Hz)，调节信号发生器的幅值旋钮使其输出电压为 2V。调节功率放大器的幅值旋钮到中间位置，逐渐增大信号发生器的频率，观察简支梁的振动情况，直到其振幅较大时，停止激振保持信号发生器的各个按钮不动，关闭所有仪器的电源开关，准备记录实验数据。

6. 将电阻应变仪的输出和电荷放大器的输出信号接到数字信号采集仪。

7. 打开信号发生器、应变仪、电荷放大器及数字采集系统的开关，用数据采集软件采集10个周期正弦波，显示所包含的时间。

8. 用信号分析软件对采集到的加速度信号、振动应变信号进行幅值谱、功率谱分析，并记录这些信号和结果的波形。

四、实验数据整理与分析

1. 分别列出加速度传感器电荷灵敏度、加速度传感器与电荷放大器的通道灵敏度以及数据采集幅值读数。

2. 将测量的固有频率与信号放生器的频率读数相比较，若误差较大，找出其原因。

3. 讨论各个信号的幅值谱与功率谱的关系。

4. 打印各通道的数据曲线。

第五节 CSY2001/2001B 型传感器系统综合实验台使用说明

一、2001 型主机

装有气敏、电容、PSD 光电位置、热释电红外、光电（光断续器）、光电阻、集成温度、半导体热敏、铂热电阻、PN 结温敏、热电偶、电涡流、磁电、压电加速度、霍尔、湿敏（RH、CH）、电感、双孔悬臂梁称重、半导体应变、金属箔式应变、MPX 扩散硅压阻、光纤位移、光栅等二十余种经典和新型的传感器（传感器的种类可根据用户的需要增减）。以及进行实验所需的两副双平行悬臂梁和螺旋测微仪、位移平台、温控电加热炉、支架、平台、旋转测速电机等，传感器接口位于仪器面板下侧排列。

主机内装有：

(1)直流稳压电源：±2V～±10V 分五档输出，最大输出电流 1.5A
±15V、±9V(12V)、激光电源，最大输出电流 1.5A

(2)音频信号源：0.4KHz－10KHz 输出连续可调，最大 Vp－p 值 20V
0°、180°端口反相输出
0°、LV 端口功率输出，最大输出电流 1.5A
180°端口电压输出，最大输出功率 300mw

(3)低频信号源：1Hz～30Hz 输出，连续可调，最大输出电流 1.5A，最大 Vp－p 值 20V，激振 I、II 的信号频率源。

(4)转换开关的作用：当倒向 V_0 侧时，低频信号源正常使用，V_0 端输出低频信号，倒向 Vi 侧时，断开低频信号电路，Vi 作为电流放大器输入端，输出端仍为 V_0 端。

(5)电压/频率表:3 1/2 位数字表、电压显示 0～2V、0～20V 两档,频率显示 0～2KHz、0～20KHz 两档,灵敏度≤50mv。

(6)温控电加热器:由热电偶控温的 300W 电加热炉,最高炉温 400℃,实验控温 200℃。提供温度传感器热源及热电偶测温、标定及应变传感器加热等功能。

(7)通信接口:标准 RS232 口,提供实验仪与计算机通信接口。

(8)数据采集卡:12 位 A/D 转换,信号输入端为电压/频率表的"IN"端。

(9)气压源:电动气泵,气压输出≤20KP;气压表:满量程 40KP。

整套仪器共有实验模块 14 个,实验模块电源统一为四芯标准接口。

二、2001B 型主机

装有磁电、压电加速度、半导体应变、金属箔式应变、衍射光栅等传感器,信号源、温控电加热器、显示仪表、电动气压源、数据采集及通信接口性能均与 2001 型相同。

分别安装在 10 余个实验模块面板上 20 种传感器与 2001 型主机工作台上安装的传感器性能相同,其中电感、电容、霍尔、光纤、电涡流等传感器可在模块上做静态位移实验,也可安装在主机的振动台上做动态性能测试。

2001B 型主机与实验模块的连接线采用了高可靠性的防脱落插座及插头。实验连接线均用灯笼状的插头及配套的插座,接触可靠,并可在使用日久断线后重新修复。

CSY2001/2001B 型传感器实验台传感器性能、参数指标:

(1)气敏传感器(MO_3),对酒精敏感,测量范围 10－2000ppm 灵敏度 $R_0/R>5$

(2)电容式传感器:2001 型:平行变面积差动式电容,线性范围≥3mm。

(3)2001B 型:圆筒变面积差动式电容,线性范围≥3mm。

(4)热释电红外传感器:光谱范围 7～15μm,光频响应 0.5～10HZ。

(5)光电传感器:红外发光管、光敏三极管及施密特整形电路组成的光断续器。

(6)光电阻:半导体材料制成的光敏传感器,阻值范围 10MΩ～nKΩ。

(7)集成温度传感器:电流型集成温度传感器,测量范围－55℃～200℃。

(8)热电偶:标准热电偶镍铬—镍硅(K 分度),温控热电偶镍铬—铜镍(E 分度)。

(9)半导体热敏电阻:MF51,负温度系数,测温范围－50℃～300℃。

(10)铂热电阻:Pt100 测温范围≤650℃。

(11)PN 结温敏二极管:测温范围－40℃～150℃,精度 1%。

(12)光纤位移传感器:双支 Y 型导光型光纤传感器,线性范围 1.5mm。

(13)电涡流传感器:量程 0～3mm,由扁平线圈和多种金属涡流片组成。

(14)磁电传感器:灵敏度 0.4V/m/S,动铁与线圈组成。

(15)霍尔传感器:梯度磁场与锑化铟线性霍尔元件组成,测量范围±2.5mm。

(16)压电加速度传感器:PZT 双压电晶片、质量块及压簧组成,频响>5Hz 。

(17)湿敏电容:测量范围:0～99%RH,线性度＋2%。

(18)湿敏电阻:测量范围:0～99%RH,阻值范围 10MΩ－nkΩ。

(19)差动变动器:一组初级线圈、两组次级线圈及软磁铁心组成,测量范围±5mm。

(20)称重传感器:商用双孔悬臂梁结构,称重范围≤500 克,精度 1%。

(21)半导体应变计:BY 型,灵敏系数 120。

(22)金属箔式应变计(贴于双平行悬臂梁上):BHF 环氧基底防蠕变,工作片×4,温度补偿片×2,灵敏度系数 2.06。

(23)压阻式传感器:MPX 压阻式差压传感器,量程 0～50KP,精度 1%。

(24)光栅莫尔条纹位移传感器:测试精度 1%mm。(仅 2001B 型有)

(25)CCD 图像传感器:光敏面尺寸:1/3 英寸。工作电压 12V。

三、实验操作须知

(1)使用本仪器前,请先熟悉仪器的基本状况,对各传感器激励信号的大小、信号源、显示仪表、位移及振动机构的工作范围做到心中有数。

(2)了解测试系统的基本组成:合适的信号激励源→传感器→处理电路(传感器状态调节机构)→仪表显示(数据采集或图像显示)。

(3)实验操作时,在用实验连接线接好各系统并确认无误后方可打开电源,各信号源之间严禁用连接线短路,2001 型主机与模块的电源连接线插头与插座连接时尤要注意标志端对准后插入,如开机后发现信号灯、数字表有异常状况,应立即关机,查清原因后再进行实验。

(4)实验连接线插头为灯笼状簧片结构,插入插孔即能保证接触良好,必须旋转锁紧,为延长使用寿命,请捏住插头连接。

(5)实验指导中的"注意事项"不可忽略。传感器的激励信号不准随意加大,否则会造成传感器永久性的损坏。

(6)本实验仪为教学实验用仪器,而非测量用仪器,各传感器在其工作范围内有一定的线性和精度,但不能保证在整个信号变化范围都是呈线性变化。限于实验条件,有些实验只能作为定性演示(如湿敏、气敏传感器)。

(7)本仪器的工作环境温度≤40℃,需防尘。

第三章 《计算机软件基础》实验

一、类型

课程实验。

二、目的和要求

1. 目的

学习计算机软件,必须高度重视实践环节,不但要自己编写程序,还需要上机调试程序。其目的是:

(1)通过上机实践来加深对学习本课程内容的理解,这是学习软件课程行之有效的方法。

(2)通过上机实践来熟悉软件的运行环境和计算机的操作方法,了解系统可以利用的资源和功能以帮助自己开发程序,为应用计算机软件解决实际问题创造条件。

(3)通过上机实践学习调试计算机程序的方法。

2. 要求

(1)考生应到主考学校或其指定场所进行实验。

(2)实验前应准备好上机所需要的程序,然后上机调试。

(3)实验完成后应整理和写出实验报告。报告内容应包括:题目,程序清单,运行结果,运行情况分析以及调试程序所取得的经验。报告经指导老师检查并签字后有效。

三、实验内容

1. 微机操作系统

2. C语言程序设计

(1)简单的C程序

(2)具有选择结构的C的程序

(3)具有循环结构的C的程序

(4)C的数组

(5)C的函数

(6)C的指针

(7)C的文件

3. 数据结构

4. FoxPro数据库系统

第一节 微机操作系统

一、实验目的

熟悉 DOS 和 Windows 系统的基本操作。

二、实验内容

1. DOS 系统的基本操作

(1)了解 DOS 命令的类型与格式。

(2)DOS 系统的目录操作命令:DIR、MD、CD、RD、DELTREE、TREE、PATH。

(3)DOS 系统的文件操作命令:TYPE、REN、COPY、DEL、UNDEL。

(4)DOS 系统的磁盘操作命令:FORMAT、DISKCOPY。

(5)了解批处理文件与典型的 AUTOEXEC. BAT 文件,编写简单的批处理文件。

(6)了解系统配置与典型的 CONFIG. SYS 文件。

2. Windows95 系统的基本操作

(1)鼠标及其使用(鼠标的移动、单击、双击与拖曳)。

(2)桌面:启动、图标、任务栏、提示符和退出。

(3)窗口:窗口元素(标题栏、菜单栏、滚动条、状态栏和控制按钮)与窗口操作。

(4)资源管理器:文件管理(文件系统、创建目录、文件复制、输出、改名、打开和打印等)。

第二节 C 语言程序设计

一、实验目的

1. 熟悉和掌握 C 程序的运行环境 TurboC,包括 C 语言源程序的编辑、编译和运行过程。

2. 编写和调试运行顺序程序、具有选择结构和循环结构的程序,学习数组的利用、C 函数的定义与调用、指针变量和 C 文件等。

二、Turbo C 简介

Turbo C 是一个集程序编辑、编译、连接、调试为一体的 C 语言程序开发软件,具有速度快、效率高、功能强等优点,使用非常方便。C 语言程序员可在 Turbo C 环境下进行全屏幕编辑,利用窗口功能进行编译、连接、调试、运行、环境设置等工作。

1. 要求的配置

Turbo C 可在 IBMPC 系列机及其兼容机上运行。目前使用的 PC 都能满足运行 Turbo C 的硬件软件要求。

2. 安装

Turbo C 系统有一安装程序 INSTALL,必要时进行安装。已经安装了 Turbo C 的系统可直接使用。

3. 使用

(1)进入 Turbo C

在 DOS 提示符下,可用“CD\TC”或“CD TC”进入 TC 目录。然后在 DOS 命令行上键入“TC”并键入回车。这时就进入了 Turbo C,屏幕上将显示出如图 3-1 所示的 Turbo C 主菜单窗口。

File Edit Run Compile Project Options Debug Break/Watch

图 3-1 Turbo C 主菜单

如果不是在 TC 主目录内调用 Turbo C,而是在另一个目录下使用 Turbo C,则应该指出目录路径。

(2)选择工作目录

工作目录指用户文件所在的目录。用户进入 TC 目录后,可以在这个目录下再建立一个用户专用的子目录。用户可以在此子目录下进行文件的编辑工作,编译生成的目标文件也存放在此子目录中。

屏幕上显示出 Turbo C 主菜单窗口后,可以用 F10 键和光标移动键来从主菜单中选择所需的功能。步骤如下:先按下 F10 键,可看到屏幕上部的某一位置会出现亮块,如果亮块不在所需菜单项,再用光标移动键“←”、“→”来移动此亮块。也可直接按组合键 Alt+首字母达到目的,如键入“Alt+F”,将使亮块位于“File”项。

选中“File”,按下回车键,将在“File”下方出现一个下拉菜单如图 3-2。

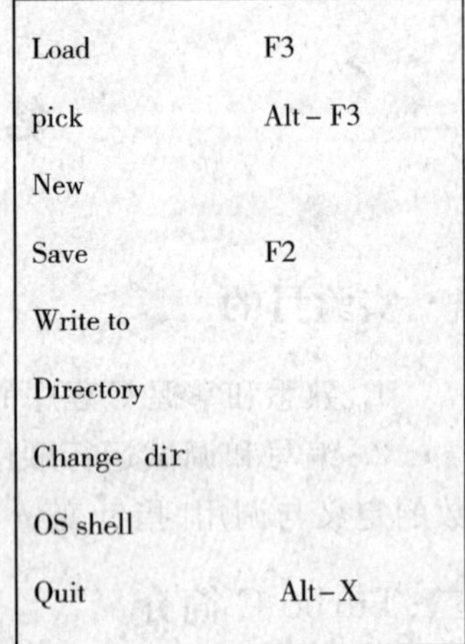

图 3-2 File 下拉菜单

子窗口处也有一个亮块,可用“↑”、“↓”键将此亮块移动到所需功能项,或者直接按下快捷键做选择。

其他菜单项操作类似。

(3)建立工作环境

建立工作环境就是要告诉 TC:包含文件和库文件在哪个盘哪个目录下,输出文件存于何处。可用主菜单上“Option”项来进行。

(4)编辑源文件

在主菜单选中“File”项,再按“回车”键,出现下拉菜单,将亮条移至“Load”按回车选中此命令,或在主菜单下直接按“F3”键,这时出现一个包含“*.C”的提示框如图 3-3 所示:

Load File Name

*.C

图 3-3 “Load File”提示框

此时输入要编辑的文件名，回车即可。若直接回车则会显示出当前目录下的所有后缀为“.C”的文件名，利用光标键将亮条移到需要编辑的文件名处，按“回车”后，该文件内容即显示在屏幕上供编辑、修改。

如果用户用“load”输入的文件名是已存在的文件，则屏幕上将显示出文件内容，可供修改，否则屏幕上是一片空白，表示文件无内容（是新文件），用户需要从键盘输入文件内容。在编辑过程中除用到各字符键外还可以用到“Ins”和“Del”键。“Ins”键是一个切换键，用来在“插入状态”/“覆盖状态”之间切换，Turbo C 设置的初始状态是“插入状态”。“Del”键是删除光标所在的字符。“Ctrl＋Y”键同时按下可删除光标所在的一行，“Ctrl＋N”可用来插入一行。

编辑完成后，可从“File”菜单中选择“save”命令将文件存盘，也可直接按下 F2 键将文件存盘。

(5)编译、连接

加工程序时，先编译源代码，生成目标文件（扩展名为 .OBJ），然后对目标文件进行连接生成可执行文件（扩展名为 .EXE）。

对单文件程序的编译、连接的方法是在将文件存盘后，按 F10 键，选中“Complier”项，也可直接按 Alt—C 达到目的。“Complier”下拉菜单如图 3－4。

选中“Make EXE File”（也可直接按 F9 键），则 TC 将对文件进行编译、连接并生成运行文件。

若程序有错，则在屏幕底部的“Message”窗口显示出错及警告信息。这时可进行修改，改完后，再重复进行编译、连接。

另外，TC 的最显著特点之一是能进行分别编译，可以把一个长的程序分别编辑在多个文件中，分别编译。Turbo C 提供了一个工具，可直接将这些文件编译连接后生成一个完整的运行程序，而不必由用户显式地分别编译连接。这个工具就是 project 菜单项。

Compile to OBJ
Make EXE File
Link EXE File
Build a11
primary C file:
Get in to

图 3－4 Complier 下拉菜单

(6)运行

编译连接完成一个文件后，可利用主菜单中的“RUN”命令或直接按 Ctrl—F9 键来运行程序。

其实，当用户认为自己的源程序不会有编译、连接错误时，在源程序编辑完成后，就可直接用 RUN 命令或直接按 Ctrl＋F9 键。这时 Turbo C 将一次完成从编译、连接到运行的全过程。这是运行 Turbo C 程序最简便常用的方法。

程序运行后，仍回到 TC 屏，这时若想看运行结果，可用“RUN”菜单中的 User Screen 命令，也可以直接按 Alt＋F5 键转到用户屏，程序运行的结果显示在用户屏上，看完后可按任一键回到 TC 屏。

关于 Turbo C 更详细的信息，请参阅 Turbo C 手册。

三、实验内容

程序 1 输入两个正整数 m 和 n,求其最大公约数和最小公倍数。在画线处填入合适的语句或语句成分,然后调试之,得到满意结果。

```
main()
{
    int a,b,num1,num2,temp;
    printf("请输入两个正数:\n");
    scanf("%d,%d",&num1,&num2);
    if(num1>num2)
    {
        temp=num1;
        num1=num2;
        ________;
    }
    a=num1,b=num2;
    while(b! =0)
      {
        ________;
        a=b;
        b=temp;
      }
    printf("它们的最大公约数为:%d\n",a);
    printf("它们的最小公倍数为:%d\n",________);
}
```

程序 2 自行设计一个程序,以完成计算 S= 1! +2! +3! +…+20!。然后编辑、调试、运行之,直到得到正确结果。

程序 3 调试、运行以下程序,给出正确结果。本程序完成的功能是什么?

```
#define  N  11
main()
 { int i,j,a[N][N];
    for(i=1;i<N;i++)
       {a[i][1]=1;a[i][i]=1;}
    for(i=3;i<N;i++)
       for(j=2;j<=i-1;j++)
          a[i][j]=a[i-1][j-1]+a[i-1][j];
```

```
    for(i=1;i<N;i++)
      { for(j=1;j<=i;j++)
          printf("%6d",a[i][j]);
        printf("\n");
      }
    printf("\n");
  }
```

程序 4 用选择法对 10 个整数排序。

```
#define N 10
main()
{
    int i,j,min,temp,a[N];
    printf("请输入 10 个数:\n");
    for(i=0;________;i++)
      {
        printf("a[%d]=",i)
       scanf("%d   ",&a[i]);
      }
    printf("\n")
    for(i=0;i<N-1;i++);
   {
min=i;
for(j=i;j<N;j++)
    if(a[min]>a[j]) ________ ;
temp=a[i];
________;
a[min]=temp;
    }
    printf("\n 排序结果如下:\n");
    for(i=0;i<n;i++)
printf("%5d",a[i]);
 }
```

程序 5 调试以下程序,然后回答问题:

(1)main( )函数完成的功能是什么?

(2)inverse( )函数完成的功能是什么?

```
main()
```

```
  {
   char str[100];
   printf("Input  a  string:\n");
   scanf("%s",str);
   inverse(str);
   printf("Convert result  is: %s\n",str);
   }
inverse(str)
 char str[];
 {
char t;
int i,j;
for(i=0,j=strlen(str);i<strlen(str)/2;i++,j--)
{
    t=str[i];
    str[i]=str[j-1];
    str[j-1]=t;
    }
  }
```

程序 6　本程序完成的功能是:输入一行字符,分别统计出其中大写字母、小写字母、空格、数字及其他字符的个数。请完善并调试运行之。

```
#include "stdio.h"
main()
 {
  char  c;
   int  i,upper=0,lower=0,space=0, digit=0,other=0;
   char *p,s[80];
   printf("INPUT A LINE TEXT:\n");
   for(i=0;i<80;i++) s[i]=0;
   i=0;
   while((s[i]=getchar())! ='\n')i++;
   p=&s[0];
   while(________)
  {
      if((*p>='A')&&(*p<='Z'))
         upper++;
      else if((*p>='a')&&(*p<='z'))
```

```
      lower++;
    else if(*p==' ')
      space++;
    else if(________________)
      digit++;
    else
      ________;
  }
  printf("UPPER=%d  LOWER=%d  ",upper,lower);
  printf("SPACE=%d  DIGIT=%d  OTHER=%d\n",space, digit, other);
}
```

程序 7 先将 sin(x)和 cos(x)的值写入数据文件 a.dat，x 从 0°～360°每 10°计算一次。然后再从数据文件 a.dat 中读出 sin(x)和 cos(x)的系列值，并分别赋给一维数组 s 和 c。

```
#include <stdio.h>
#include <math.h>
main()
    { float x,y1,y2,s[50],c[50];
      int i,x[50];
      FILE *fp;
      fp=fopen("a.dat","w");
      for(i=0;i<=360;i=i+10)
        { x=i*3.14159/180;
          yl=sin(x);y2=cos(x);
          fprintf(fp,"%d%f%f",i,y1,y2);
        }
      fclose(fp);
      fp=fopen("a.dat","r");
      if(fp==NULL)
        { printf("Cannot open this file!");
          exit(0);
        }
    i=0;
    while(! feof(fp))
      { fscanf(fp."%d%f%f",&x[i],&s[i],&c[i];
        i++;
      }
```

```
}
```

可以查看 a. data 文件内容，为直观起见，不妨直接输出数组 s 和 c 的内容，请补充程序实现之。

第三节 数据结构

一、实验目的

初步了解数据结构的基本概念和数据结构在程序设计中的作用；了解最常用的数据结构：线性表、栈与队列；掌握简单的查找与排序的基本算法等。

二、实验内容

以建立线性链表和折半查找程序作为练习，排序算法和程序前面已经述及。

程序 1 以下给出了一个创建链表的程序，完善并调试运行之。

```
#include "stdio.h"
#include "malloc.h"
#define NULL 0
struct list
  { int data;
    struct list *next;
  };
void main()
{ struct list *p, *head;
  int num,i;
  p=(________);
  head=p;
  printf("please input 5 numbers==>\n");
  for(i=0;i<=4;i++)
     {scanf("%d",&num);
      p->data=num;
      p->next=(struct list *)malloc(sizeof(struct list));
      if(i==4)p->next=NULL;
      else ________;
}
  ________;
```

```
  while(p! =NULL)
{printf("The value is==>%d\n",p->data);
     p=p->next;
}
}
```

程序 2 用折半查找法在数组中查找给定的数据,若找到则显示其所在位置(下标号),否则显示“数据不在表中”。

```
#include   <stdio.h>
#define N 15
main()
{ int  i,j,number,top,bott,min,loca,a[N],flag;
char c;
printf("输入 15 个自小而大的数\n");
i=0;
while(i<N)
     { scanf("%d",&a[i]);
       i++;
     }
printf("\n");
for(i=0;i<N;i++)
     printf("%4d",a[i]);
printf("\n");
flag=1;
while(flag)
     {
       printf("INPUT  A  DATA:");
       scan("%d",&number);
       loca=0;
       top=0;
       bott=N - 1;
       if(number<a[0])||(number>a[N - 1]))
         loca=-1;
       while((loca==0)&&(top<=bott))
         { min=(bott+top)/2;
          if(number==a[min])
            { loca=min;
              printf("%d 位于表中第%d 个数\n",number,loca+1);
```

```
            }
        else if(number<a[min])
            bott=min-1;
          else
            top=min+1;
    }
    if(loca==0||loca==-1)
      printf("%d 不在表中.\n",number);
    printf("是否继续查找? Y/N! \n");
    c=getchar();
    if(c=="N"||c=="n")
      flag=0;
    }
    }
```

第四节　FoxPro 数据库系统

一、实验目的

1. 熟悉 FoxPro 的各种交互式命令。

2. 熟悉 FoxPro 的程序设计

二、实验内容

1. 建立一个具有下列结构形式的数据库文件 STUD.DBF,输入不少于 20 个记录的数据。

学　号	姓　名	机电传动	数控技术	系统设计	微机控制	总分	平均分
050101	丁　丁	87	75	93	66	321	80.25
050102	马　奔	66	84	85	70	305	76.25
	……						
050145	魏　巍	87	90	95	82	354	88.5

2. 在交互方式下对 STUD.DBF 进行各种数据库文件的基本操作。以下常用命令应能熟练使用:

LIST,DISPLAY;APPEND,GOTO,INSERT,DELETE;

EDIT,CHANGE,BROWSE,REPLACE;

SORT,INDEX,LOCATE,CONTINUE,FIND,SEEK;

COUNT,AVERAGE,SUM,TOTAL

3. 了解多工作区、多个数据库之间操作的关系及有关操作命令(包括 SELECT,SET RELATION,JOIN,UPDATE)。

4. 初步掌握 FoxPro 程序模式的有关命令及语句的功能,具有阅读、分析和编写 FoxPro 程序的初步能力。

程序 1 调试运行以下程序,给出运行结果。

```
SET TALK OFF
CLEAR
INPUT 'N=' TO N
M=N
I=1
DO WHILE N>0
? SPACE(I)
M=N+I
DO WHILE M>0
??'*'
M=M-1
ENDDO
I=I+1
N=N-1
ENDDO
SET TALK ON
```

程序 2 参照下列程序,为学生成绩数据库(STUD. DBF)编写程序,以实现:

(1)查找指定学号的学生,若查到则显示其平均分及等级(优:90～100;良:80～89;中:70～79;及:60～69;差:60 以下),若找不到,则显示"查无此人"。

(2)打印如下形式的报表:

学 号	姓 名	机电传动	数控技术	系统设计	微机控制	总分	平均分
050101	丁 丁	87	75	92	66	320	80
050102	马 奔	65	84	85	70	304	76
	……						
050145	魏 巍	87	90	95	84	356	89

```
USE STUD
REPLACE ALL 平均分 WITH (数学分+物理分+外语分)/3
```

```
ACCEPT "请输入学号" TO XH
LOCATE FOR 学号=XH
IF FOUND()
    DO CASE
CASE 平均分>=90 .AND. 平均分<=100
    评语="优"
CASE 平均分>=80 .AND. 平均分<89
    评语="良"
CASE 平均分>=60 .AND. 平均分<79
    评语="中"
CASE 平均<60
    评语="差"
    ENDCASE
    DISP 姓名,平均分,评语
ELSE
    WAIT "查无此人!"
ENDIF
*   输出简单报表
? "姓  名  数学分  物理分  外语分  平均分"
GO 1
DO WHILE .NOT. EOF()
    ? 姓名+STR(数学分,4,0)+STR(物理分,4,0)+STR(外语分,4,0)+STR
(平均分,4,0)
    SKIP
ENDDO
RETURN
```

程序 3 以下是一个简单的菜单程序,具有删除记录和查询数据的功能。试调试运行之,并用已存在的 STUD. DBF 对其进行测试。

```
SET TALK OFF
DO WHILE .T.
    ACCEPT "请输入数据库文件名" TO WJ
  IF LEN(WJ)<>0
    EXIT
  ENDIF
ENDDO
DO WHILE .T.
    IF FILE(&WJ+".DBF")
```

```
    EXIT
      ELSE
        ACCEPT "该数据库文件不存在,按任意键重新输入!" TO  WJ
  ENDIF
ENDDO
USE  &WJ
DO  WHILE  .T.
  CLEAR
  TEXT
                0. 退出
        1. 删除记录      2. 查找数据
  ENDTEXT
      ACCEPT  "请选择 0—2 !"  TO  XZ
      DO  CASE
      CASE  XZ="1"
         INPUT  "请输入删除的记录号" TO H
     GOTO  H
     DELE
     DISP
         ACCEPT"是否真的删除(y/n)?" TO  SC
         IF  UPPER(SC)="Y"
           PACK
         ELSE
           RECALL
         ENDIF
      CASE  XZ="2"
         ACCEPT"请输入查询的学号"TO XH
         LOCATE  FOR  学号=XH
         DISP
      CASE  XZ="0"
         WAIT"再见!"
         RETURN
  OTHERWISE
         ?"选择数据有错!"
      ENDCASE
      WAIT"按任意键返回功能菜单"
ENDDO
RETURN
```

第四章 《现代设计方法》实验

第一节 SOLIDWORKS 绘制三维零件图

一、实验目的

1. 熟悉 SOLIDWORKS 界面；
2. SOLIDWORKS 基本草图命令练习；
3. 使用 SOLIDWORKS 绘图的一般步骤。

二、实验原理

上机实际操作。

三、实验的主要内容

1. SOLIDWORKS 草图工具使用练习；
2. 简单的实体建模工具使用练习。

四、实验方法和步骤

1. 给出一个较为简单的零件；
2. 在 SOLIDWORKS 绘制其草图；
3. 绘制基本三维实体图；
4. 更换草图面，画草图，完成细部结构，直至完成整个零件图。

第二节 SOLIDWORKS 数据交换

一、实验目的

1. 进一步熟悉 SOLIDWORKS 的建模工具；
2. 掌握 SOLIDWORKS 与其他 CAD 软件之间的数据交换方法。

二、实验原理

上机实际操作。

三、实验的主要内容

1. 基本建模工具的练习；
2. 与 CAD 软件之间格式转换方法的练习。

四、实验方法和步骤

使用 IGES 格式或 sat 格式，完成三维图文件与 ANSYS 之间的数据传递。

第三节 ANSYS 基本操作及建模

一、实验目的

1. 了解和熟悉 ANSYS 软件的启动、图形用户界面(GUI)基本功能、数据库和文件的保存及退出。

2. 初步掌握点、线、面及简单体的几何建模方法。

二、实验原理

上机实际操作。

ANSYS 基本操作：

1. ANSYS 的启动

ANSYS 的启动方式有交互式和命令式两种，这里主要介绍交互式启动方式。

在 Windows 系统中按：Start＞Programs＞ANSYS5.7＞Interactive/Run Interactive Now

2. ANSYS 图形用户界面(GUI)

ANSYS 启动后出现 6 个主要窗口，如图 4-1 所示分别为：

应用菜单(Utility Menu)：包含例如文件管理、选择、显示控制参数设置等应用功能。该菜单为下拉式结构，可直接完成某一功能或弹出对话窗口。

主菜单(Main Menu)：包含 ANSYS 的主要功能，分为前处理、求解、后处理等。

输入窗口(Input)：该窗口为输入 ANSYS 命令区域，且可以显示程序的提示信息和浏览先前输入的命令。所有输入的命令将在此窗口显示。

图形窗口(Graphics)：该窗口显示由 ANSYS 创建或移植至 ANSYS 的模型以及分析结果等图形。

工具条(Toolbar)：将常用的命令制成工具条，方便调用。

输出窗口(Output)：显示软件的文本输出，通常在其他窗口后面，要查看时可提到前面。

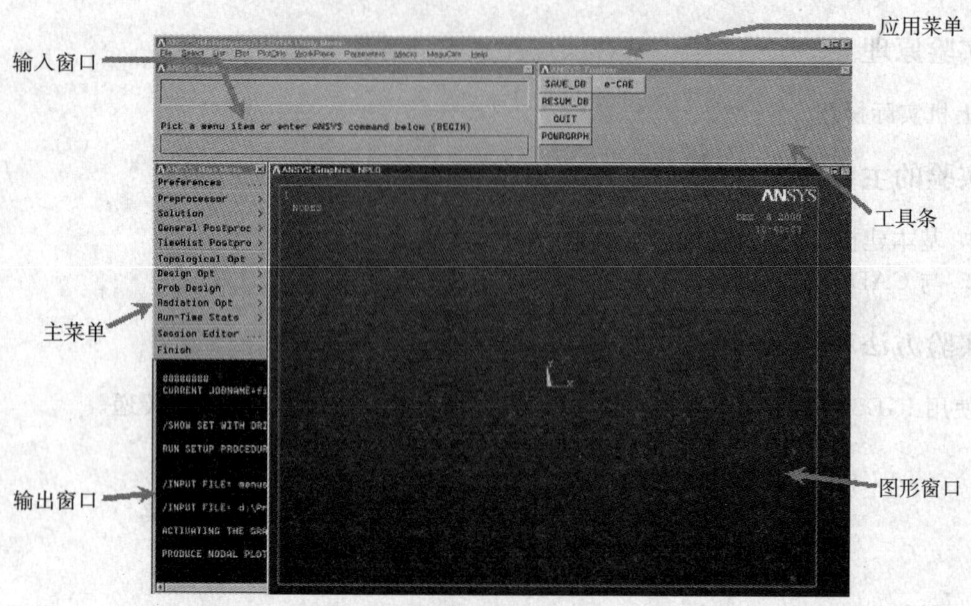

图 4-1 ANSYS 图形用户界面

3. 数据库和文件的保存

ANSYS 数据库包括了建模、求解、后处理所产生在内存中的数据。这些数据可分为两类：

(1)输入数据：用户必须输入的信息，诸如模型尺寸、材料特性及载荷情况。

(2)结果数据：ANSYS 的计算结果，诸如位移、应力、应变等等。

保存数据是指将内存中的数据拷贝至称为数据库的文件中。可按如下方式保存：

单击 Toolbar>SAVE_DB

或使用：Utility Menu>File>Save as Jobname. db

Utility Menu>File>Save as…

SAVE 命令

从 db 文件中恢复数据库，用 RESUME 操作。

单击 Toolbar>RESUME_DB

或使用：Utility Menu>File>Resume Jobname. db

Utility Menu>File>Resume from…

RESUME 命令

4. 退出 ANSYS

可采用以下 3 种方法退出 ANSYS：

单击 Toolbar>QUIT

使用 Utility Menu>File>Exit

或使用/EXIT 命令。

三、实验的主要内容

图 4－2 为厚度 5mm 的零件主视图，试采用由上而下的方法，用布尔运算进行实体建模。

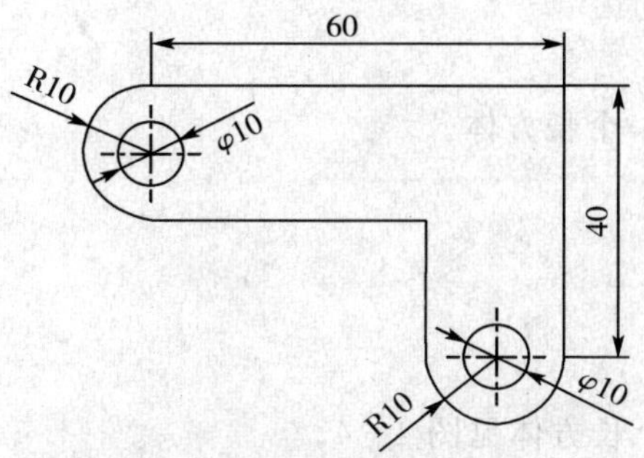

图 4－2 零件主视图

四、实验方法和步骤

详细步骤：

1. 按指定工作目录，用”M－topdown”作为作业名进入 ANSYS 启动界面如图 4－3 所示。选择总体直角坐标系（图形窗口标题显示为 CSYS＝0）：WorkPlane>Change active CS to>Global Cartesian

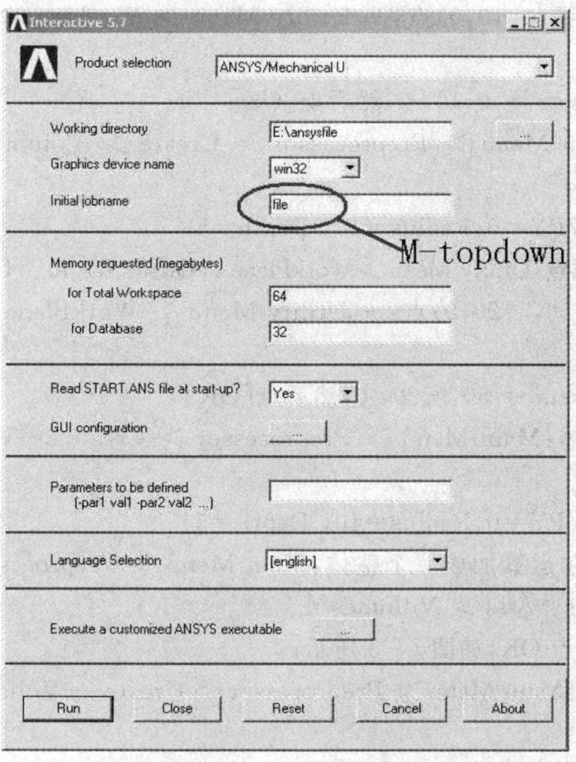

图 4－3 启动界面

2. 建长方体：Main Menu > Preprocessor > Create > －Volumes－Block> By Dimensions；在弹出对话框中输入

X1 = 0，X2 = 60

Y1 = 0，Y2 = 20

Z1 = 0，Z2 = 5

点 Apply 按钮创建第一个长方体。

输入

X1 = 40，X2 = 60

Y1 = 0，Y2 = －20

Z1 = 0，Z2 = 5

点 OK 按钮创建第二个长方体见图 4－4。

图 4－4　第二步

3. 将工作平面移到(0，10，0)点：- Utility Menu > WorkPlane > Offset WP by Increments …

设置 X，Y，Z Offsets = 0，10，0，然后点[OK]

创建圆柱体：Main Menu > Preprocessor > Create > Volumes> Cylinder>Solid Cylinder

输入：WPX＝0，WPY＝0，Radius＝10，Depth＝5

将工作平面移至原点：Utility Menu >WorkPlane >Offset WP to >Original of Active CS

将工作平面移到(50，－20，0)点：- Utility Menu > WorkPlane > Offset WP by Increments …

设置 X，Y，Z Offsets = 50，－20，0，然后点[OK]

创建第二个圆柱体：Main Menu > Preprocessor > Create > Volumes> Cylinder> Solid Cylinder

输入：WPX＝0，WPY＝0，Radius＝10，Depth＝5

将所有体通过布尔运算加成一个整体：Main Menu > Preprocessor > －Modeling－Operate > －Booleans－Add > Volumes ＋

选 Pick All，然后点 OK，如图 4－5 所示。

4. 创建第一个孔：Main Menu > Preprocessor > Create > Volumes> Cylinder>Solid Cylinder

输入：WPX＝0，WPY＝0，Radius＝5，Depth＝5

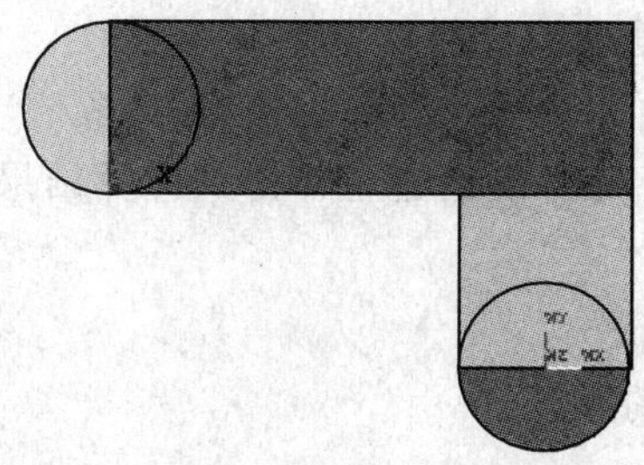

图 4-5 第三步

将工作平面移至原点:Utility Menu >WorkPlane >Offset WP to >Original of Active CS

将工作平面移到(0,10,0)点并创建第二个孔:

Utility Menu > WorkPlane > Offset WP by Increments …

设置 X,Y,Z Offsets = 0,10, 0,然后点[OK]

Main Menu > Preprocessor > Create > Volumes> Cylinder>Solid Cylinder

输入:WPX=0,WPY=0,Radius=5, Depth=5

从基体上挖去两个圆孔:

Main Menu > Preprocessor > -Modeling- Operate > -Booleans- Subtract > Volumes +

拾取基体(V1), 按[OK];拾取两个圆柱体(V2 和 V3), 然后按[OK],如图 4-6,4-7。

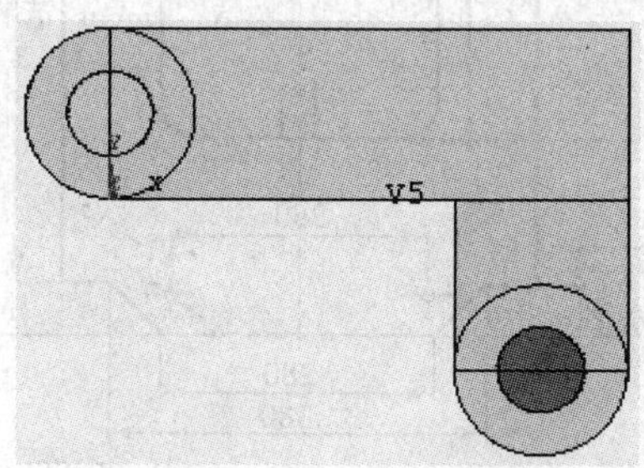

图 4-6 第四步

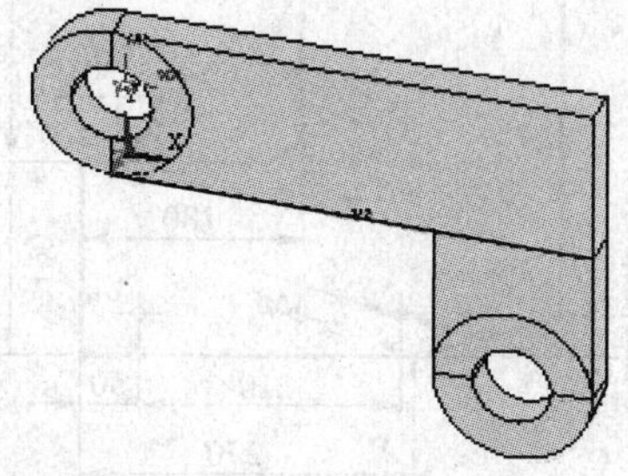

图 4-7 最终模型

5. 保存数据:Toolbar: SAVE_DB.

五、实验报告主要内容及要求

1. 每人独立完成实验报告;
2. 另外自选一实物在 ANSYS 中进行实体建模(包括实验题目、步骤、结果等)。

第四节 二维有限元结构分析实验

一、实验目的

1. 通过本实验,基本掌握应用通用有限元分析软件 ANSYS 进行结构分析的一般方法与步骤(即前处理→计算→后处理的过程)。

2. 熟悉有关的单位制问题和软件间的数据交换方法。

3. 工程实际问题的有限元分析模型建立并得到计算结果。

二、实验原理

弹性力学的原理;有限元的原理。

三、实验的主要内容

如图 4-8 所示,图(a)为一 C 型冲压机机身的模型,最大冲压力为 1.5 吨。图(b)为一封闭式冲压机机身的模型,最大冲压力为 2 吨。材料 Q235,厚度均为 10mm,$E=2.06\times10^{11}Pa$,$\mu=0.3$。试用有限元方法对其进行应力与变形计算。

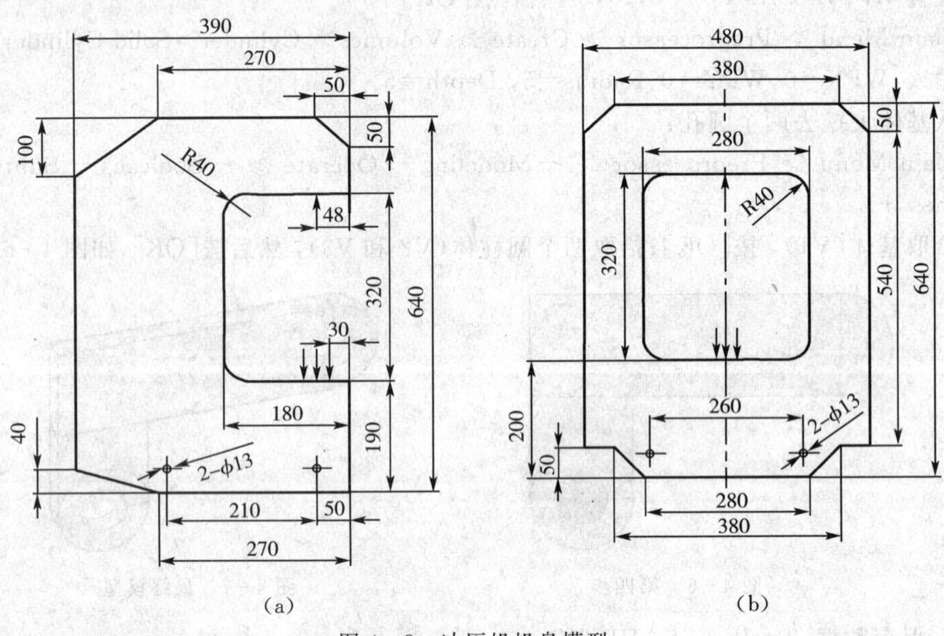

图 4-8 冲压机机身模型

四、实验方法和步骤

(一)有限元方法计算一般步骤

1. 确定基本单位制及各种导出单位;
2. 建立几何模型并存盘;
3. 设置分析的特性参数;
4. 设置材料特性;
5. 定义单元特性及选项;
6. 定义实常数(必要时);
7. 划分网格并存盘;

8. 加约束条件；

9. 加载荷；

10. 求解；

11. 进入后处理模块；

12. 按要求列出各种云图并分别存盘；

13. 退出 ANSYS。

(二)详细求解步骤

1. 确定单位

本题(图 4－8 问题)确定以长度单位为 mm,质量单位为 Kg,时间单位为秒,其他主要单位如弹性模量等的单位请自行导出。

2. 建立几何模型并存盘

本步骤有两种方法：

(1)直接在 ANSYS 软件中建模。

(2)采用其他 CAD 软件如 AUTOCAD 或 SOLIDWORKS 等进行建模,然后利用软件间的标准接口导入 ANSYS。下面以用 SOLIDWORKS 软件建模为例进行说明：

①在 SOLIDWORKS 软件中准确绘出图 4－8 所示的草图,退出草图绘制,存盘(不退出)。

②在 SOLIDWORKS 软件中选"文件＞另存为"菜单,将所绘图形输出至目标文件夹,注意,输出时应选用 . igs 格式,在选项中需要改变一下设置。如图 4－9 所示。

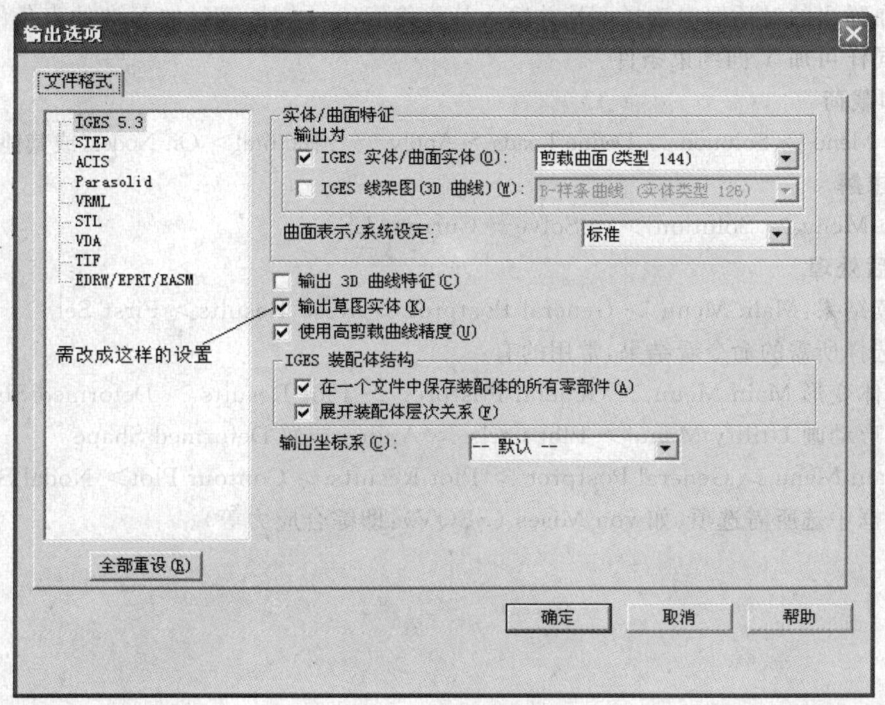

图 4－9 输出选项

③启动 ANSYS，点击菜单“File＞Import＞IGES”，将在 SOLIDWORKS 中所存盘的 igs 格式文件导入。

④Main Menu ＞ Preprocessor ＞ Modeling＞Create ＞ Areas＞Arbitrary＞By lines 创建所需面域。

3. 设置分析特性参数

Main Menu ＞ Preferences。

选择“structure”。

点击 OK 关闭对话框。

4. 定义材料特性

Main Menu ＞ Preprocessor ＞ Material Props ＞ Material Models

5. 定义单元特性及其选项

Main Menu ＞ Preprocessor ＞ Element Type

6. 定义实常数(厚度)

Main Menu ＞ Preprocessor ＞ Real Constants ＞ Add/Edit/Delete

7. 划分网格

Main Menu ＞ Preprocessor ＞ Meshing＞ Mesh Tool

8. 加约束

(1)Main Menu ＞ Solution ＞ Define Loads＞ Apply ＞ Structural＞ Displacement ＞ On Lines

(2)在弹出的对话框中选择 UX 并输入其位移值(0)，点击 OK，加 X 向约束条件。

(3)同样可加 Y 向约束条件。

9. 加载荷

Main Menu ＞ Solution ＞ Define Loads＞ Apply ＞ Structural＞ On Nodes(或其他方式)

10. 求解

Main Menu ＞ Solution ＞ －Solve－ Current LS

11. 后处理

(1)读结果：Main Menu ＞ General Postproc ＞ Read Results＞ First Set

(2)选择所需的命令看结果，常用的有：

①整体变形 Main Menu ＞ General Postproc ＞ Plot Results ＞ Deformed Shape

②变形动画 Utility Menu ＞ Plot Ctrls ＞ Animate ＞ Deformed Shape

③Main Menu ＞ General Postproc ＞ Plot Results ＞ Contour Plot＞ Nodal Solu 在弹出的对话框中选所需选项(如 von Mises (SEQV)：即综合应力等)。

五、实验报告主要内容及要求

1. 实验报告包含实验题目、步骤、结果及分析；
2. 实验过程总结及心得体会；
3. 每人独立完成实验报告。

第五节 一维搜索算法程序实验

一、实验目的

1. 加深对一维搜索算法和步骤的理解；
2. 培养学生独立编写计算机程序的能力。

二、实验原理

学习算法，归纳计算步骤，编写程序，计算结果并分析之。

三、实验的主要内容

1. 编制 0.618 算法程序；
2. 上机调试；
3. 对给定考题进行计算分析。

四、实验方法和步骤

1. 算法步骤（单峰函数 $F(x)$ 在区间$[a,b]$内存在极小值）：

(1)给出初始搜索区间$[a,b]$及收敛精度 ε，将 λ 赋以 0.618；

(2)按坐标点计算公式 $a_1=b-\lambda(b-a)$，$a_2=a+\lambda(b-a)$，计算 a_1 和 a_2，并计算其对应的函数值 $f(a_1)$、$f(a_2)$；

(3)根据区间消去法原理缩短搜索区间。为了能用原来的坐标点计算公式，需进行区间名称的代换，并在保留区间中计算一个新的试验点及其函数值；

(4)检查区间是否缩短到足够小和函数值收敛到足够近；如果条件不满足则返回到步骤(2)；

(5)如果条件满足，则取最后两试验点的平均值作为极小点的数值近似解。

0.618 的程序框图如图 4-10 所示。

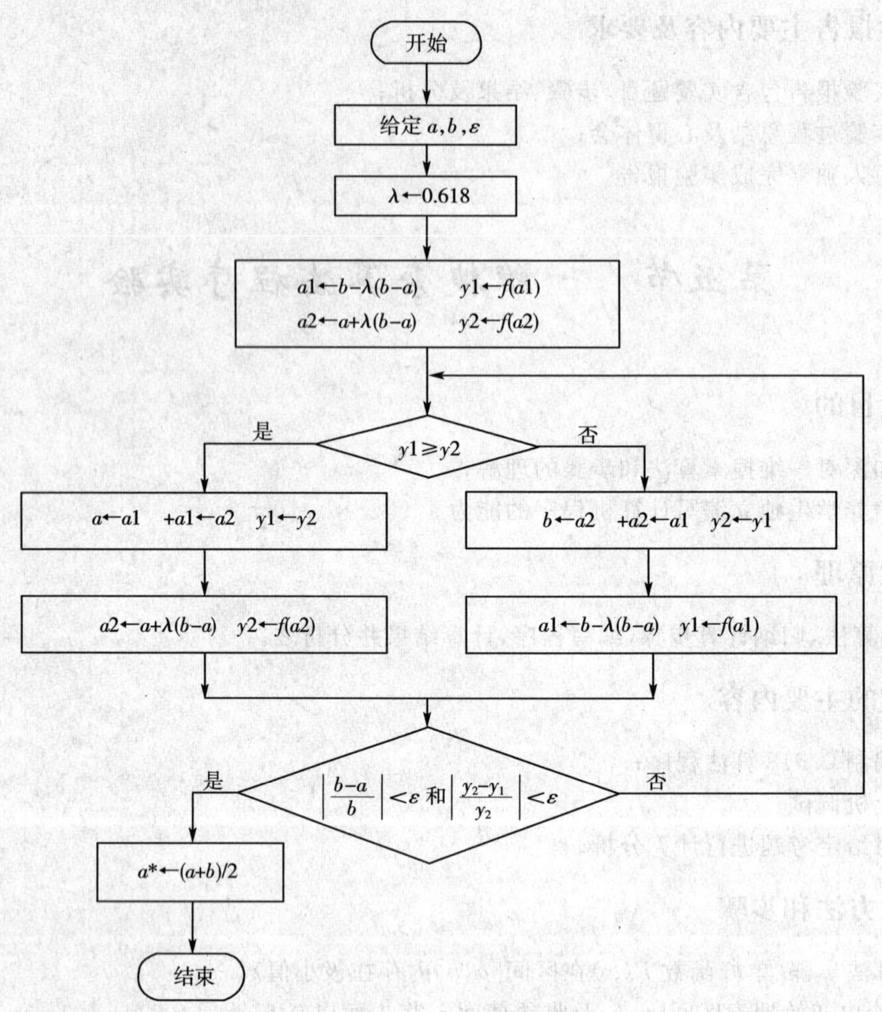

图 4－10　0.618 程序框图

2. 根据算法和程序流程图编制程序,上机调试、运行计算。

五、实验报告主要内容及要求

1. 实验名称;

2. 计算框图、计算程序、计算结果及分析;

3. 实验过程总结及心得体会。

第五章 《微机接口与控制》实验

一、课程编号

02208830

二、课程名称

《微机接口与控制》

三、实验设备与工具

1."DICE－8086K 教学实验系统"1 套(每组 1 套);
2.PC 机 1 台(每组 1 套);
3.20MHz 示波器 1 台(共用);
4.万用表 1 块(共用)。

四、实验项目与内容提要

见表 5－1。

表 5－1 常见的实验项目

序号	实验名称	内容提要	每组人数	实验时数	实验要求	实验类别
1	8259A 中断控制器实验	利用 8259A 实现对外部中断的响应和处理,要求程序对每次中断进行计数,并将计数结果送数码管显示	2	0.5	必开	验证性
2	8255A 并行口应用实验	设计实验,根据 8255A 的 PA 口状态来控制 PB 口	2	1	必开	设计性
3	8253 定时/计数器应用实验	设计实验,利用 8253 芯片产生方波,要求频率可调	2	1	必开	设计性
4	8251A 串行接口应用实验	用两台 8086K 通过 8251A 芯片进行串行通讯	2	0.5	必开	验证性
5	D/A 转换实验	设计实验,利用 DAC0832 输出模拟电压,控制直流电机的转速	2	0.5	必开	设计性
6	A/D 转换实验	设计实验,利用 ADC0809 采集电压信号,并送 LED 进行数字显示	2	0.5	必开	设计性

第一节　8259A 中断控制器实验

一、实验目的

1. 掌握 8259A 中断控制器与 CPU 以及外设的连接方法；
2. 掌握 8259A 中断控制器的编程方法；
3. 熟悉 DICE－8086K 数码管的编程使用方法；
4. 复习 8086 汇编语言。

二、实验的主要内容

利用 8259A 实现对外部中断的响应和处理。要求程序对每次中断进行计数，并将计数结果送数码管进行显示。

三、实验设备和工具

1. “DICE－8086K 教学实验系统”1 套；
2. PC 机 1 台；
3. 20MHz 示波器 1 台；
4. 万用表 1 块。

四、实验原理图

如图 5－1 所示。

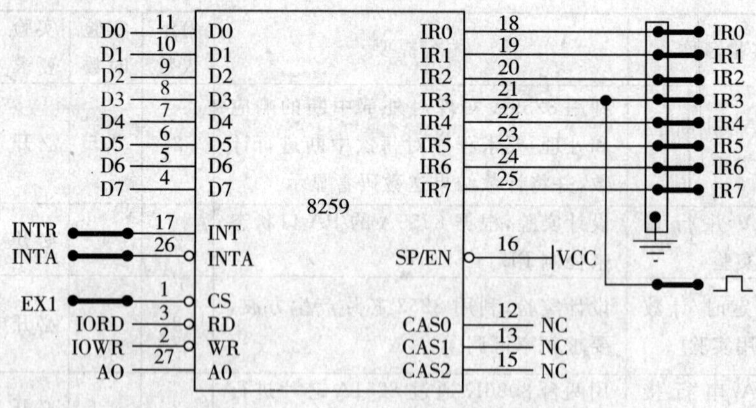

图 5－1　8259A 实验原理图

五、编程指南

1. 中断控制器 8259A 是专为控制优先级中断而设计的芯片。它将中断源优先级排队、辨别中断源以及提供中断矢量的电路集于一体。因此无需附加任何电路，只需对 8259A 进行编程，就可以管理 8 级中断，并选择优先模式和中断请求方式，即中断结构可以由用户编程来设定。同时，在不需要增加其他电路的情况下，通过多片 8259A 的级联，能构成多达 64 级的矢量中断系统。本实验 8259A 的入口地址范围如表 5－2 所示。

表 5－2 8259A 的入口地址

中断序号	0	1	2	3	4	5	6	7
中断服务程序入口地址范围	20H～23H	24H～27H	28H～2BH	2CH～2FH	30H～33H	34H～37H	38H～3BH	3CH～3FH

2．本实验中使用 3 号中断源 IR3，将"正脉冲"插孔和 IR3 相连，中断方式选边沿触发，上下每拨一次 AN0 开关，产生一次中断；满 5 次后，显示"good"。如果中断请求信号不符合规定要求，比如，将 8259A 的 IR3 接到"8MHZ"插孔，则程序自动转到 7 号中断，显示"Err"。

六、实验程序框图

1．主程序框图，如图 5－2 所示；

2．IR3 中断服务程序框图，如图 5－3 所示；

3．IR7 中断服务程序，如图 5－4 所示。

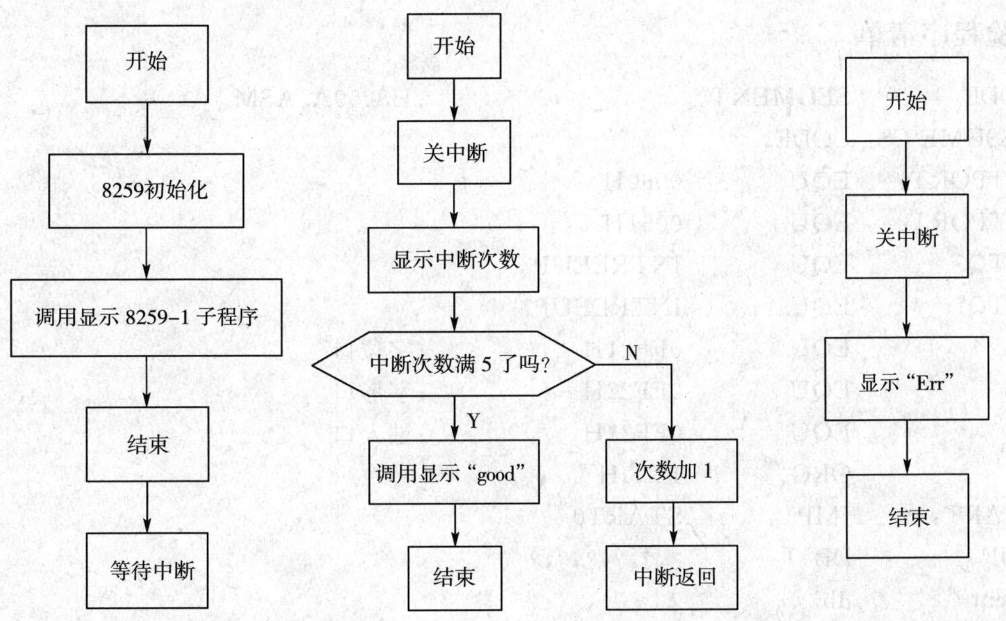

图 5－2 主程序框图　　图 5－3 IR3 中断服务程序框图　　图 5－4 IR7 中断服务程序框图

七、实验方法和步骤

1．连接实验线路图

(1)8259A 的 INT 连 8088 的 INTR；

(2)8259A 的 INTA 连 8088 的 INTA；

(3)"正脉冲"插孔 ⎍ 和 8259A 的 3 号中断脚 IR3 插孔相连，"正脉冲"端初始为低电平；

(4)8259A 的 CS 端接 EX1(基址 60H)；

(5)连接排线 JX4→JX17。

2. 运行实验程序

接通电源，LED 数码管的第一位应该闪烁显示 P(若不闪烁，则断开电源，稍等一会儿再上电)。按一下键盘右上角的 SCAL 键(目的是将 2＃ EPROM 中固化的实验程序调入系统的内存)，系统闪烁显示"— —"，几秒钟之后传送完毕，又回到"P"状态。输入本实验程序的起始地址 12D0，按执行键 EXEC(键盘右上角 EX/FV)，系统显示"8259－1"。

[注]地址输入错误时，可按键盘右下角的 MON 键，然后重新输入。

3. 上下拨动 AN0 开关，拨满 5 次后，在拨第 6 次时显示"good"。

4. 将 8259A 的 IR3 转接到"8MHZ"插孔，按一下系统中部的 RST 键(系统复位键)，闪烁显示 P。键入 12D0 地址后，按 EX 执行，系统显示"Err"，说明执行的是 IR7 的中断服务程序。

[注]如果 8259A 的 IR7 引脚根本没有连接外部设备，那么 IR7 引脚上的所谓中断请求，实际上是指出了其他引脚上有中断请求信号，而这个中断请求信号又不符合要求。为此，在系统设计时，可以将 IR7 对应的中断处理子程序设计成指示和处理中断请求信号出错的程序。

八、实验程序清单

```
CODE          SEGMENT                              ;H8259A. ASM
ASSUME CS:    CODE
INTPORT1      EQU        0060H
INTPORT2      EQU        0061H
INTQ3         EQU        INTREEUP3
INTQ7         EQU        INTREEUP7
PA            EQU        0FF21H                    ;字位口
PB            EQU        0FF22H                    ;字形口
PC            EQU        0FF23H                    ;键入口
              ORG        12D0H
START:        JMP        START0
BUF           DB         ?,?,?,?,?,?
intcnt        db         ?
data1:        db         0c0h,0f9h,0a4h,0b0h,99h,92h,82h,0f8h,80h,90h,88h,83h,0c6h,0a1h
              db         86h,8eh,0ffh,0ch,89h,0deh,0c7h,8ch,0f3h,0bfh,8FH
START0:       CLD
              CALL       BUF1
              CALL       WRINTVER                  ;WRITE INTERRUPT
```

```
          MOV     AL,13H
          MOV     DX,INTPORT1
          OUT     DX,AL
          MOV     AL,08H
          MOV     DX,INTPORT2
          OUT     DX,AL
          MOV     AL,09H
          OUT     DX,AL
          MOV     AL,0F7H
          OUT     DX,AL
          MOV     intcnt,01H          ;TIME=1
          STI
WATING:   CALL    DISP                ;DISP 8259A-1
          JMP     WATING
WRINTVER: MOV     AX,0H
          MOV     ES,AX
          MOV     DI,002CH
          LEA     AX,INTQ3
          STOSW
          MOV     AX,0000h
          STOSW
          MOV     DI,003CH
          LEA     AX,INTQ7
          STOSW
          MOV     AX,0000h
          STOSW
          RET
INTREEUP3: CLI
          MOV     AL,INTCNT
          CALL    CONVERS
          MOV     BX,OFFSET BUF       ;077BH
          MOV     AL,10H
          MOV     CX,05H
INTRE0:   MOV     [BX],AL
          INC     BX
          LOOP    INTRE0
          MOV     AL,20H
          MOV     DX,INTPORT1
```

```
            OUT     DX,AL
            ADD     INTCNT,01H
            CMP     INTCNT,06H
            JNA     INTRE2
            CALL    BUF2            ;DISP:good
INTRE1:     CALL    DISP
            JMP     INTRE1
CONVERS:    AND     AL,0FH
            MOV     BX,offset buf   ;077AH
            MOV     [BX+5],AL
            RET
INTRE2:     MOV     AL,20H
            MOV     DX,INTPORT1
            OUT     DX,AL
            STI
            IRET
INTREEUP7:  CLI
            MOV     AL,20H
            MOV     DX,INTPORT1
            OUT     DX,AL
            call    buf3            ;DISP:"Err"
INTRE3:     CALL    DISP
            JMP     INTRE3
DISP:       MOV     AL,0FFH         ;00H
            MOV     DX,PA
            OUT     DX,AL
            MOV     CL,0DFH         ;20H ;显示子程序 ,5ms
            MOV     BX,OFFSET BUF
DIS1:       MOV     AL,[BX]
            MOV     AH,00H
            PUSH    BX
            MOV     BX,OFFSET DATA1
            ADD     BX,AX
            MOV     AL,[BX]
            POP     BX
            MOV     DX,PB
            OUT     DX,AL
            MOV     AL,CL
```

```
          MOV     DX,PA
          OUT     DX,AL
          PUSH    CX
DIS2:     MOV     CX,00A0H
          LOOP    $
          POP     CX
          CMP     CL,0FEH          ;01H
          JZ      LX1
          INC     BX
          ROR     CL,1             ;SHR CL,1
          JMP     DIS1
LX1:      MOV     AL,0FFH
          MOV     DX,PB
          OUT     DX,AL
          RET
BUF1:     MOV     BUF,08H
          MOV     BUF+1,02H
          MOV     BUF+2,05H
          MOV     BUF+3,09H
          MOV     BUF+4,17H
          MOV     BUF+5,01H
          RET
BUF2:     MOV     BUF,09H
          MOV     BUF+1,00H
          MOV     BUF+2,00H
          MOV     BUF+3,0dH
          MOV     BUF+4,10H
          MOV     BUF+5,10H
          RET
BUF3:     MOV     BUF,0eH
          MOV     BUF+1,18H
          MOV     BUF+2,18H
          MOV     BUF+3,10H
          MOV     BUF+4,10H
          MOV     BUF+5,10H
          RET
CODE      ENDS
          END     START
```

九、实验报告主要内容及要求

1. 实验原理图；
2. 实验程序流程图；
3. 实验程序清单。

十、实验注意事项

1. 注意用电安全；
2. 禁止带电拔插元件。

第二节　8255A 并行口应用实验

一、实验目的

1. 掌握 8255A 和 CPU 以及外设的连接方法；
2. 掌握 8255A 的工作方式 0 和编程方法。

二、实验的主要内容

设计实验，读取 8255A 的 PA 口状态(一组开关)，然后用来控制 PB 口，点亮一组发光二极管。

三、实验设备和工具

1. “DICE－8086K 教学实验系统”一套；
2. PC 机一台；
3. 万用表一块。

四、实验原理图

(学生自己拟订)

已知本实验系统中 8255A 的基址为 0FF28H。

五、实验方法和步骤

(学生自己拟订)

六、实验报告主要内容及要求

1. 实验原理图；
2. 实验程序流程图；
3. 实验程序清单。

七、实验注意事项

1. 注意用电安全；
2. 禁止带电拔插元件。

第三节 8253定时/计数器应用实验

一、实验目的

1. 掌握8253芯片与CPU以及外设的连接方法；
2. 掌握8253定时器/计数器的工作方式和编程方法。

二、实验的主要内容

用8253芯片控制1只LED闪烁显示，要求点亮2秒再熄灭2秒，无限循环。

三、实验设备和工具

1. “DICE－8086K教学实验系统”1套；
2. PC机1台；
3. 20MHz示波器1台；
4. 万用表1块。

四、实验原理图

（学生自己拟订）

已知本实验系统中8253的基本地址为0040H。

五、实验方法和步骤

（学生自己拟订）

六、实验报告主要内容及要求

1. 实验原理图；
2. 实验程序流程图；
3. 实验程序清单。

七、实验注意事项

1. 注意用电安全；
2. 禁止带电拔插元件。

第四节　8251A 串行接口应用实验——串行发送

一、实验目的

1. 了解串行通讯的一般原理和 8251A 的工作原理及编程方法;
2. 初步了解 RS－232 串行接口标准及 TTL 电路的连接方法。

二、实验的主要内容

用 2 台 8086K 通过 8251 进行双机通讯,一台作为发送,另一台作为接收,发送方读入按键值,并发送给接收方,接收方收到数据后在数码管上显示。

三、实验设备和工具

1. "DICE－8086K 教学实验系统"1 套;
2. PC 机 1 台。

四、实验原理图

8251A 的实验原理图如图 5－5 所示。

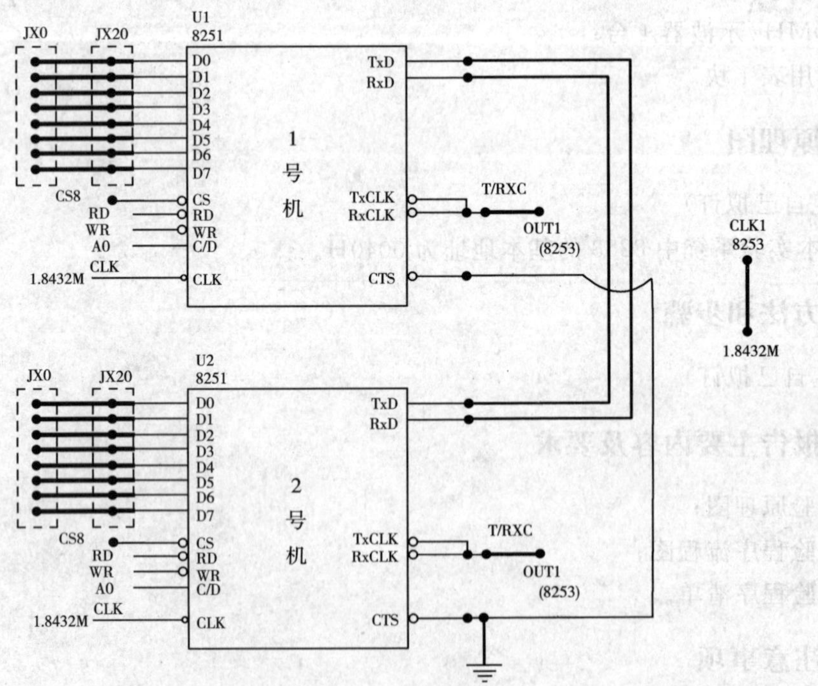

图 5－5　8251A 实验原理图

(1) TxCLK 和 RxCLK 分别为 8251A 的发送时钟和接收时钟,由片外 8253 的 OUT1

提供。

(2)8251 片选信号 CS 接译码输出 3F8H－3FFH(系统已连接)。

(3)CTS 端必须接低电平(已接好),其它回答信号 RTS、DTR、DSR 不用。

(4)RxRDY、TxRDY 分别为允许接收和允许发送。由于在本系统中使用查询方式进行通讯,这两个信号线不用(若采用中断方式,这两个信号可分别作发送/接收时的中断申请信号)。

五、编程指南

1.8251 状态口地址:03F9H,8251 数据口地址:03F8H;

2.8253 命令口地址:43H,8253 计数器 1＃口地址:41H;

3.8155 命令口地址:0FF20H,键扫口/字位口:0FF21H,键入口 PC:0FF23H,字形口 PB:0FF22H;

4. 通讯约定:异步方式,字符 8 位,一个起始位,一个停止位,波特率因子为 16,波特率为 9600;

5. 计算 T/RXC,收发时钟 fc,fc＝16・9600＝153.6K;

6.8253 分频系数:1843.2K / 153.6K＝12。

六、实验方法和步骤

1. 准备 2 台 8086K 实验机。确定 1 号机为发送,2 号机为接收。

2. 连接:CLK1→1.8432M,GATE1→＋5V,OUT1→T/RXC,JX0→JX20。1 号机和 2 号机的 RXD、TXD 交叉相连,且两机共地。

3. 先运行 2 号机,在 2 号机处于命令提示符“P.”状态下,按 SCAL 键,再输入 1510,按 EXEC 键,即进入等待接收状态,显示器显示 8251－2。

注意:串行接收实验的有关内容详见下一实验。

4. 再运行 1 号机,在 1 号机处于命令提示符“P.”状态下,按 SCAL 键,再输入 13F0,按 EXEC 键,即可进入串行发送状态,显示器显示 8251－1。

5. 在 1 号机键盘上按动数字键,在 2 号机的显示器上应显示对应数字键值。当 1 号机上按“MON”键时,1 号机即显示 good,此时可按 RST 键退出。

七、实验程序清单

8251A 的串行发送程序流程如图 5－6 所示。源程序清单如下:

```
CODE          SEGMENT              ;H8251T.ASM
ASSUMECS:     CODE
SECOPORT      EQU                  03F9H
SEDAPORT      EQU                  03F8H
PA EQU        0FF21H               ;字位口
PB EQU        0FF22H               ;字形口
PC EQU        0FF23H               ;键入口
```

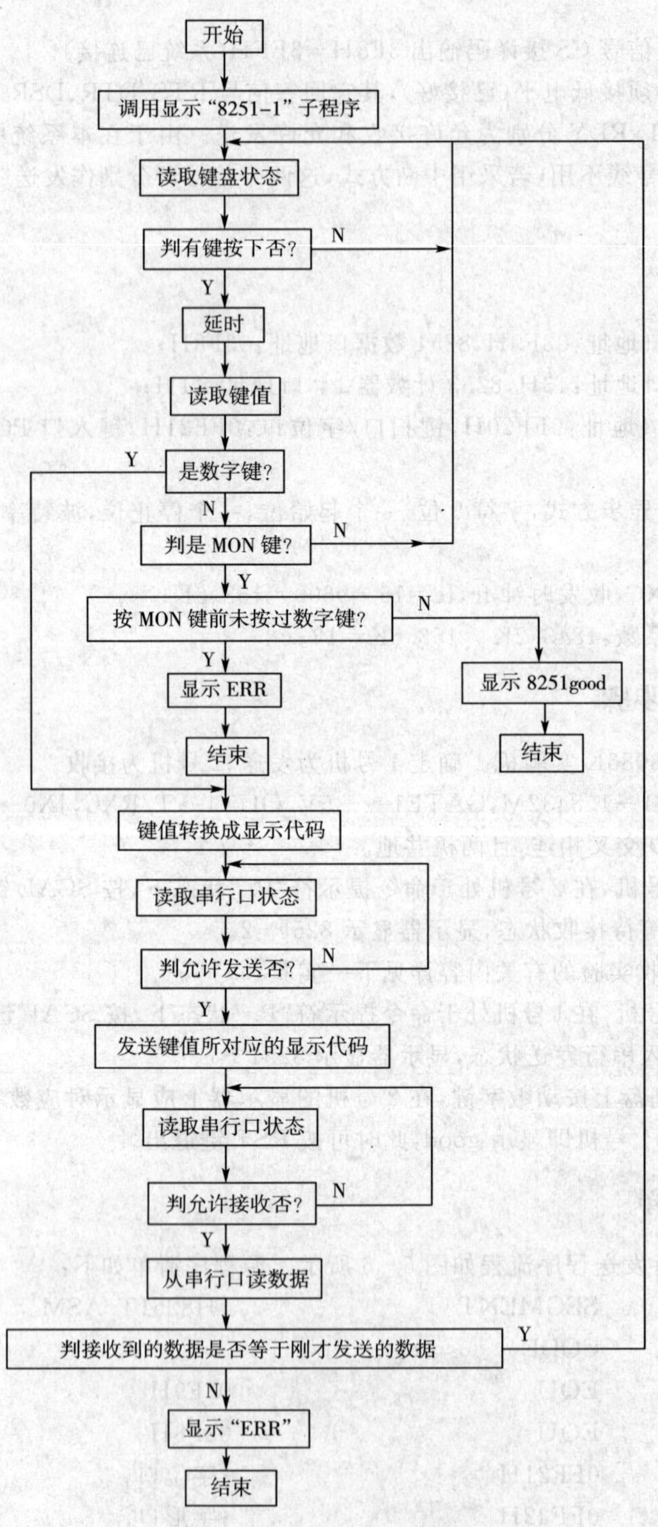

图 5-6　8251A 串行发送程序流程

```
            ORG   13F0H
START0:     call  for8251
            CALL BUF1                   ;DISP:8251-1
redikey:    call  dispkey
            cmp KZ,10h
            jc wattxd
            jmp funckey
WATTXD:     MOV DX,SECOPORT
            IN AL,DX
            TEST AL,01H
            JZ WATTXD
            MOV AL,KZ
            MOV DX,SEDAPORT
            OUT DX,AL
WATRXD:     MOV DX,SECOPORT
            IN AL,DX
            TEST AL,02H
            JZ WATRXD
            MOV DX,SEDAPORT
            IN AL,DX
            CMP KZ,AL
            JZ seri2
            CALL BUF3
errsererr:  CALL DISP
            JMP sererr
seri2:      mov cx,0018h
ser3:       push cx
            call disp
            pop cx
            loop ser3
            jmp redikey
funckey:    CMP KZ,1FH
            JNZ REDIKEY
            call buf2;good
monit:      CALL DISP
            JMP monit
dispkey:    call disp
            call key
```

```
            mov ah,al ;newkey
            mov bl,ltime ;ltime
            mov bh,lkey ;lkey
            mov al,01h
            mov dx,0ff21h
            out dx,al
            cmp ah,bh
            mov bh,ah ;bh=new key
            mov ah,bl ;al=time
            jz disk4
            mov bl,88h
            mov ah,88h
disk4:      dec ah
            cmp ah,82h
            jz disk6
            cmp ah,0eh
            jz disk6
            cmp ah,00h
            jz disk5
            mov ah,20h
            dec bl
            jmp
disk7disk5: mov ah,0fh
disk6:      mov bl,ah
            mov ah,bh
disk7:      mov ltime,bl
            mov lkey,bh
            mov KZ,bh
            mov al,ah
            ret
key:        mov al,0ffh
            mov dx,0ff22h
            out dx,al
            mov bl,00h
            mov ah,0feh
            mov cx,08h
key1:       mov al,ah
            mov dx,0ff21h
```

```
        out dx,al
        rol al,01h
        mov ah,al
        nop
        nop
        nop
        nop
        nop
        nop
        mov dx,0ff23h
        in al,dx
        not al
        nop
        nop
        and al,0fh
        jnz key2
        inc bl
        loop key1
        jmp nkey
key2 :  test al,01h
        je key3
        mov al,00h
        jmp key6
key3:   test al,02h
        je key4
        mov al,08h
        jmp key6
key4:   test al,04h
        je key5
        mov al,10h
        jmp key6
key5:   test al,08h
        je nkey
        mov al,18h
key6:   add al,bl
        cmp al,10h
        jnc fkey
        mov bl,al
```

```
                mov bh,0h
                mov si,offset data2
                mov al,[bx+si]
                ret
nkey:           mov al,20h
fkey:           ret
data2:          db 07h,04h,08h,05h,09h,06h,0ah,0bh
                DB 01h,00h,02h,0fh,03h,0eh,0ch,0dh
for8251:        call t8253
                mov al,65h
                out dx,al
                mov dx,03f9h
                mov al,25h
                out dx,al
                mov dx,03f9h
                mov al,65h
                out dx,al
                mov dx,03f9h
                mov al,4eh
                out dx,al
                mov dx,03f9h
                mov al,25h
                out dx,al
                ret
T8253:          MOV DX,43H ;9600
                MOV AL,76H
                out dx,al
                MOV DX,41H
                MOV AL,0CH
                out dx,al
                MOV DX,41H
                MOV AL,00H
                out dx,al
                mov dx,03F9H
                mov dx,03f9h
                RET
DISP:           MOV AL,0FFH ;00H
                MOV DX,PA
```

```
        OUT DX,AL
        MOV CL,0DFH ;20H ;显示子程序 ,5ms
        MOV BX,OFFSET BUF
DIS1:   MOV AL,[BX]
        MOV AH,00H
        PUSH BX
        MOV BX,OFFSET DATA1
        ADD BX,AX
        MOV AL,[BX]
        POP BX
        MOV DX,PB
        OUT DX,AL
        MOV AL,CL
        MOV DX,PA
        OUT DX,AL
        PUSH CX
DIS2:   MOV CX,00A0H
        LOOP $
        POP CX
        CMP CL,0FEH ;01H
        JZ LX1
        INC BX
        ROR CL,1 ;SHR CL,1
        JMP DIS1
LX1:    MOV AL,0FFH
        MOV DX,PB
        OUT DX,AL
        RET
BUF1:   MOV BUF,08H
        MOV BUF+1,02H
        MOV BUF+2,05H
        MOV BUF+3,01H
        MOV BUF+4,17H
        MOV BUF+5,01H
        RET
BUF2 :  MOV BUF,09H
        MOV BUF+1,00H
        MOV BUF+2,00H
```

```
            MOV BUF+3,0dH
            MOV BUF+4,10H
            MOV BUF+5,10H
            RET
BUF3:       MOV BUF,0eH
            MOV BUF+1,18H
            MOV BUF+2,18H
            MOV BUF+3,10H
            MOV BUF+4,10H
            MOV BUF+5,10H
            RET
CODE        ENDS
            END START
```

八、实验报告主要内容及要求

1. 实验原理图；
2. 实验程序流程图；
3. 实验程序清单。

九、实验注意事项

1. 注意用电安全；
2. 禁止带电拔插元件。

第五节　8251A 串行接口应用实验——串行接收

8251A 串行接收程序的流程图如图 5－7 所示。

实验程序清单如下：

```
CODE          SEGMENT            ;H8251R. ASM
ASSUME CS:    CODE
SECOPORT      EQU 03F9H
SEDAPORT      EQU 03F8H
PA            EQU 0FF21H         ;字位口
PB            EQU 0FF22H         ;字形口
PC            EQU 0FF23H         ;键入口
              ORG 1510H
START:        JMP START0
```

```
BUF         DB ?,?,?,?,?,?
```

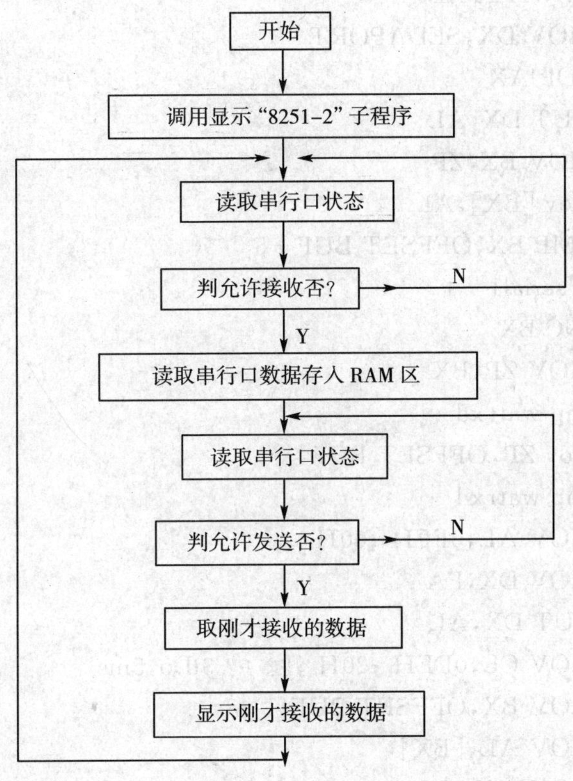

图 5-7 8251A 串行接收程序流程

```
ZP          DW ?
data1:      db 0c0h,0f9h,0a4h,0b0h,99h,92h,82h,0f8h,80h,90h,88h,83h,0c6h,0a1h
            db 86h,8eh,0ffh,0ch,89h,0deh,0c7h,8ch,0f3h,0bfh,8FH
START0:     call for8251
            MOV ZP,OFFSET BUF
            CALL BUF1
watrxd:     call disp
            MOV DX,SECOPORT
            IN AL,DX
            TEST AL,02H
            JZ watrxd
            MOV DX,SEDAPORT
            IN AL,DX
            PUSH AX
wattxd:     MOV DX,SECOPORT
            IN AL,DX
```

```
            TEST AL,01H
            JZ WATTXD
            MOV DX,SEDAPORT
            POP AX
            OUT DX,AL
            MOV BX,ZP
            mov [BX],AL
            CMP BX,OFFSET BUF+5
            jz serial1
            INC BX
            MOV ZP,BX
            jmp watrxd
serial1:    mov ZP,OFFSET BUF
            jmp watrxd
DISP:       MOV AL,0FFH ;00H
            MOV DX,PA
            OUT DX,AL
            MOV CL,0DFH ;20H ;?? ê? 3ìDò,5ms
            MOV BX,OFFSET BUF
DIS1:       MOV AL,[BX]
            MOV AH,00H
            PUSH BX
            MOV BX,OFFSET DATA1
            ADD BX,AX
            MOV AL,[BX]
            POP BX
            MOV DX,PB
            OUT DX,AL
            MOV AL,CL
            MOV DX,PA
            OUT DX,AL
            PUSH CX
DIS2:       MOV CX,00A0H
            LOOP $
            POP CX
            CMP CL,0FEH ;01H
            JZ LX1
            INC BX
```

```
            ROR CL,1 ;SHR CL,1
            JMP DIS1
LX1:        MOV AL,0FFH
            MOV DX,PB
            OUT DX,AL
            RET
for8251:    call t8253
            mov al,65h
            out dx,al
            mov dx,03f9h
            mov al,25h
            out dx,al
            mov dx,03f9h
            mov al,65h
            out dx,al
            mov dx,03f9h
            mov al,4eh
            out dx,al
            mov dx,03f9h
            mov al,25h
            out dx,al
            ret
T8253:      MOV DX,43H
            MOV AL,76H
            out dx,al
            MOV DX,41H
            MOV AL,0CH
            out dx,al
            MOV DX,41H
            MOV AL,00H
            out dx,al
            mov dx,03F9H
            mov dx,03f9h
            RET
BUF1:       MOV BUF,08H
            MOV BUF+1,02H
            MOV BUF+2,05H
            MOV BUF+3,01H
```

```
                MOV BUF+4,17H
                MOV BUF+5,02H
                RET
code            ends
                END START
```

第六节　D/A 转换实验

一、实验目的

1. 了解 D/A 转换的工作原理；
2. 掌握常用 D/A 芯片 DAC0832 的使用方法。

二、实验的主要内容

设计实验，用 DAC0832 与运算放大器 741 配合，输出 0—5V 的直流电压，将电流放大后送到微型直流电机，控制电机的转速。改变 DAC0832 的数字量输入值，观察电机转速的变化。

三、实验设备和工具

1. "DICE－8086K 教学实验系统"1 套；
2. PC 机 1 台；
3. 20MHz 示波器 1 台；
4. 万用表 1 块。

四、实验原理图

（学生自己拟订）

五、实验方法和步骤

（学生自己拟订）

六、实验报告主要内容及要求

1. 实验原理图；
2. 实验程序流程图；
3. 实验程序清单。

七、实验注意事项

1. 注意用电安全；
2. 禁止带电拔插元件。

第七节 A/D 转换实验

一、实验目的

了解模/数转换的基本原理，掌握 ADC0809 的使用方法。

二、实验的主要内容

利用实验系统上电位器提供的可调电压，作为 ADC0809 模拟信号的输入；编制程序，将模拟量转换为数字量，通过数码管显示出来。

三、实验设备和工具

1. "DICE－8086K 教学实验系统"1 套；
2. PC 机 1 台；
3. 20MHz 示波器 1 台；
4. 万用表 1 块。

四、实验原理图

（学生自己拟订）

五、实验方法和步骤

（学生自己拟订）

六、实验报告主要内容及要求

1. 实验原理图；
2. 实验程序流程图；
3. 实验程序清单。

七、实验注意事项

1. 注意用电安全；
2. 禁止带电拔插元件。

第六章 《单片机原理及应用》实验

一、课程编号

02305931

二、课程名称

《单片机原理及应用》

三、实验设备和工具

1. DICE－5103K 单片机实验开发系统 1 套(每组配置 1 套)；
2. PC 机 1 台(每组配置 1 台)；
3. 20MHz 示波器 1 台(共用)；
4. 数字万用表 1 块(共用)。

四、实验项目与内容提要

见表 6－1。

表 6－1 常见的实验项目

序号	实验名称	内容提要	每组人数	实验时数	实验要求	实验类别
1	工业顺序控制	P1、P3 口应用	2	1	必开	设计性
2	8255 控制交通信号灯	并行 I/O 口的扩展	2	1	必开	综合性
3	简单 I/O 口的扩展	74LS244 与 74LS273 的扩展	2	1	必开	设计性
4	利用 8253 芯片输出方波	定时/计数功能	2	1	必开	综合性

第一节 工业顺序控制

一、实验目的

学会编制简单的工业顺序控制程序，掌握单片机外部中断的使用方法。在工业控制中，如冲压、注塑、轻纺、制瓶等，都是一些顺序生产过程，按某种顺序有规律地完成预定的动作，对这类顺序生产过程的控制称为顺序控制。例如，注塑机工艺过程大致按“合模→注射→延时→开模→产伸→产退”的顺序动作，用单片机很容易实现。

二、实验的主要内容

设计实验，用单片机的 P1.0～P1.6 控制注塑机的 7 道工序，现模拟控制 7 只发光二极管，低电平点亮，将每道工序所占的时间假定为延时；P3.4 为开工启动开关，正脉冲启动；P3.3 为外部故障模拟输入开关，P3.3＝1 时设备正常，P3.3＝0 时，设备有故障，系统报警；P1.7 为报警时的声音输出。设定前 6 道工序每道只有一位输出，第 7 道工序有 3 位同时输出。

三、实验设备和工具

DICE－5103K 单片机实验开发系统 1 套；PC 机 1 台；数字万用表 1 块。

四、实验流程图

按图 6－1 与图 6－2 的流程设计实验。

五、实验方法和步骤

（自己拟订）

六、实验报告主要内容及要求

1. 实验原理图；
2. 实验程序流程图；
3. 用汇编语言编制的源程序。

七、实验注意事项

1. 注意用电安全；
2. 严禁带电拔插元件。

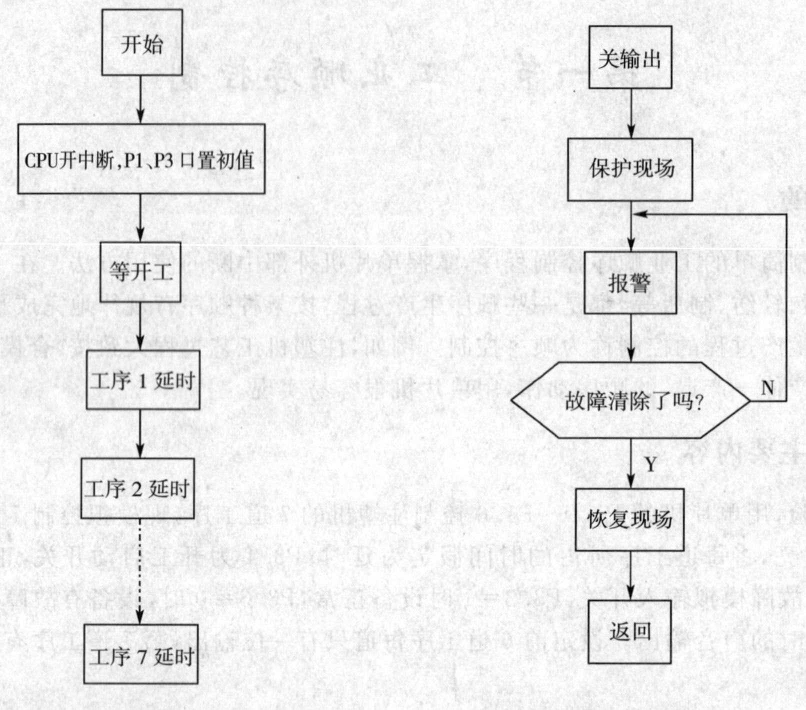

图 6-1 主程序流程　　　　图 6-2 中断服务子程序流程

第二节 8255 控制交通信号灯

一、实验目的

掌握 8255 输入/输出接口芯片与单片机的连接方法，学会对 8255 的编程，熟悉单片机的汇编语言。

二、实验的主要内容

设计实验，用 8255 做输出口，控制 12 只发光二极管，模拟十字路口的交通信号灯。

三、实验设备和工具

DICE－5103K 单片机实验开发系统一套；PC 机一台；数字万用表一块。

四、实验原理

控制十字路口交通信号灯的程序流程如图 6-3 所示。

五、实验方法和步骤

将 8255 的 PB3～PB0 连接到发光二极管 L1～L4，PA7～PA0 连接到 L5～L12；编制实

验程序，让单片机执行；仔细观察并记录现象，解释原因（实验报告要写出）。

六、实验报告主要内容及要求

1. 实验原理图；
2. 实验程序流程图；
3. 用汇编语言编制的源程序。

七、实验参考程序

```
        ORG     0000H
        LJMP    JOD0
        ORG     0BB0H
JOD0：  MOV     SP,#60H
        MOV     DPTR,#0FF2BH
        MOV     A,#88H
        MOVX    @DPTR,A
        MOV     DPTR,#0FF28H
        MOV     A,#0B6H
        MOVX    @DPTR,A
        INC     DPTR
        MOV     A,#0DH
        MOVX    @DPTR,A
        MOV     R2,#25H          ;延时
        LCALL   DELY
JOD3：  MOV     DPTR,#0FF28H
        MOV     A,#75H
        MOVX    @DPTR,A
        INC     DPTR
        MOV     A,#0DH
        MOVX    @DPTR,A
        MOV     R2,#55H          ;延时
        LCALL   DELY
        MOV     R7,#05H
JOD1：  MOV     DPTR,#0FF28H
        MOV     A,#0F3H
        MOVX    @DPTR,A
        INC     DPTR
        MOV     A,#0CH
        MOVX    @DPTR,A
```

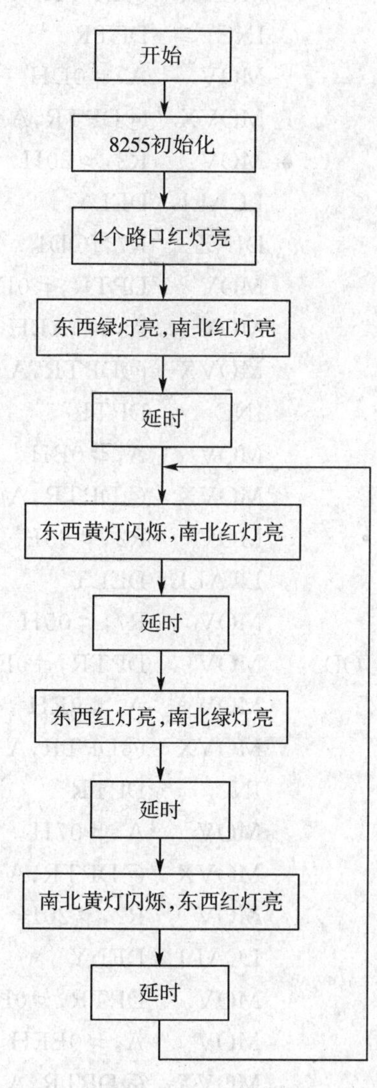

图 6-3 控制交通信号灯程序流程图

```
        MOV    R2,#20H        ;延时
        LCALL  DELY
        MOV    DPTR,#0FF28H
        MOV    A,#0F7H
        MOVX   @DPTR,A
        INC    DPTR
        MOV    A,#0DH
        MOVX   @DPTR,A
        MOV    R2,#20H
        LCALL  DELY
        DJNZ   R7,JOD1
        MOV    DPTR,#0FF28H
        MOV    A,#0AEH
        MOVX   @DPTR,A
        INC    DPTR
        MOV    A,#0BH
        MOVX   @DPTR,A
        MOV    R2,#55H
        LCALL  DELY
        MOV    R7,#05H
JOD2:   MOV    DPTR,#0FF28H
        MOV    A,#9EH
        MOVX   @DPTR,A
        INC    DPTR
        MOV    A,#07H
        MOVX   @DPTR,A
        MOV    R2,#20H
        LCALL  DELY
        MOV    DPTR,#0FF28H
        MOV    A,#0BEH
        MOVX   @DPTR,A
        INC    DPTR
        MOV    A,#0FH
        MOVX   @DPTR,A
        MOV    R2,#20H
        LCALL  DELY
        DJNZ   R7,JOD2
        LJMP   JOD3
```

```
      ORG    0C30H
DELY： PUSH   02H               ;延时子程序
DEL2： PUSH   02H
DEL3： PUSH   02H
DEL4： DJNZ   R2,DEL4
      POP    02H
      DJNZ   R2,DEL3
      POP    02H
      DJNZ   R2,DEL2
      POP    02H
      DJNZ   R2,DELY
      RET
```

八、实验注意事项

1. 注意用电安全；
2. 严禁带电拔插元件。

第三节 简单 I/O 口的扩展

一、实验目的

学习单片机系统中扩展简单 I/O 口的方法，熟悉单片机的汇编语言。

二、实验的主要内容

设计实验，利用 74LS244 作为输入口，读取 8 个开关的状态，然后通过 74LS273 输出，驱动 8 只发光二极管。

三、实验设备和工具

DICE－5103K 单片机实验开发系统 1 套；PC 机 1 台；数字万用表 1 块。

四、实验流程

（自己拟订）

五、实验方法和步骤

（自己拟订）

六、实验报告主要内容及要求

1. 实验原理图；
2. 实验程序流程图；
3. 用汇编语言编制的源程序。

七、实验注意事项

1. 注意用电安全；
2. 严禁带电拔插元件。

第四节　利用 8253 芯片输出方波

一、实验目的

掌握 8253 可编程定时/计数器与单片机的连接方法，学会 8253 芯片的编程方法，进一步熟悉 MCS－51 单片机的汇编语言。

二、实验的主要内容

利用 8253 的 0 通道，工作在方式 3，产生占空比为 1∶1 的方波，控制 1 只 LED，让其点亮 1 秒、熄灭 1 秒，无限循环。

三、实验设备和工具

DICE－5103K 单片机实验开发系统 1 套；PC 机 1 台；20MHz 示波器 1 台。

四、实验原理

8253 的编程流程参考图 6－4；实验接线参考图 6－5。

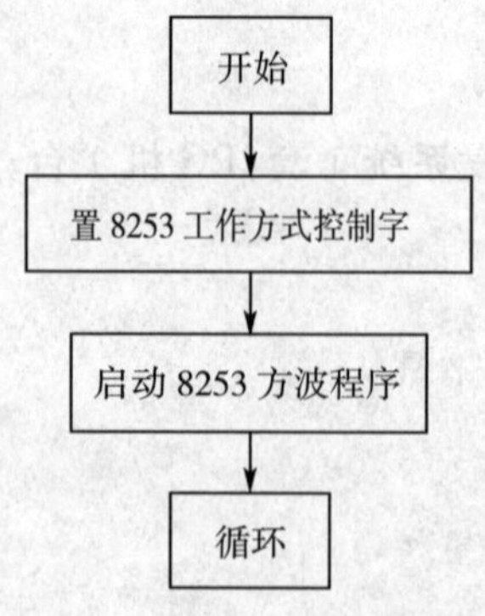

图 6－4　8253 的编程流程

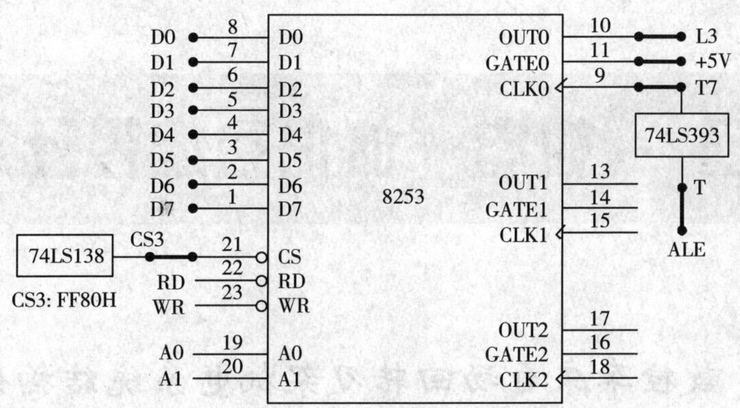

图 6-5 8253 的实验接线

五、实验方法和步骤

将 ALE 孔和 T 孔相连，CLK0 孔和 T7 孔相连，GATE0 孔和＋5V 孔相连，CS3 孔和 FF80H 孔相连，OUT0 孔和 L3 孔相连。编制实验程序，让单片机执行。观察实验现象，并作解释。

六、实验报告主要内容及要求

1. 实验原理图；
2. 实验程序流程图；
3. 用汇编语言编制的源程序。

七、实验注意事项

1. 注意用电安全；
2. 严禁带电拔插元件。

第七章 《机电一体化系统设计》实验

第一节 数控车床自动回转刀架机电系统结构分析设计

一、实验目的

数控车床自动回转刀架是一个典型的机电一体化部件。学生通过自己动手装拆自动回转刀架，了解几种典型的机械结构，并且学习电气控制原理；在此基础上，学习机械和电气的接口设计方法，相互间的匹配方式，初步建立起机电一体化系统设计的概念。

二、实验的主要内容

1. 认识了解自动回转刀架的各个零部件机械结构和工作原理，掌握机械系统的换刀工作原理；

2. 学习了解刀架电气控制原理图，掌握有关电子元器件知识。

三、实验设备和工具

1. HFUT－1 机电一体化实验教学平台；

2. 常州市新月电机厂 LD4 自动回转刀架，发信式电动刀架控制箱。

四、实验原理

要求学生实验前预习下述内容：

1. 数控机床教材中有关自动回转刀架的内容；

2. 霍尔开关的工作原理和引脚定义，555 集成芯片及其工作原理；

3. 自己查找资料，了解端面齿轮的工作原理和参数。

五、实验方法和步骤

1. 逐一拆卸刀架机械部分，对照刀架装配图，认识刀架各个机械零件，从而深入地掌握自动刀架换刀原理；

2. 亲手实际操作自动回转刀架的控制盒，观察手动换刀过程；结合刀架电气原理图，认识控制盒中每一个电子元器件；

3. 深入研究电气原理图，了解每一个器件的工作原理和作用，在此基础上，掌握电气系统的手动与机动工作原理。

六、实验报告主要内容及要求

实验报告是根据在实验中观察和发现的问题，经过自己分析研究或分析讨论后写出的心得体会。实验报告要简明扼要、字迹清楚、图表整洁、结论明确。实验后每人独立完成一份实验报告，按时送交指导教师检查批阅。

回答下列问题：

1. 画出刀架机械传动示意图，并概述换刀工作原理。

2. 简述霍尔元件 3144 的工作原理以及在电路中是如何具体工作的。

3. 对刀架的蜗杆蜗轮主要参数进行计算。

七、实验注意事项

实验课的目的在于培养学生掌握基本的实验方法与操作技能。培养学生学会根据实验目的，实验内容及实验设备拟定实验线路，选择所需工具，确定实验步骤，测取所需数据，进行分析研究，得出必要结论，从而完成实验报告。在整个实验过程中，必须集中精力，及时认真做好实验。现按实验过程提出下列基本要求。

1. 实验前的准备

实验前应复习教科书有关章节，认真研读实验指导书，了解实验目的、项目、方法与步骤，明确实验过程中应注意的问题，并按照实验项目准备有关材料。

认真作好实验前的准备工作，对于培养同学独立工作能力，提高实验质量和保护实验设备都是很重要的。

2. 实验的进行

(1)建立小组，合理分工

每次实验都以小组为单位进行，每组由 5～7 人组成，每人应有明确的分工，以保证实验操作协调，记录数据准确可靠。

(2)选择设备和有关零部件

实验前先熟悉该次实验所用的设备和有关零部件，不清楚的地方找有关资料预习。

(3)注意安全，认真仔细地进行试验

在装拆零部件时，要注意安全；对实验中出现的问题多思考、多讨论，培养认真分析、深入钻研的工作作风。

(4)实验有始有终

实验完毕，经指导教师认可后，把实验所用的器件、导线及仪器等物品整理好。

3. 实验安全操作规程

为了确保实验时人身与设备安全，要严格遵守如下规定的安全操作规程：

(1)实验时，人体不可接触带电线路。

(2)接线或拆线都必须在切断电源的情况下进行。

(3)必须经指导教师检查和允许，方可接通电源。实验中如发生事故，应立即切断电源，经查清问题和妥善处理故障后，才能继续进行实验。

(4)总电源或实验台控制屏上的电源应由实验指导人员来接通。其他人只能由指导人员允许后方可操作,不得自行合闸。

第二节 微机数控X—Y工作台机电系统综合实验

一、实验目的

微机数控X—Y工作台是一个典型的机电一体化装置;本实验首先对机械部件进行现场教学,完成前期有关课程的感性认识,并具体了解典型机械部件的设计方法;对两种工作台电气控制系统的组成进行现场教学,要求学生比较其优缺点和应用场合;在此基础上,对工作台电气系统对机械系统的控制方法,以及两者相互之间的设计匹配原则,有一个完整的学习和实验的实例,逐步建立机电一体化系统的概念。

二、实验的主要内容

1. 了解系统主要零部件的工作原理、结构组成,重点是步进电机、交流伺服电机、滚珠丝杠、滚动导轨、接近开关 ;

2. 了解电气控制系统的组成以及主要元器件的功能;比较两种系统的优缺点和其适用场合;

3. 进行工作台的运行实验,了解软件的操作过程和参数定义,观察运行效果。

三、实验设备和工具

1. 合肥工业大学 HFUT—1 型机电一体化实验教学平台,HFJD 步进型工作台;

2. 固高科技有限公司 GXY 交流伺服工作台。

四、实验原理

1. 教材和《机电工程综合课程设计指导书》中有关内容;

2. 有关步进电机、交流伺服电机、滚珠丝杠、滚动导轨、接近开关的内容;

3. 单片机课程有关内容。

五、实验方法和步骤

1. HFUT—1 型机电一体化实验教学平台

(1)对照设计装配图,指出步进电机、联轴器、滚珠丝杠、导轨、限位开关等部件;

(2)在教师指导下对有关部件进行拆卸和装配,了解其工作原理与结构组成;

(3)观察电气控制系统的结构组成,认识主要的电气模块和器件;

(4)观察电气信号线、控制线、动力线的布置和走向;

(5)工作台运行实验。

2. 固高 GXY 交流伺服工作台

(1)感性认识 GXY 工作台的各组成部分

①关闭整个装置的电源:找出伺服电机及编码器、交流伺服驱动器、丝杠螺母、滚动导轨、限位开关等部件;部分部件的参考图片如图 7-1 至 7-4 所示。

图 7-1 交流伺服电机及编码器

图 7-2 滚动导轨

图 7-3 光电式限位开关

图 7-4 交流伺服驱动器

②在老师的指导下打开 PC 机主机箱,指出装在 PC 机 PCI 插槽上的运动控制卡;

③在老师的指导下打开电控箱盖;认识电机驱动器和 GT400 端子板;

④认清各信号线的来源及去向。

(2)认识基于工业控制卡的控制程序

①系统上电,打开"DEMO2.6"文件夹中"GTCMDPCI_CH"程序。进入程序后界面如图 7-5 所示:

窗口右边侧栏所显示的是轴系状态和坐标系状态,选中轴系状态观察轴的状态有没有异常。

分别用挡片放在各光电限位开关中间,手动使 X 轴正限位开关动作、X 轴负限位开关动作、Y 轴正限位开关动作和 Y 轴负限位开关动作,观察界面右边"轴系状态"中 1 轴和 2 轴的"正限位动作"和"负限位动作"是否正常点亮。

手动转动 X 轴电机轴一圈,观察界面右下边"轴当前位置"中轴 1 的读数,因为板卡具有 4 倍频的功能,所以电机转动一圈,其读数应该为电机编码器线数的 4 倍。例如:编码器线数为 2500p/r,则电机转动一圈,其读数为 10000。

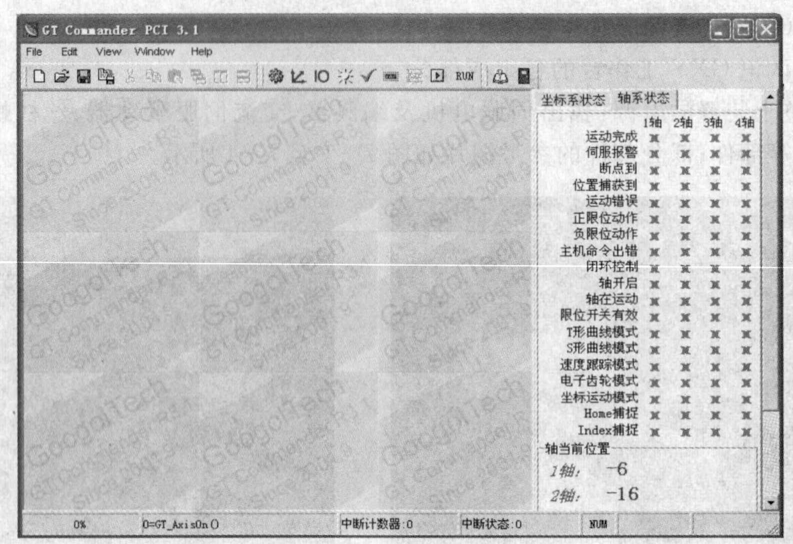

图 7-5 PC 机的控制软件界面

②点击工具栏中“ ”打开轴控制窗口，如图 7-6 所示。

基于轴的控制

轴1
伺服滤波器参数设置
比例增益：0
积分增益：0
微分增益：0
速度前馈增益：0
加速度前馈增益：0
误差积分饱和值：32767
输出饱和值：32767
输出零点偏移值：0
位置误差极限：32767
脉冲宽度：4096
设置实际位置：0
加速度极限：16384
断点位置：0　轴中断屏蔽字：0

伺服打开/伺服关闭
轴闭环/开环伺服控制
运动出错自动停止有效
参数自动更新有效
当前轴的限位开关有效
Home捕获　Index捕获

断点模式设置
取消断点模式
正位置断点有效
负位置断点有效
原点信号断点有效
运动到位断点有效
输出模式：0 伺服电机

梯形曲线　S-曲线　速度跟踪　电子齿轮
目标位置：0　加速度：0
速度：0

模拟输入　设中断轴　伺服输出　位置同步
辅编位置　命令状态　位置捕获值　立即停止
辅编速度　驱动复位　位置清零　平滑停止
探针捕获　清状态　参数更新

图 7-6 基于轴的控制对话框

设置伺服滤波器参数中比例增益为“3”和微分增益为“10”，其它保持初始值；

点击“参数更新”更新参数；

点击“伺服打开/伺服关闭”打开伺服；

注意：点击“伺服打开/伺服关闭”时如果出现异常，请及时关断电控箱电源。

设置目标位置、加速度和速度，如图 7-7。

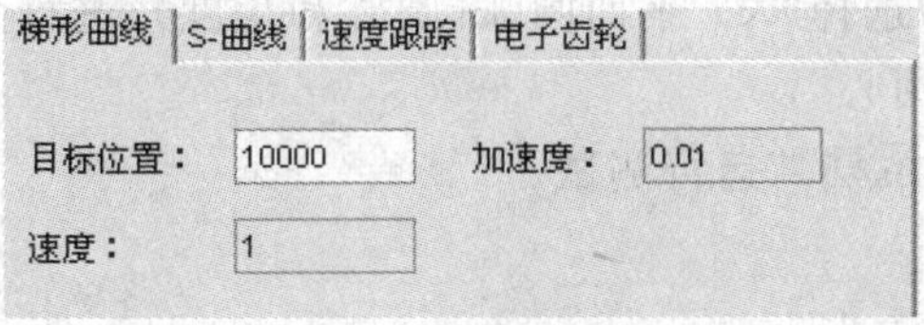

梯形曲线 | S-曲线 | 速度跟踪 | 电子齿轮

目标位置： 10000 加速度： 0.01

速度： 1

图 7-7 对话框

点击“参数更新”更新参数，电机开始转动，带动平台移动；给一个很大的目标位置，让电机带动平台移动到正向限位位置，观察限位开关是否触发，平台是否自动停止运动。如果有误，请按下急停开关保护设备。

(3)插补实验

①直线插补

打开测试程序，点击界面工具条中“ ”图标，进入 XY 平台测试界面，如图 7-8 所示。点击 XY 工作台的四个方向可以实现工作台的自由移动，点击各坐标轴的回零按钮可以使轴回到零点。

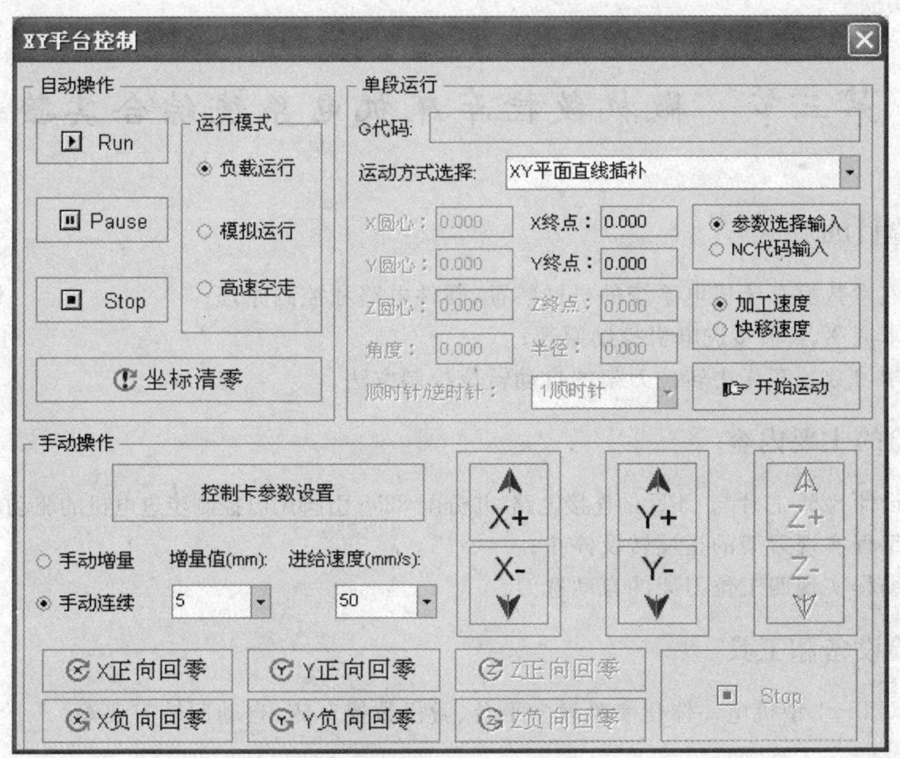

图 7-8 XY 平台控制对话框

在“运动方式选择”中选择“XY 平面直线插补”；

设置“X 终点”和“Y 终点”；

点击“☞开始运动”运行直线插补。

②圆弧插补

在“运动方式选择”中选择“XY 平面圆弧(圆心和角度)”进行圆弧插补测试;

设定“X 圆心”和“Y 圆心”;

同样,点击“☞开始运动”运行测试。

③ NC 代码运行

运行 NC 代码,雕刻“高”字;

点击“”NC 代码文件;

选择 gao. nc 文件,观察 XY 平台的工作运行情况。

六、实验报告主要内容及要求

1. 画出 HFUT 工作台的机械传动示意图,并对主要机械结构予以概要说明;
2. 对步进型和交流伺服型工作台的控制系统进行简要说明,并比较其优缺点;
3. 说明步进电机与交流伺服电机各自的优缺点和应用场合。

七、实验注意事项

同实验一。

第三节　微机数控车床机电系统综合实验

一、实验目的

1. 熟悉数控车床机电系统的机械装置、硬件电路和控制原理;
2. 掌握 X、Z 轴步进电机控制原理;
3. 学习数控车床中转位刀架的自动转位控制方法。

二、实验的主要内容

1. 设计 8255 芯片与 CPU 的连接电路,并分配 8255 引脚用以控制步进电机的驱动电源;
2. 编程实现刀架的正反转及停止;
3. 编程实现四工位刀架的自动选刀。

三、实验设备和工具

HFUT－1 型机电一体化实验教学平台、微机数控车床、自动回转刀架等。

四、实验原理

1. 机械系统

机械系统包括车床床身、主轴箱、减速箱、横向纵向进给传动机构、限位开关等。

(1)减速箱

减速箱采用齿轮传动,选用厂家生产的标准的齿轮减速箱(常州新月电机有限公司 110—J8—5/4 型减速箱),大轮与小轮的齿数比为 70:56,材料为 45 号调质钢,模数均为 1,减速箱的中心距为:(70+56)×1 / 2=63mm。齿轮啮合时间隙的消除使用双片齿轮错齿法。

(2)机械进给传动系统

横纵向进给传动系统由步进电机、减速器、滚珠丝杠等部件组成,步进电机经减速器减速后,由滚珠丝杠负责把步进电机的回转运动转化为直线进给运动,滚珠丝杠的摩擦损失小,传动效率高,运动平稳,不易产生低速爬行,传动精度高。

具体横向、纵向进给传动机构图参见附图 1 和附图 2。

2. 控制系统

(1)数控系统的硬件电路

系统以 MCS—51 系列的 AT89C51 单片机作为 CPU,扩展一片 W27C512 作为 EEPROM,存放系统软件;扩展一片 6264 作为 SRAM,存放用户程序;采用一片 8279 芯片管理键盘与 LED 显示器;扩展一片 8255A 作为并行 I/O 口,控制步进电机、主轴电机和转位刀架等。

X、Z 轴步进电机控制纵横向的进给;主轴电机要实现正反停控制及三挡变速转动;刀架电机配合自动回转刀架、继电器和霍尔元件完成刀架的自动换刀;冷却电机控制冷却液的开关。

(2)X—Z 轴步进电机进给控制

系统基于 AT89C51 单片机,利用扩展的 8255A 的 PB 口送出步进脉冲信号,经过步进电机电源驱动隔离放大后,分别控制 X、Z 方向两个三相六拍反应式步进电机励磁绕组的通电顺序,以控制刀架在 X、Z 两个方向的运动,其输出控制电路原理图见图 7-9。

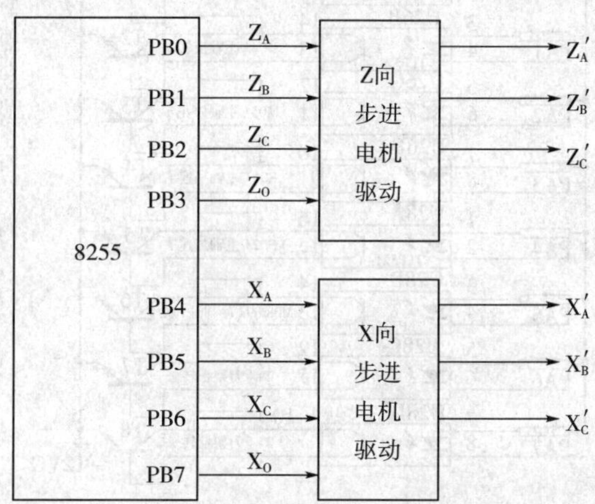

图 7-9 步进电机输出控制电路原理图

(3)转位刀架的自动选刀控制

自动回转刀架是数控机床机械方面的重要部件,由微机控制的自动转位刀架,具有重复定位精度高、工作刚性好、性能可靠、使用方便、工作寿命长以及工艺性能好等特点。自动回转刀架采用和普通车床刀架基本相同的外形尺寸和安装方式,每次可安装 4 把刀,程序可控制刀架依次回转 90°、180°、270°及 360°。刀架的回转电机采用普通三相异步电动机。刀架电气原理如图 7-10 所示。

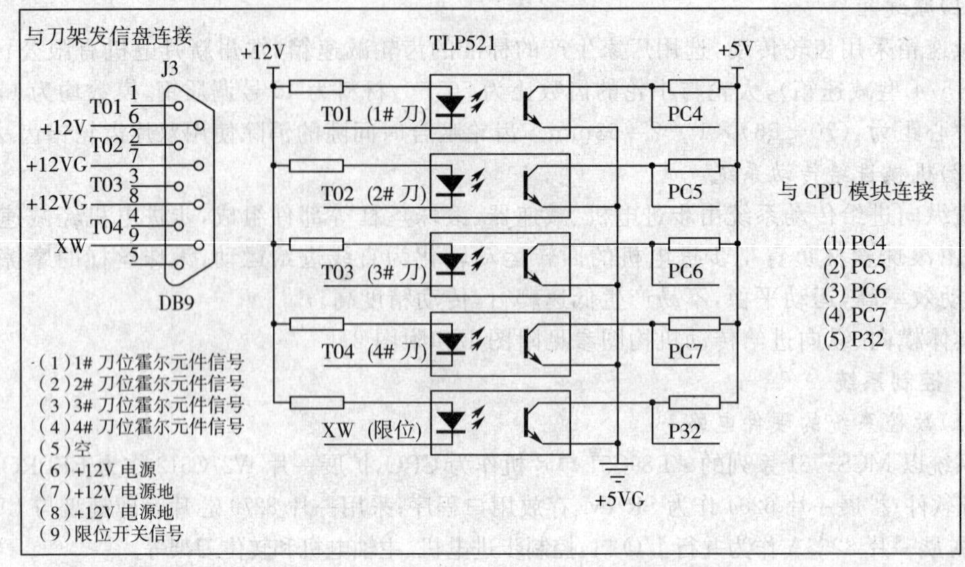

(a)

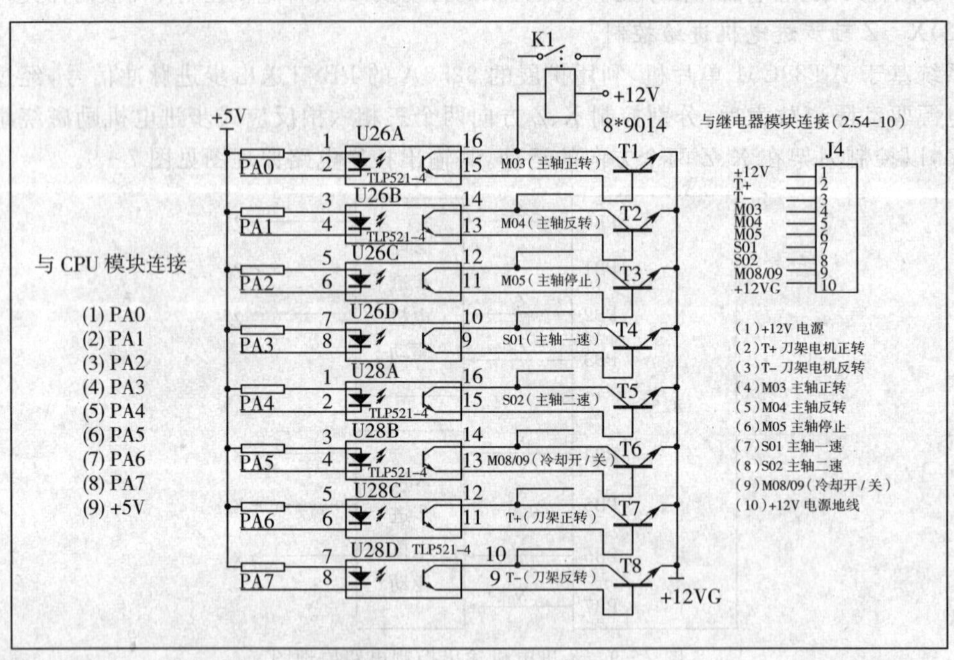

(b)

图 7－10　刀架电气原理图

CPU 通过 8255 的 PA6、PA7 口控制刀架的正反转，四个刀位分别安装霍尔元件，当刀位在某个刀位时，由于霍尔效应霍尔元件输出低电平信号，通过光电隔离电路，使 8255 芯片 PC 口上 PC4—PC7 某位置低，由此便可判断此时刀架的具体刀位，实施具体的相关操作。

五、实验方法和步骤

1. 对照实验平台和车床实物和老师的实际操作，理解数控车床的机电系统工作原理；
2. 分配 8255 的输入输出口，用于控制刀架电机的正转/反转和接收四个刀位的霍尔元件信号；
3. 编程实现四工位刀架的自动选刀。

六、实验报告主要内容及要求

1. 画出数控车床的机电系统总体结构框图；
2. 画出数控车床进给系统的传动示意图；
3. 实现四工位刀架的自动选刀程序。

七、实验注意事项

1. 在对 8255 初始化结束时，对定义为输出的引脚，需要注意初始状态的设置。
2. 自动回转刀架实验中注意勿碰伤身体。

第四节 步进电动机半闭环控制系统分析实验

一、实验目的

1. 学习步进电机的控制原理，以及电机反馈信号的采集及处理；
2. 学习掌握步进电机的半闭环控制方法。

二、实验的主要内容

1. 分配 8255 的输出口，用以控制两台步进电机；
2. 设计四路光栅信号的光电隔离电路；
3. 两路四倍频与辨向电路的设计、四个计数器的分配；
4. 步进电机的开环、半闭环控制程序设计。

三、实验设备和工具

HFUT－1 型机电一体化实验教学平台，X－Y 工作台，SUPER ICE51S 仿真器，程序固化器 SUPERPRO/L＋。

四、实验原理

用 89C51 作为 CPU 控制步进电机运转，同时通过装在步进电机上的光栅编码器检测电机实际转过的角度，与所发脉冲相比较，及时发现失步，并补发相应脉冲，克服失步现象，实现半闭环的精确控制。以下各图(图 7－11 至 7－14)为半闭环控制的电气原理图。

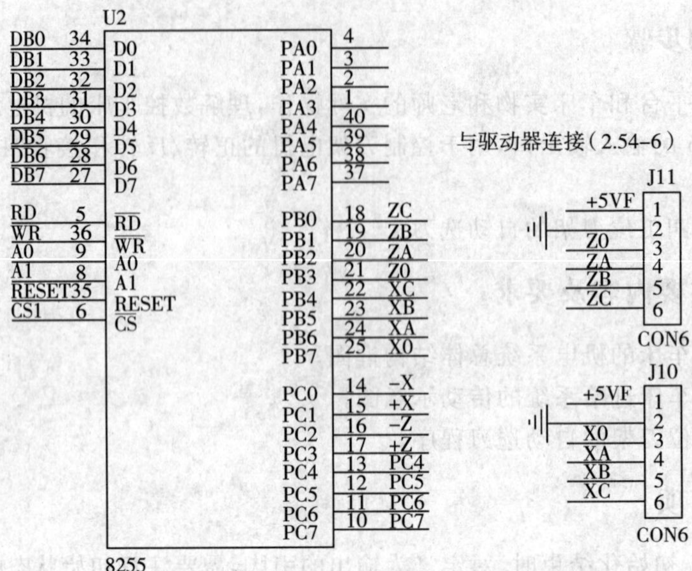

图 7-11　8255 的输出口分配

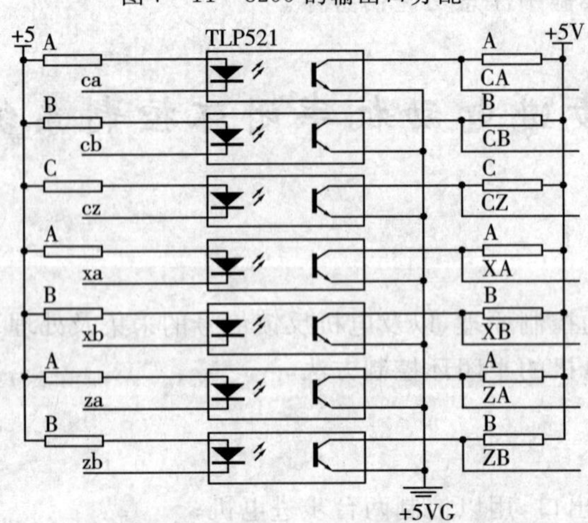

图 7-12　反馈信号光电隔离处理

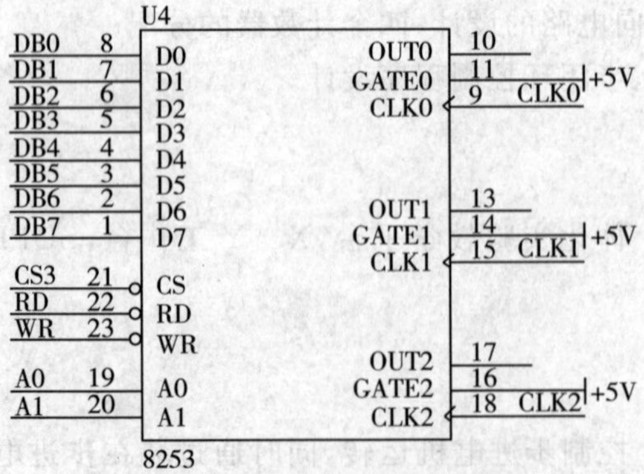

图 7-13　8253 计数器计数

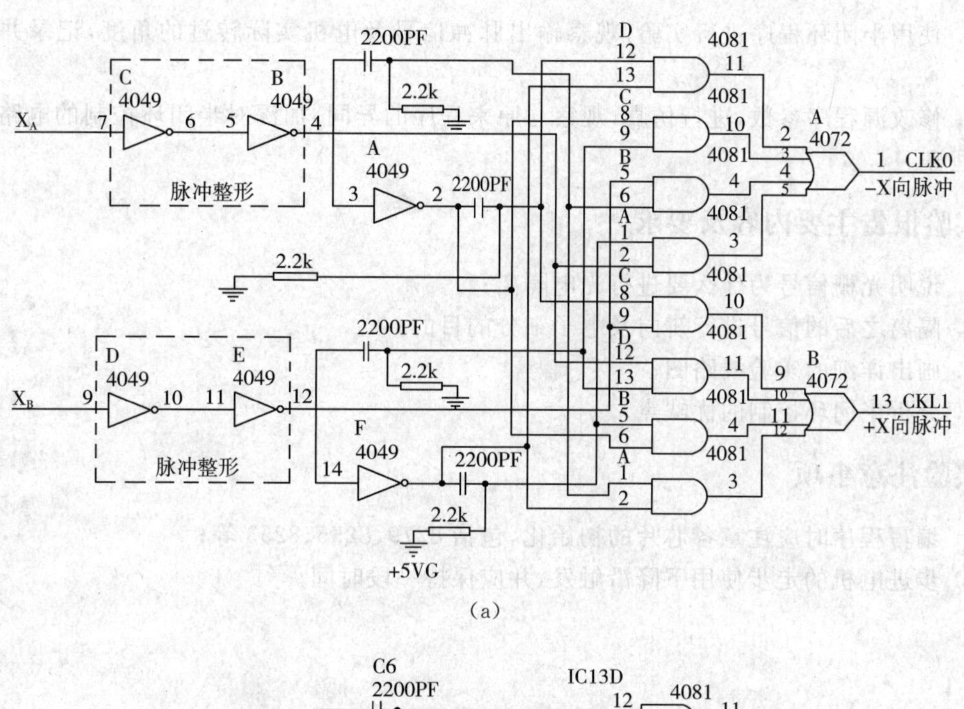

(a)

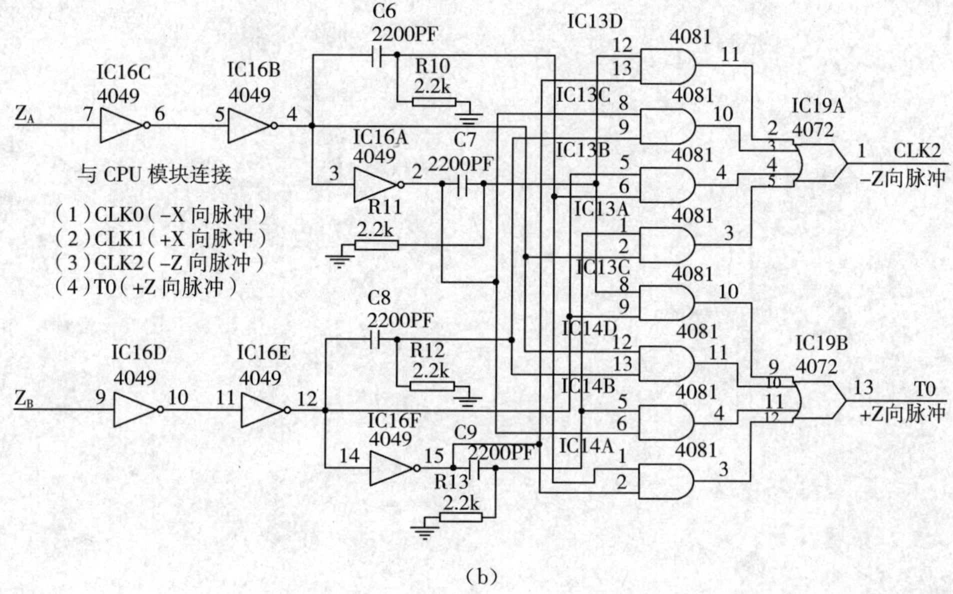

(b)

图 7 - 14 反馈信号四倍频处理

五、实验方法和步骤

1. 实验前仔细预习分析实验电路图,及其上面的芯片功能、引脚接法;

2. 对照原理图和实验平台,听老师讲解所用到的各模块的功能及整个半闭环控制的线路流程;

3. 使用开环程序进行实验,观察输出脉冲信号及电机实际转过的角度,记录并分析原因;

4. 使用半闭环程序进行实验，观察输出脉冲信号及电机实际转过的角度，记录并分析原因；

5. 修改源程序参数，进行仿真，观察与原来程序的异同，加深对半闭环控制的电路及程序的理解。

六、实验报告主要内容及要求

1. 说明光栅信号为什么要进行光电隔离；
2. 隔离之后的信号进行辨向及电子细分的目的；
3. 画出详细的实验线路图；
4. 分析半闭环控制的优缺点。

七、实验注意事项

1. 编写程序时应注意各芯片的初始化，包括 8279、8255、8253 等；
2. 步进电机的走步使用下降沿触发，并应保持一段时间。

[课程设计篇]

第八章 课程设计的内容、方法与要点

第一节 课程设计的目的

机电工程综合课程设计是一个重要的实践性教学环节。要求学生综合运用所学过的机械、电子、计算机和自动控制等方面的知识，独立进行一次机电结合的设计训练，主要目的是：

1. 学习机电一体化系统总体设计方案拟定、分析与比较的方法。

2. 通过对机械系统的设计，掌握几种典型传动元件与导向元件的工作原理、设计计算方法与选用原则。

3. 通过对进给伺服系统的设计，掌握常用伺服电动机的工作原理、计算选择方法与控制驱动方式。

4. 通过对控制系统的设计，掌握一些典型硬件电路的设计方法和控制软件的设计思路。

5. 锻炼提高学生应用手册和标准、查阅文献资料以及撰写科技论文的能力。

第二节 课程设计的内容与工作量要求

课程设计的对象应是典型的机电一体化系统(产品)，如微机数控机床、工业机器人、自动检测仪、全自动洗衣机、自动售货机、家用智能装置等。根据设计时间和难易程度的不同，可安排以下选题：

1. 数控车床进给传动机构及数控系统设计；

2. 数控车床自动回转刀架机械结构及控制装置设计；

3. X－Y 数控工作台机电系统设计；

4. 普通铣床数控化改造设计。

设计内容由机械系统、控制系统和设计说明书 3 部分组成。具体工作量要求为：

1. 机械系统设计

（装配图：A0 图 1 张或 A1 图 2 张；零件图：选 2～3 个零件）

（1）数控车床纵、横向进给传动机构装配图各 1 张（A1 图 2 张）；

（2）数控车床自动回转刀架机械结构装配图 1 张（A0 图 1 张）；

（3）X－Y 数控工作台机械结构装配图（A0 图 1 张，只要求剖视一个坐标）；

（4）普通铣床数控化改造进给传动机构装配图（A0 图 1 张，只要求剖视一个坐标）。

2. 控制系统设计

（电气原理图：A1 图 1 张）

控制系统一般包括系统电源配置、CPU 电路、RAM 与 ROM 扩展、键盘与显示、A/D 与 D/A 接口、I/O 通道接口、通信接口等。要求完成 1 张 A1 图纸的硬件电路设计工作，设计控制系统的主要软件流程，对 RAM 和 I/O 接口芯片进行详细编程，对伺服电动机进行控制编程。条件允许时，尽量对所编软件进行调试实验。

3. 设计说明书

设计说明书是课程设计的总结性文件，认真地写好说明书可以锻炼科技论文的写作能力。设计说明书要求清楚地叙述整个设计过程和详细的设计内容，包括总体方案的分析、比较与确定，机械系统的结构设计，主要零部件的计算与选型，控制系统的电路原理分析，软件设计的流程图以及相关程序等。说明书的撰写内容不应少于 7000 字符，要求内容丰富、条理清晰、图文并茂、符合国标。

第三节　课程设计的时间分配建议

课程设计一般用时 3 周，时间分配大致如下：

（1）分析研究设计任务，总体方案论证	2 天
（2）机械系统设计	5 天
（3）控制系统设计	4 天
（4）编写设计说明书	3 天
（5）整理资料及答辩	1 天

第四节　课程设计的成绩评定

学生按照任务书要求，在规定时间完成设计任务后，应通过小组答辩。答辩小组一般由 2～3 位教师组成。课程设计的最终成绩，应根据学生平时设计工作状况、图纸完成情况、设计说明书撰写质量，以及答辩时回答问题情况等进行综合评定，按“优、良、中、及格、不及格”五级记分。第一次答辩未通过的学生，经认真准备后，可在指定时间补答辩一次。如第二次答辩时仍未通过，则成绩定为不及格。

第五节　课程设计的阶段

机电工程综合课程设计的内容非常广泛，不同的专业、方向会有不同的侧重点，每个学校也有自己的专业特点。因此，课程设计的一般过程和基本方法也会有所不同。但总的来说，大体上可分为 7 个阶段，如图 8-1 所示。

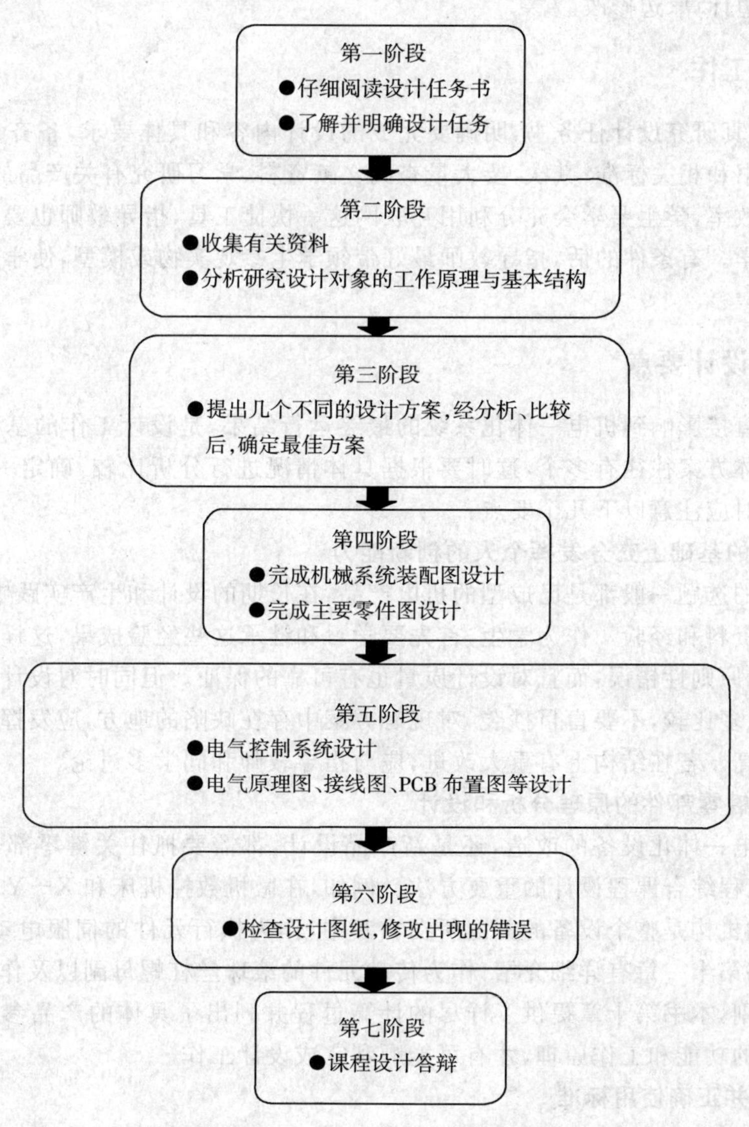

图 8-1　机电工程综合课程设计的各个阶段

第六节 课程设计的方法和要点

机电工程综合课程设计中的不同阶段通常都是互相关联的，当某一阶段的设计发生变化时，需要及时修改其他阶段。例如机械系统的改变可能要求控制系统进行相应的调整，而控制系统的修改又可能影响到总体结构。所以，在设计过程中常常需要进行多次反复，才能获得满意的结果。

设计时影响机械部件结构尺寸的因素很多，不可能完全由理论计算确定，有时甚至没有相应的计算方法。在这种情况下，要学会运用工程设计的方法，借助于画草图、类比、估算等手段，边画图、边计算、边修改。

一、设计准备工作

首先，要认真研究设计任务书，明确要完成的设计内容和具体要求，备齐设计过程所必需的各种工具书和相关标准；其次，要大量查阅文献资料、学习研究有关产品的图纸与样本。为了提高工作效率，学生要学会充分利用互联网这一快捷工具，指导教师也要充分使用互联网和多媒体教学。有条件的话，指导教师最好带领学生参观实物或模型，使学生获得感性认识。

二、总体方案设计要点

总体方案直接影响到机电一体化系统的最终运行结果，是设计工作的基础。一般满足设计要求的总体方案往往有多个，这时要根据具体情况进行分析比较，确定一个最佳方案。设计总体方案时应注意以下几个要点：

1. 在继承的基础上充分发挥个人的创新能力

课程设计的选题一般都是已成型的机电产品，在长期的设计和生产实践中，已积累了大量可供借鉴的资料和经验。作为学生，首先要学习和继承这些经验成果，这样不但可以加快设计进度，减少原则性错误，而且对设计质量也有可靠的保证。但同时对设计过程中出现的疑问要勤思考、多比较，不要盲目抄袭，对现有方案中存在缺陷的地方，应发挥个人创新能力予以改进和提高。若在结构上有重大改进，应与指导教师和同学多讨论。

2. 抓住关键零部件的原理分析和设计

无论是机电一体化设备的改造，还是新产品设计，都需要抓住关键零部件的分析和设计，这是机电工程综合课程设计的重要方法。例如，在微机数控机床和 X－Y 数控工作台设计中，进给传动机构是整个设备的关键所在。其中，作为执行元件的伺服电动机，在计算与选型方面，本书第十一章有详细介绍；作为传动元件的滚珠丝杠螺母副以及作为导向元件的直线滚动导轨副，本书第十章提供了详尽的计算过程并列出了具体的产品参数。只有清楚了关键零部件的功能和工作原理，才有可能顺利完成设计工作。

3. 要重视并正确使用标准

遵守并采用标准，是降低产品成本的重要因素之一，也是评价设计质量的一项主要指标。熟悉并正确使用标准是机电工程综合课程设计的重要任务之一。

许多标准件可以直接外购，如电动机、滚动轴承、传动带、链、密封件、紧固件、键等。有些零件虽然需要自己设计制造，如齿轮、带轮、蜗杆蜗轮等，但其主要尺寸参数一般仍要按标准确定。所以设计时准备一些标准件手册是很重要的。对于标准件的使用，应尽量减少品种和规格，这样既降低成本，又方便使用和维修。例如，减少螺栓的类型和尺寸，不但便于采购和保管，装卸时也可减少工具，提高工作效率。

非标准件的尺寸，一般要求圆整为标准数或优先数，以方便制造和测量。对于常用的标准数和优先数，要求记忆并熟练使用。但要注意有些根据几何关系和安装要求确定的尺寸不能圆整，例如齿轮分度圆直径和齿轮中心距等。

另外，设计中还应尽量减少零件材料的牌号和种类，能用同一牌号的材料应尽量统一；例如钢材零件在满足使用要求的情况下尽可能都选用同型号的，显然这是良好的设计方法。

4. 学习掌握工程设计的方法

在机械系统设计时，零部件的尺寸不可能完全由理论计算确定，很多情况下经常没有公式可供参考，此时就要运用类比和初估的工程设计方法。设计时应结合具体结构、加工和装配工艺，并综合经济性和使用条件全面考虑。最常见的如机体或箱体的壁厚、齿轮轮缘、带轮轮毂、螺栓直径等尺寸，设计时都可根据具体情况进行类比确定，没有特殊要求时，一般不需进行计算。希望通过课程设计的锻炼，学生能够初步掌握工程设计的方法，从而提高工作能力和效率。

三、机械系统设计中的重点知识结构

1. 机械制图

机械系统设计要求设计者具有扎实的机械制图基本知识。良好的机械制图基础，不仅使你能正确表达自己的设计思想，而且也便于你与他人讨论交流。在设计过程中，要正确运用机械制图的各种表达方式，不清楚的地方要及时复习教科书。机电工程综合课程设计的目的之一，就是使学生在机械结构设计和机械制图上得到进一步的锻炼和提高，将欠缺知识补上。

2. 机械设计与机械零件基础知识

具备良好的机械设计和机械零件知识是课程设计的基础。任何一台机电设备都是由各种各样的机械零部件组合而成的，其中标准零部件尤其重要。因此，在设计过程中，要及时复习标准零部件的计算、选择方法及其视图表达方式。其中齿轮、带与带轮、蜗杆蜗轮、滚动轴承等是重点。

3. 传动与导向元件

进给伺服机构对机械传动精度和工作平稳性都有较高要求，在确定部件结构和传动方式时，通常都会提出低摩擦、低惯量、高刚度、无间隙和工艺性好的要求，所以应尽量采用低摩擦的传动和导向元件，如滚珠丝杠螺母传动副、直线滚动导轨导向副等。进给传动机构中应尽量消除间隙，采用双片齿轮错齿消隙是非常有效的方法。另外，近年来同步带传动在机电设备中的应用也越来越多。由于这些内容学生在前期课程中接触较少，所以本书在第十章给予了详细介绍。而对于常用的机械零件，如齿轮、滚动轴承、普通带传动等，可以参考教科书或机械设计手册，本书未作介绍。

4. 零部件加工工艺性和装配工艺性

图纸上绘制的零部件应充分考虑加工的工艺性和装配的工艺性。既要加工方便，又要装卸方便。主要尺寸参数应尽量圆整，符合国家有关标准，尤其在应用CAD绘图标注尺寸时更应注意。特别需要指出的是，结构设计中各个零部件应能方便地安装和拆卸，要留有足够的装配空间；同时，轴、齿轮、轴承都应有合理的轴向和径向定位，而且要避免出现超静定现象。

四、控制系统设计中需注意的有关问题

1. 及时复习前期课程

控制系统的设计，将涉及微机接口技术、单片机原理、检测与传感器、控制工程基础等多门课程。设计中遇到问题时，应及时复习相关课程。对于微机控制系统中一些重要的基本概念，应该非常清楚。例如计算机控制和接口设计中的AB、DB、CB三总线概念，这是芯片相互正确连接的基础，设计时要牢记各芯片是在同一类总线之间进行连接，绝不可把一个芯片的AB类引脚连接到另一个芯片的DB类引脚上。设计时如果发现自己在基本概念上存在问题，应该下大力气立刻予以弥补，绝不能草率了事。

2. 重视电子技术基础知识

在进行电气原理图设计时，你会深切感受到电子技术基础知识的重要性。各种大规模数字集成芯片是计算机系统的基础，而每一个芯片则是由各种基本数字逻辑单元组成的。没有良好的数字电路知识，在设计时将无从下手。相比较而言，虽然模拟电路在设计时应用较少，但它却是数字电路的基础，而且在学习难度上要大于数字电路，所以也应予以足够的重视。具备良好的电子技术基础知识，是顺利进行机电工程综合课程设计的基本保障。

3. 注意模块电路的学习和积累

目前控制系统的硬件电路普遍采用模块化设计方法，在设计时，对常用的一些典型电路及其器件和芯片，要注意学习和积累，这在今后的工作中非常有用。对于图纸中出现的电阻、电容等器件，其参数的选择也很重要，要经常考虑一下，这个器件为什么取这个数值？这样下次再遇到类似问题，便可迎刃而解。

五、注意现代设计手段和网络资源的运用

尽量应用各种现代设计手段，可大大提高工作效率。由于课程设计时间有限，每个学生的具体情况又不同，所以是否选用计算机辅助设计不作强求，指导教师可根据学生情况灵活掌握。

设计时应充分利用网络资源，这样可以快速获取大量信息。经常浏览一些在机电一体化领域有较高知名度的网站，可以及时了解国内外机电一体化领域的最新动态，并可学到很多实用的工程设计方法。最后需要说明的是，课程设计所用到的主要机械部件和电气零部件产品，相应企业都有网站介绍，需要的技术数据一般在互联网上都能查到。

第九章 普通车床数控化改造设计实例

在本章，作者结合多年的教学、科研与生产实践，提供了普通车床数控化改造设计实例。在实例中，对机械传动系统给出了详细的设计步骤和具体的设计方法，对控制系统也给出了实用的控制电路。通过对这个实例的学习，使设计者能够尽快地进入设计工作，圆满地完成课程设计任务。

普通车床(如 C616/C6132、C618/C6136、C620/C6140、C630/C6163 等)是金属切削加工最常用的一类机床。C6140 普通车床的结构布局如图 9-1 所示。当工件随主轴回转时，通过刀架的纵向和横向移动，能加工出内外圆柱面、圆锥面、端面、螺纹面等，借助成形刀具，还能加工各种成形回转表面。

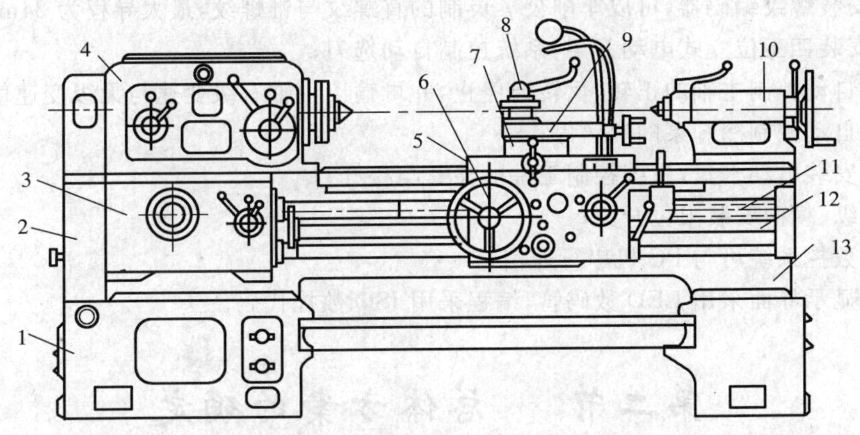

图 9-1　C6140 普通车床的结构布局

1—床脚　2—挂轮　3—进给箱　4—主轴箱　5—纵溜板　6—溜板箱　7—横溜板
8—刀架　9—上溜板　10—尾座　11—丝杠　12—光杠　13—床身

普通车床刀架的纵向和横向进给运动，是由主轴回转运动经挂轮传递而来，通过进给箱变速后，由光杆或丝杆带动溜板箱、纵溜板以及横溜板产生移动。进给参数依靠手工调整，改变参数时需要停车。刀架的纵向进给和横向进给不能联动，切削次序需要人工控制。

对普通车床进行数控化改造，主要是将纵向和横向进给系统改成用微机控制的、能独立运动的进给伺服系统；将手动刀架换成能自动换刀的电动刀架。这样，利用数控装置，车床就可以按预先输入的加工指令进行切削加工。由于加工过程中的切削参数、切削次序和刀具都可按程序自动进行调节和更换，再加上纵、横向的联动进给功能，所以，改造后的车床就可以加工出各种形状复杂的回转零件，并能实现多工序集中车削，从而提高生产效率和加工精度。

第一节 设计任务

1. 题目

C6140 普通车床数控化改造设计

2. 任务

将一台 C6140 普通车床改造成经济型数控车床。主要技术指标如下：

(1)床身上最大加工直径 400mm；

(2)最大加工长度 1000mm；

(3)X 方向(横向)的脉冲当量 $\delta_x = 0.005$mm/ 脉冲，Z 方向(纵向)$\delta_z = 0.01$mm/ 脉冲；

(4)X 方向最快移动速度 $v_{xmax} = 3000$mm/min，Z 方向为 $v_{zmax} = 6000$mm/min；

(5)X 方向最快工进速度 $v_{xmaxf} = 400$mm/min，Z 方向为 $v_{zmaxf} = 800$mm/min；

(6)X 方向定位精度 ± 0.01mm，Z 方向 ± 0.02mm；

(7) 可以车削柱面、平面、锥面与球面等；

(8) 安装螺纹编码器，可以车削公 / 英制的直螺纹与锥螺纹，最大导程为 24mm；

(9) 安装四工位立式电动刀架，系统控制自动选刀；

(10) 自动控制主轴的正转、反转与停止，并可输出主轴有级变速与无级变速信号；

(11) 自动控制冷却泵的启 / 停；

(12) 安装电动卡盘，系统控制工件的夹紧与松开；

(13) 纵、横向安装限位开关；

(14) 数控系统可与 PC 机串行通信；

(15) 显示界面采用 LED 数码管，编程采用 ISO 数控代码。

第二节 总体方案的确定

总体方案应考虑车床数控系统的运动方式、进给伺服系统的类型、数控系统 CPU 的选择，以及进给传动方式和执行机构的选择等。

(1) 普通车床数控化改造后应具有单坐标定位，两坐标直线插补、圆弧插补以及螺纹插补的功能。因此，数控系统应设计成连续控制型。

(2) 普通车床经数控化改造后属于经济型数控机床，在保证一定加工精度的前提下，应简化结构，降低成本。因此，进给伺服系统常采用步进电动机的开环控制系统。

(3) 根据技术指标中的最大加工尺寸、最高控制速度，以及数控系统的经济性要求，决定选用 MCS－51 系列的 8 位单片机作为数控系统的 CPU。MCS－51 系列 8 位机具有功能多、速度快、抗干扰能力强、性 / 价比高等优点。

(4) 根据系统的功能要求，需要扩展程序存储器、数据存储器、键盘与显示电路、I/O 接口电路、D/A 转换电路、串行接口电路等；还要选择步进电动机的驱动电源以及主轴电动机的交流变频器等。

(5) 为了达到技术指标中的速度和精度要求，纵、横向的进给传动应选用摩擦力小、传动效率高的滚珠丝杠螺母副；为了消除传动间隙提高传动刚度，滚珠丝杠的螺母应有预紧机构等。

(6) 计算选择步进电动机，为了圆整脉冲当量，可能需要减速齿轮副，且应有消间隙机构。

(7) 选择四工位自动回转刀架与电动卡盘，选择螺纹编码器等。

第三节 机械系统的改造设计方案

1. 主传动系统的改造方案

对普通车床进行数控化改造时，一般可保留原有的主传动机构和变速操纵机构，这样可减少机械改造的工作量。主轴的正转、反转和停止可由数控系统来控制。

若要提高车床的自动化程度，需要在加工中自动变换转速，可用 2 ～ 4 挡的多速电动机代替原有的单速主电动机；当多速电动机仍不能满足要求时，可用交流变频器来控制主轴电动机，以实现无级变速(工厂使用情况表明，使用变频器时，若工作频率低于 70Hz，原来的电动机可以不更换，但所选变频器的功率应比电动机大)。

本例中，当采用有级变速时，可选用浙江超力电机有限公司生产的YD系列7.5kW变极多速三相异步电动机，实现 2 ～ 4 挡变速；当采用无级变速时，应加装交流变频器，推荐型号为：F1000－G0075T3B，适配 7.5kW 电动机，生产厂家为烟台惠丰电子有限公司。

2. 安装电动卡盘

为了提高加工效率，工件的夹紧与松开采用电动卡盘，选用呼和浩特机床附件总厂生产的 KD11250 型电动三爪自定心卡盘。卡盘的夹紧与松开由数控系统发信控制。

3. 换装自动回转刀架

为了提高加工精度，实现一次装夹完成多道工序，将车床原有的手动刀架换成自动回转刀架，选用常州市宏达机床数控设备有限公司生产的 LD4B－CK6140 型四工位立式电动刀架。实现自动换刀需要配置相应的电路，由数控系统完成。

4. 螺纹编码器的安装方案

螺纹编码器又称主轴脉冲发生器或圆光栅。数控车床加工螺纹时，需要配置主轴脉冲发生器，作为车床主轴位置信号的反馈元件，它与车床主轴同步转动。

本例中，改造后的车床能够加工的最大螺纹导程是 24mm，Z 向的进给脉冲当量是 0.01mm/ 脉冲，所以螺纹编码器每转一转输出的脉冲数应不少于 24mm/(0.01mm/ 脉冲) ＝ 2400 脉冲。考虑到编码器的输出有相位差为 90° 的 A、B 相信号，可用 A、B 异或后获得 2400 个脉冲(一转内)，这样编码器的线数可降到 1200 线(A、B 信号)。另外，为了重复车削同一螺旋槽时不乱扣，编码器还需要输出每转一个的零位脉冲 Z。

基于上述要求，本例选择螺纹编码器的型号为：ZLF－1200Z－05V0－15－CT。电源电压＋5V，每转输出 1200 个 A/B 脉冲与 1 个 Z 脉冲，信号为电压输出，轴头直径 15mm，生产厂家为长春光机数显技术有限公司。

螺纹编码器通常有两种安装形式：同轴安装和异轴安装。同轴安装是指将编码器直接安装在主轴后端，与主轴同轴，这种方式结构简单，但它堵住了主轴的通孔。异轴安装是指将编码器安装在床头箱的后端，一般尽量装在与主轴同步旋转的输出轴，如果找不到同步轴，可将编码器通过一对传动比为 1:1 的同步齿形带与主轴连接起来。需要注意的是，编码器的轴头与安装轴之间必须采用无间隙柔性连接，且车床主轴的最高转速不允许超过编码器的最高许用转速。

5. 进给系统的改造与设计方案

(1) 拆除挂轮架所有齿轮，在此寻找主轴的同步轴，安装螺纹编码器。

(2) 拆除进给箱总成，在此位置安装纵向进给步进电动机与同步带减速箱总成。

(3) 拆除溜板箱总成与快走刀的齿轮齿条，在纵溜板的下面安装纵向滚珠丝杠的螺母座与螺母座托架。

(4) 拆除四方刀架与上溜板总成，在横溜板上方安装四工位立式电动刀架。

(5) 拆除横溜板下的滑动丝杆螺母副，将滑动丝杆靠刻度盘一段(长 216mm，见书后附图 1) 锯断保留，拆掉刻度盘上的手柄，保留刻度盘附近的两个推力轴承，换上滚珠丝杠副。

(6) 将横向进给步进电动机通过法兰座安装到横溜板后部的纵溜板上，并与滚珠丝杠的轴头相联。

(7) 拆去三杆(丝杆、光杆与操纵杆)，更换丝杆的右支承。

改造后的横向、纵向进给传给系统分别见书后附图 1 与附图 2。

第四节　进给传动部件的计算和选型

纵、横向进给传动部件的计算和选型主要包括：确定脉冲当量、计算切削力、选择滚珠丝杠螺母副、设计减速箱、选择步进电动机等。以下详细介绍纵向进给机构，横向进给机构与纵向类似，在此从略。

1. 脉冲当量的确定

根据设计任务的要求，X 方向(横向) 的脉冲当量为 $\delta_x = 0.005$mm/ 脉冲，Z 方向(纵向) 为 $\delta_z = 0.01$mm/ 脉冲。

2. 切削力的计算

切削力的分析和计算详见第十章。以下是纵向车削力的详细计算过程。

设工件材料为碳素结构钢，$\sigma_b = 650$MPa；选用刀具材料为硬质合金 YT15；刀具几何参数为：主偏角 $k_r = 60°$，前角 $\gamma_0 = 10°$，刃倾角 $\lambda_s = -5°$；切削用量为：背吃刀量 $\alpha_p = 3$mm，进给量 $f = 0.6$mm/r，切削速度 $v_c = 105$m/min。

查表 10 - 1，得：$G_{Fc} = 2795$，$x_{Fc} = 1.0$，$y_{Fc} = 0.75$，$n_{Fc} = -0.15$。

查表 10 - 3，得：主偏角 K_r 的修正系数 $K_{K_rF_c} = 0.94$；刃倾角、前角和刀尖圆弧半径的修正系数值均为 1.0。

由经验公式(10 - 2)，算得主切削力 $F_c = 2673.4$N。由经验公式 $F_c : F_f : F_p = 1 : 0.35 : 0.4$，算得纵向进给切削力 $F_f = 935.69$N，背向力 $F_p = 1069.36$N。

3. 滚珠丝杠螺母副的计算和选型(纵向)

(1) 工作载荷 F_m 的计算　已知移动部件总重量 $G = 1300\text{N}$；车削力 $F_c = 2673.4\text{N}$，$F_P = 1069.36\text{N}$，$F_f = 935.69\text{N}$。如图 10-20 所示，根据 $F_z = F_c$，$F_y = F_p$，$F_x = F_f$ 的对应关系，可得：$F_z = 2673.4\text{N}$，$F_y = 1069.36\text{N}$，$F_x = 935.69\text{N}$。

选用矩形—三角形组合滑动导轨，查表 10-29，取 $K = 1.15$，$\mu = 0.16$，代入 $F_m = KF_x + \mu(F_z + G)$，得工作载荷 $F_m \approx 1712\text{N}$。

(2) 最大动载荷 F_Q 的计算　设本车床 Z 向在承受最大切削力条件下最快的进给速度 $v = 0.8\text{m/min}$，初选丝杠基本导程 $P_h = 6\text{mm}$，则此时丝杠转速 $n = 1000v/P_h \approx 133\text{r/min}$。

取滚珠丝杠的使用寿命 $T = 15000\text{h}$，代入 $L_0 = 60nT/10^6$，得丝杠寿命系数 $L_0 = 119.7$(单位为：10^6r)。

查表 10-30，取载荷系数 $f_W = 1.15$、硬度系数 $f_H = 1$，代入式(10-23)，求得最大动载荷 $F_Q = \sqrt[3]{L_0} f_W f_H F_m \approx 9703\text{N}$。

(3) 初选型号　根据计算出的最大动载荷，查表 10-34，选择启东润泽机床附件有限公司生产的 FL4006 型滚珠丝杠副。其公称直径为 40mm，基本导程为 6mm，双螺母滚珠总圈数为 $3 \times 2 = 6$ 圈，精度等级取 4 级，额定动载荷为 13200N，满足要求。

(4) 传动效率 η 的计算　将公称直径 $d_0 = 40\text{mm}$，基本导程 $P_h = 6\text{mm}$，代入 $\lambda = \arctan[P_h/(\pi d_0)]$，得丝杠螺旋升角 $\lambda = 2°44'$。将摩擦角 $\varphi = 10'$，代入 $\eta = \tan\lambda/\tan(\lambda + \varphi)$，得传动效率 $\eta = 94.2\%$。

(5) 刚度的验算

①Z 向滚珠丝杠副的支承，采取一端轴向固定，一端简支的方式，见书后附图 2。固定端采取一对推力角接触球轴承，面对面组配。丝杠加上两端接杆后，左、右支承的中心距离约为 $\alpha = 1497\text{mm}$；钢的弹性模量 $E = 2.1 \times 10^5\text{MPa}$；查表 10-34，得滚珠直径 $D_w = 3.9688\text{mm}$，算得丝杠底径 d_2 = 公称直径 d_0 − 滚珠直径 $D_w = 36.0312\text{mm}$，则丝杠截面积 $S = \pi d_2^2/4 = 1019.64\text{mm}^2$。

忽略式(10-25)中的第二项，算得丝杠在工作载荷 F_m 作用下产生的拉/压变形量 $\delta_1 = F_m a/(ES) \approx 0.01197\text{mm}$。

② 根据公式 $Z = (\pi d_0/D_w) - 3$，求得单圈滚珠数目 $Z = 29$；该型号丝杠为双螺母，滚珠总圈数为 $3 \times 2 = 6$，则滚珠总数量 $Z_\Sigma = 29 \times 6 = 174$。滚珠丝杠预紧时，取轴向预紧力 $F_{YJ} = F_m/3 \approx 571\text{N}$。则由(10-27)式，求得滚珠与螺纹滚道间的接触变形量 $\delta_2 \approx 0.00117\text{mm}$。

因为丝杠加有预紧力，且为轴向负载的 1/3，所以实际变形量可减小一半，取 $\delta_2 = 0.000585\text{mm}$。

③ 将以上算出的 δ_1 和 δ_2 代入 $\delta_{总}$，求得丝杠总变形量(对应跨度 1497mm)$\delta_{总}$ $0.012555\text{mm} = 12.555\mu\text{m}$。

由表 10-27 知，4 级精度滚珠丝杠任意 300mm 轴向行程内行程的变动量允许 $16\mu\text{m}$，而对于跨度为 1497mm 的滚珠丝杠，总的变形量 $\delta_{总}$ 只有 $12.555\mu\text{m}$，可见丝杠刚度足够。

(6) 压杆稳定性校核　根据公式(10-28)计算失稳时的临界载荷 F_k。查表 10-31，取支承系数 $f_k = 2$；由丝杠底径 $d_2 = 36.0312\text{mm}$，求得截面惯性矩 $I = \pi d_2^4 \approx 82734.15\text{mm}^4$；压杆稳定安全系数 K 取 3(丝杠卧式水平安装)；滚动螺母至轴向固定处的距离 α 取最大值

1497mm。代入式(10-28)，得临界载荷 $F_k \approx 51012\text{N}$，远大于工作载荷 F_m(1712N)，故丝杠不会失稳。

综上所述，初选的滚珠丝杠副满足使用要求。

4. 同步带减速箱的设计(纵向)

为了满足脉冲当量的设计要求和增大转矩，同时也为了使传动系统的负载惯量尽可能地减小，传动链中常采用减速传动。本例中，Z 向减速箱选用同步带传动，同步带与带轮的计算和选型参见第十章第三节相关内容。

设计同步带减速箱需要的原始数据有：带传递的功率 P；主动轮转速 n_1 和传动比 i；传动系统的位置和工作条件等。

根据改造经验，C6140 车床 Z 向步进电动机的最大静转矩通常在 15～25N·m之间选择。今初选电动机型号为 130BYG5501，五相混合式，最大静转矩为 20N·m，十拍驱动时步距角为 0.72°。该电动机的详细技术参数见表 11-5，运行矩频特性曲线见图 9-2。

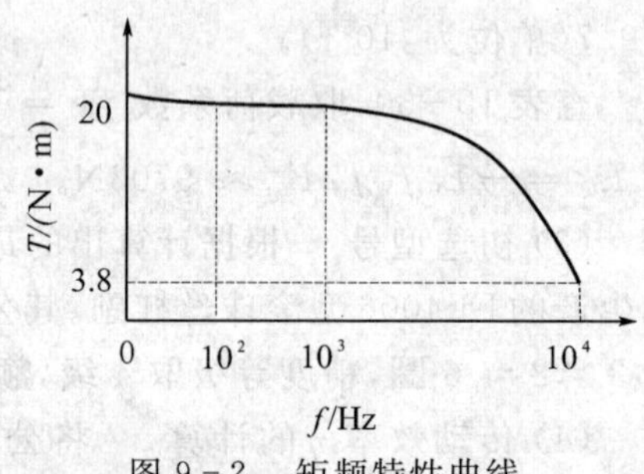

图 9-2　矩频特性曲线

(1) 传动比 i 的确定　已知电动机的步距角 $\alpha = 0.72°$，脉冲当量 $\delta_z = 0.01\text{mm}/$ 脉冲，滚珠丝杠导程 $P_h = 6\text{mm}$。根据公式(10-12) 算得传动比 $i = 1.2$。

(2) 主动轮最高转速 n_1　由 Z 向拖板的最快移动速度 $v_{zmax} = 6000\text{mm/min}$，可以算出主动轮最高转速 $n_1 = (v_{zmax}/\delta_z) \times \alpha/360 = 1200\text{r/min}$。

(3) 确定带的设计功率 P_d　预选的步进电动机在转速为 1200r/min 时，对应的步进脉冲频率为：$f_{max} = 1200 \times 360/(60 \times \alpha) = 1200 \times 360/(60 \times 0.72) = 10000\text{Hz}$。

从图 9-2 查得，当脉冲频率为 10000Hz 时，电动机的输出转矩约为 3.8N·m，对应的输出功率为 $P_{OUT} = n \times T/9.55 = 1200 \times 3.8/9.55 \approx 477.5\text{W}$。同步带传递的负载功率应该小于 477.5W，今取 $P = 0.32\text{kW}$，从表 10-18 中取工作情况系数 $K_A = 1.2$，则由式(10-14)，求得带的设计功率 $P_d = K_A P = 1.2 \times 0.32\text{kW} = 0.384\text{kW}$。

(4) 选择带型和节距 p_b　根据带的设计功率 $P_d = 0.384\text{kW}$ 和主动轮最高转速 $n_1 = 1200\text{r/min}$，从图 10-14 中选择同步带，型号为 XL 型，节距 $p_b = 5.08\text{mm}$。

(5) 确定小带轮齿数 z_1 和小带轮节圆直径 d_1　取 $z_1 = 25$，则小带轮节圆直径 $d_1 = \frac{p_b z_1}{\pi} = 40.43\text{mm}$。当 n_1 达最高转速 1200r/min 时，同步带的速度为 $v = \frac{\pi d_1 n_1}{60 \times 1000} = 2.54\text{m/s}$，没有超过 XL 型带的极限速度 40m/s。

(6) 确定大带轮齿数 z_2 和大带轮节圆直径 d_2　大带轮齿数 $z_2 = iz_1 = 30$，节圆直径 $d_2 = id_1 = 48.51\text{mm}$。

(7) 初选中心距 a_0、带的节线长度 L_{0p}、带的齿数 z_b　初选中心距 $a_0 = 1.3(d_1 + d_2) = 115.622\text{mm}$，圆整后取 $a_0 = 120\text{mm}$。则带的节线长度为 $L_{0p} \approx 2a_0 + \frac{\pi}{2}(d_1 + d_2) + \frac{(d_1 + d_2)}{4a_0} = 379.843\text{mm}$。根据表 10-13，选取接近的标准节线长度 $L_p = 381\text{mm}$，相应齿数 $z_b = 75$。

(8) 计算实际中心距 a 实际中心距 $a \approx a_0 + \frac{L_p - L_{0p}}{2} = 120.5785\text{mm}$。

(9) 校验带与小带轮的啮合齿数 z_m $z_m = ent\left[\frac{z_1}{2} - \frac{p_b z_1}{2\pi^2 a}(z_2 - z_1)\right] = 12$,啮合齿数比 6 大,满足要求。

(10) 计算基准额定功率 P_0(所选型号同步带在基准宽度下所允许传递的额定功率)

$$P_0 = \frac{(T_a - mv^2)v}{1000}$$

式中:T_a—— 带宽为 b_{s0} 的许用工作拉力,由表 10-21 查得 $T_a = 50.17\text{N}$;

m—— 带宽为 b_{s0} 的单位长度的质量,由表 10-21 查得 $m = 0.022\text{kg/m}$;

v—— 同步带的带速,由上述(5) 可知 $v = 2.54\text{m/s}$。

算得 $P_0 = 0.127\text{kW}$。

(11) 确定实际所需同步带宽度 b_s $b_s \geqslant b_{s0}\left(\frac{P_d}{K_z P_0}\right)^{1/1.14}$

式中:b_{s0}—— 选定型号的基准宽度,由表 10-21 查得 $b_{s0} = 9.5\text{mm}$;

K_z—— 小带轮啮合齿数系数,由表 10-22 查得 $K_z = 1$。

由上式算得 $b_s \geqslant 25.07\text{mm}$,再根据表 10-11 选定最接近的带宽 $b_s = 25.4\text{mm}$。

(12) 带的工作能力验算 根据式(10-22),计算同步带额定功率 P 的精确值:

$$P = (K_z K_w T_a - \frac{b_s}{b_{s0}} mv^2) v \times 10^{-3}$$

式中,K_w 为齿宽系数:$K_w = (b_s/b_{s0})^{1.14} = 3.068$;经计算得 $P = 0.390\text{kW}$,而 $P_d = 0.384\text{kW}$,满足 $P \geqslant P_d$。因此,带的工作能力合格。

5. 步进电动机的计算与选型(纵向)

步进电动机的计算与选型参见第十一章相关内容。

(1) 计算加在步进电动机转轴上的总转动惯量 J_{eq}

已知:滚珠丝杠的公称直径 $d_0 = 40\text{mm}$,总长(带接杆)$l = 1560\text{mm}$,导程 $P_h = 6\text{mm}$,材料密度 $\rho = 7.85 \times 10^{-3}\text{kg/cm}^3$;纵向移动部件总重量 $G = 1300\text{N}$;同步带减速箱大带轮宽度 28mm,节径 48.51mm,孔径 30mm,轮毂外径 42mm,宽度 14mm;小带轮宽度 28mm,节径 40.43mm,孔径 19mm,轮毂外径 29mm,宽度 12mm;传动比 $i = 1.2$。

参照表 11-1,可以算得各个零部件的转动惯量如下(具体计算过程从略):滚珠丝杠的转动惯量 $J_S = 30.78\text{kg} \cdot \text{cm}^2$;拖板折算到丝杠上的转动惯量 $J_W = 1.21\text{kg} \cdot \text{cm}^2$;小带轮的转动惯量 $J_{z1} = 0.60\text{kg} \cdot \text{cm}^2$;大带轮的转动惯量 $J_{z2} = 1.27\text{kg} \cdot \text{cm}^2$。在设计减速箱时,初选的 Z 向步进电动机型号为 130BYG5501,从表 11-5 查得该型号电动机转子的转动惯量 $J_m = 33\text{kg} \cdot \text{cm}^2$。

则加在步进电动机转轴上的总转动惯量为:

$$J_{eq} = J_m + J_{z1} + (J_{z2} + J_W + J_S)/i^2 = 56.7\text{kg} \cdot \text{cm}^2$$

(2) 计算加在步进电动机转轴上的等效负载转矩 T_{eq1}

分快速空载启动和承受最大工作负载两种情况进行计算。

① 快速空载启动时电动机转轴所承受的负载转矩 T_{eq1}

由式(11-8) 可知，T_{ep1} 包括三部分：快速空载启动时折算到电动机转轴上的最大加速转矩 $T_{a\max}$，移动部件运动时折算到电动机转轴上的摩擦转矩 T_f，滚珠丝杠预紧后折算到电动机转轴上的附加摩擦转矩 T_0。因为滚珠丝杠副传动效率很高，根据(11-12)式可知，T_0 相对于 $T_{a\max}$ 和 T_f 很小，可以忽略不计。则有：

$$T_{eq1} = T_{a\max} + T_f \tag{9-1}$$

根据式(11-9)，考虑 Z 向传动链的总效率 η，计算快速空载启动时折算到电动机转轴上的最大加速转矩：

$$T_{a\max} = \frac{2\pi J_{eq} n_m}{60 t_a} \times \frac{1}{\eta} \tag{9-2}$$

式中：n_m—— 对应 Z 向空载最快移动速度的步进电动机最高转速，单位为 r/min；

t_a—— 步进电动机由静止到加速至 n_m 转速所需的时间，单位为 s。

其中：

$$n_m = \frac{v_{\max} \times \alpha}{360 \times \delta} \tag{9-3}$$

式中：$v_{\max}$——Z 向空载最快移动速度，任务书指定为 6000mm/min；

α——Z 向步进电动机步距角，为 0.72°；

δ——Z 向脉冲当量，本例 $\delta = 0.01$mm/ 脉冲。

将以上各值代入式(9-3)，算得 $n_m = 1200$r/min。

设步进电动机由静止到加速至 n_m 转速所需时间 $t_a = 0.4$s，Z 向传动链总效率 $\eta = 0.7$。则由式(9-2) 求得：

$$T_{a\max} = \frac{2\pi \times 56.7 \times 10^{-4} \times 1200}{60 \times 0.4 \times 0.7} \approx 2.54\text{N} \cdot \text{m}$$

由式(11-10) 可知，移动部件运动时，折算到电动机转轴上的摩擦转矩为：

$$T_f = \frac{\mu(F_c + G) P_h}{2\pi\eta i} \tag{9-4}$$

式中：μ—— 导轨的摩擦系数，滑动导轨取 0.16；

F_c—— 垂直方向的工作负载，空载时取 0；

η——Z 向传动链总效率，取 0.7。

则由式(9-4)，得：

$$T_f = \frac{0.16 \times (0 + 1300) \times 0.006}{2\pi \times 0.7 \times 1.2} \approx 0.24\text{N} \cdot \text{m}$$

最后由式(9－1)，求得快速空载启动时电动机转轴所承受的负载转矩为：

$$T_{eq1} = T_{a\max} + T_f = 2.78\text{N}\cdot\text{m} \tag{9-5}$$

② 最大工作负载状态下电动机转轴所承受的负载转矩 T_{eq2}

由式(11－13)可知，T_{eq2} 包括如下3部分，即：折算到电动机转轴上的最大工作负载转矩 T_t；移动部件运动时折算到电动机转轴上的摩擦转矩 T_f；滚珠丝杠预紧后折算到电动机转轴上的附加摩擦转矩 T_0。T_0 相对于 T_t 和 T_f 很小，可以忽略不计。则有：

$$T_{eq2} = T_t + T_f \tag{9-6}$$

其中，折算到电动机转轴上的最大工作负载转矩 T_t 由(11－14)式计算。本例中在对滚珠丝杠进行计算的时候，已知进给方向的最大工作载荷 $F_f = 935.69\text{N}$，则有：

$$T_t = \frac{F_f P_h}{2\pi\eta i} = \frac{935.69 \times 0.006}{2\pi \times 0.7 \times 1.2} \approx 1.06\text{N}\cdot\text{m}$$

再由式(11－10)计算承受最大工作负载($F_c = 2673.4\text{N}$)情况下，移动部件运动时折算到电动机转轴上的摩擦转矩：

$$T_f = \frac{\mu(F_c + G)P_h}{2\pi\eta i} = \frac{0.16 \times (2673.4 + 1300) \times 0.006}{2\pi \times 0.7 \times 1.2} \approx 0.72\text{N}\cdot\text{m}$$

最后由式(9－6)，求得最大工作负载状态下电动机转轴所承受的负载转矩

$$T_{eq2} = T_t + T_f = 1.78\text{N}\cdot\text{m} \tag{9-7}$$

经过上述计算后，得到加在步进电动机转轴上的最大等效负载转矩

$$T_{eq} = \max\{T_{eq1}, T_{eq2}\} = 2.78\text{N}\cdot\text{m}$$

(3) 步进电动机最大静转矩的选定

考虑到步进电动机采用的是开环控制，当电网电压降低时，其输出转矩会下降，可能造成丢步，甚至堵转。因此，根据 T_{eq} 来选择步进电动机的最大静转矩时，需要考虑安全系数。本例中取安全系数 $K = 4$，则步进电动机的最大静转矩应满足：

$$T_{j\max} \geqslant 4 \times T_{eq} = 4 \times 2.78\text{N}\cdot\text{m} = 11.12\text{N}\cdot\text{m} \tag{9-8}$$

对于前面预选的130BYG5501型步进电动机，由表11－5可知，其最大静转矩 $T_{j\max} = 20\text{N}\cdot\text{m}$，可见完全满足(9－8)式的要求。

(4) 步进电动机的性能校核

① 最快工进速度时电动机输出转矩校核

任务书给定Z向最快工进速度 $v_{\max f} = 800\text{mm/min}$，脉冲当量 $\delta = 0.01\text{mm}$/脉冲，由(11－16)式求出电动机对应的运行频率 $f_{\max f} = 800/(60 \times 0.01) \approx 1333\text{Hz}$。从130BYG5501的

运行矩频特性图 9-4 可以看出，在此频率下，电动机的输出转矩 $T_{maxf} \approx 17\text{N} \cdot \text{m}$，远远大于最大工作负载转矩 $T_{eq2} = 1.78\text{N} \cdot \text{m}$，满足要求。

② 最快空载移动时电动机输出转矩校核

任务书给定 Z 向最快空载移动速度 $v_{max} = 6000\text{mm/min}$，仿照(11-16)式求出电动机对应的运行频率 $f_{max} = 6000/(60 \times 0.01) = 10000\text{Hz}$。从图 9-4 查得，在此频率下，电动机的输出转矩 $T_{max} = 3.8\text{N} \cdot \text{m}$，大于快速空载启动时的负载转矩 $T_{eq1} = 2.78\text{N} \cdot \text{m}$，满足要求。

③ 最快空载移动时电动机运行频率校核

最快空载移动速度 $v_{max} = 6000\text{mm/min}$ 对应的电动机运行频率 $f_{max} = 10000\text{Hz}$。查表 11-5 可知 130BYG5501 的极限运行频率为 20000Hz，可见没有超出上限。

④ 起动频率的计算

已知电动机转轴上的总转动惯量 $J_{eq} = 56.7\text{kg} \cdot \text{cm}^2$，电动机转子自身的转动惯量 $J_m = 33\text{kg} \cdot \text{cm}^2$，查表 11-5 可知电动机转轴不带任何负载时的最高空载启动频率 $f_q = 1800\text{Hz}$。则由式(11-17) 可以求出步进电动机克服惯性负载的起动频率为：

$$f_L = \frac{f_q}{\sqrt{1 + J_{eq}/J_m}} = 1092\text{Hz}$$

上式说明，要想保证步进电动机起动时不失步，任何时候的起动频率都必须小于 1092Hz。实际上，在采用软件升降频时，起动频率选得很低，通常只有 100Hz(即 100 脉冲/s)。

综上所述，本例中 Z 向进给系统选用 130BYG5501 步进电动机，可以满足设计要求。

6. 同步带传递功率的校核

分两种工作情况，分别进行校核。

(1) 快速空载起动

电动机从静止到加速至 $n_m = 1200\text{r/min}$，由(9-5) 式可知，同步带传递的负载转矩 $T_{eq1} = 2.78\text{N} \cdot \text{m}$，传递的功率为 $P = n_m \times T_{eq1}/9.55 = 1200 \times 2.78/9.55 \approx 349.3\text{W}$。

(2) 最大工作负载、最快工进速度

由(9-7) 式可知，带需要传递的最大工作负载转矩 $T_{eq2} = 1.78\text{N} \cdot \text{m}$，任务书给定最快工进速度 $v_{max\,f} = 800\text{mm/min}$，对应电动机转速 $n_{max\,f} = (v_{max\,f}/\delta_z) \times \alpha/360 = 160\text{r/min}$。传递的功率为 $P = n_{max\,f} \times T_{eq2}/9.55 = 160 \times 1.78/9.55 \approx 29.8\text{W}$。

可见，两种情况下同步带传递的负载功率均小于带的额定功率 $0.39kW$。因此，选择的同步带功率合格。

第五节　绘制进给传动机构的装配图

在完成滚珠丝杠螺母副、减速箱和步进电动机的计算、选型后，就可以着手绘制进给传动机构的装配图了。在绘制装配图时，需要考虑以下问题：

(1)了解原车床的详细结构，从有关资料中查阅床身、纵溜板、横溜板、刀架等的结构尺寸。

(2)根据载荷特点和支承形式,确定丝杠两端轴承的型号、轴承座的结构以及轴承的预紧和调节方式。

(3)考虑各部件之间的定位、连接和调整方法。例如,应保证丝杠两端支承与螺母座同轴,保证丝杠与机床导轨平行,考虑螺母座、支承座在安装面上的连接与定位,同步带减速箱的安装与定位,同步带的张紧力调节,步进电动机的连接与定位等。

(4)考虑密封、防护、润滑以及安全机构等问题。例如,丝杠螺母的润滑、防尘防铁屑保护、轴承的润滑及密封、行程限位保护装置等。

(5)在进行各零部件设计时,应注意装配的工艺性,考虑装配的顺序,保证安装、调试和拆卸的方便。

(6)注意绘制装配图时的一些基本要求。比如,制图标准,视图布置及图形画法要求,重要的中心距、中心高、联系尺寸和轮廓尺寸的标注,重要配合尺寸的标注,装配技术要求,标题栏等。

本例中,横向与纵向进给传动机构的装配图,分别见书后附图 1 与附图 2。

第六节　控制系统硬件电路设计

根据任务书的要求,设计控制系统的硬件电路时主要考虑以下功能:

(1)接收键盘数据,控制 LED 显示;

(2)接收操作面板的开关与按钮信号;

(3)接收车床限位开关信号;

(4)接收螺纹编码器信号;

(5)接收电动卡盘夹紧信号与电动刀架刀位信号;

(6)控制 X、Z 向步进电动机的驱动器;

(7)控制主轴的正转、反转与停止;

(8)控制多速电动机,实现主轴有级变速;

(9)控制交流变频器,实现主轴无级变速;

(10)控制冷却泵启动/停止;

(11)控制电动卡盘的夹紧与松开;

(12)控制电动刀架的自动选刀;

(13)与 PC 机的串行通信。

图 9-3 为控制系统的原理框图。CPU 选用 ATMEL 公司的 8 位单片机 AT89S52;由于 AT89S52 本身资源有限,所以扩展了一片 EPROM 芯片 W27C512 用作程序存储器,存放系统底层程序;扩展了一片 SRAM 芯片 6264 用作数据存储器,存放用户程序;键盘与 LED 显示采用 8279 来管理;输入/输出口的扩展选用了并行接口 8255 芯片,一些进/出的信号均做了隔离放大;模拟电压的输出借助于 DAC0832;与 PC 机的串行通信经过 MAX233 芯片。

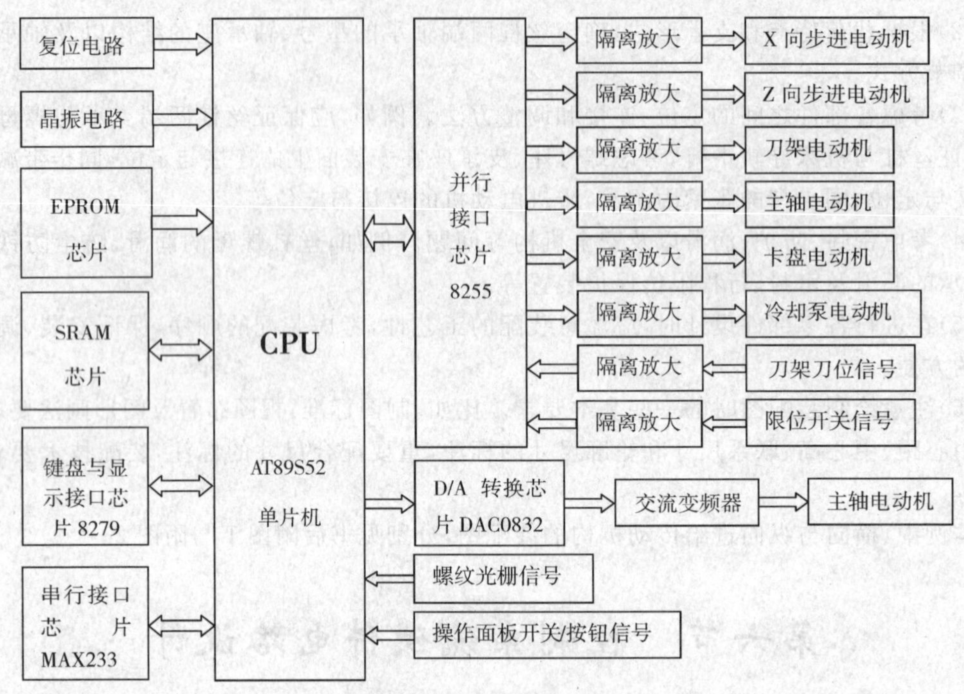

图 9-3 控制系统原理框图

控制系统的操作面板布置如图 9-4 所示。面板设置了 48 个微动按键,三个船形开关,一只急停按钮,显示器包括 1 组数码显示管和 7 只发光二极管。

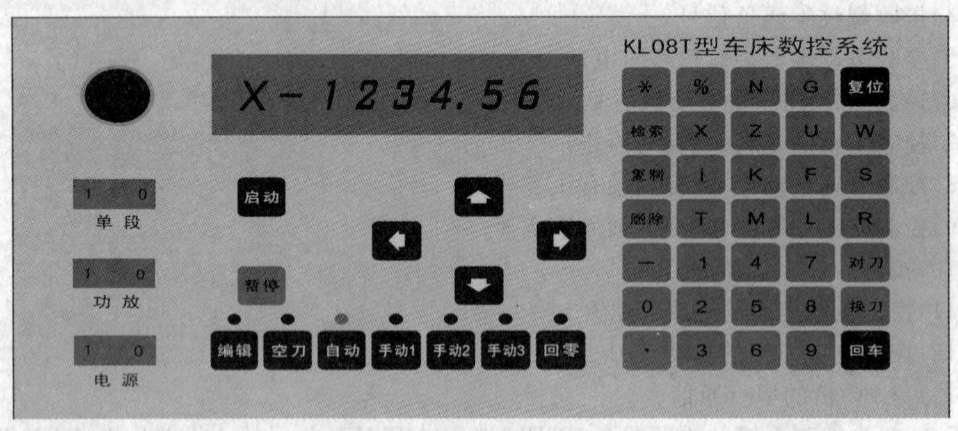

图 9-4 控制系统操作面板

控制系统的主机板电原理图见书后附图 3,键盘与 LED 显示电原理图见附图 4。

第七节　步进电动机驱动电源的选用

本例中 X 向步进电动机的型号为 110BYG5802，Z 向步进电动机的型号为 130BYG5501，生产厂家为常州宝马集团公司。这两种电动机除了外形尺寸、步距角和输出转矩不同外，电气参数基本相同，均为 5 相混合式，5 线输出，电机供电电压 DC120～310V，电流 5A。这样，两台电动机的驱动电源可用同一型号。在此，选择合肥科林数控科技有限责任公司生产的五相混合式调频调压型步进驱动器，型号为 BD5A。它与控制系统的连接如图 9-5 所示。

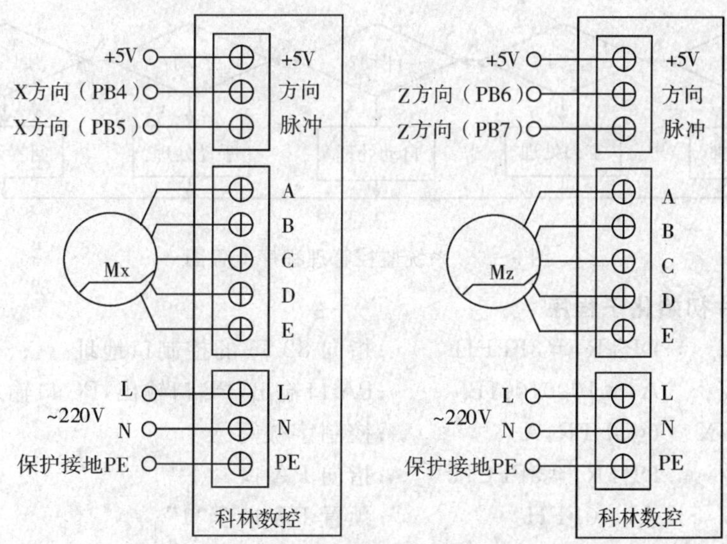

图 9-5　步进电动机驱动器与控制系统的连接

第八节　控制系统的部分软件设计

1. 存储器与 I/O 芯片地址分配

根据书后附图 3 中地址译码器 U4(74LS138)的连接情况，可以算出主机板中存储器与 I/O 芯片的地址分配如表 9-1 所示。

表 9-1　主机板中存储器与 I/O 芯片的地址分配

器件名称	地址选择线(A15～A0)	片内地址单元数	地址编码
6264	0 0 0 ×，× × × ×，× × × ×，× × × ×	8K	0000H～1FFFH
8255	0 0 1 1，1 1 1 1，1 1 1 1，1 1 × ×	4	3FFCH～3FFFH
8279	0 1 0 1，1 1 1 1，1 1 1 1，1 1 1 ×	2	5FFEH～5FFFH
DAC0832	0 1 1 1，1 1 1 1，1 1 1 1，1 1 1 1	1	7FFFH

2. 控制系统的监控管理程序

系统设有 7 挡功能可以相互切换，分别是“编辑”、“空刀”、“自动”、“手动 1”、“手动 2”、“手动 3”和“回零”。选中某一功能时，对应的指示灯点亮，进入相应的功能处理。控制系统的监控管理程序流程如图 9－6 所示。

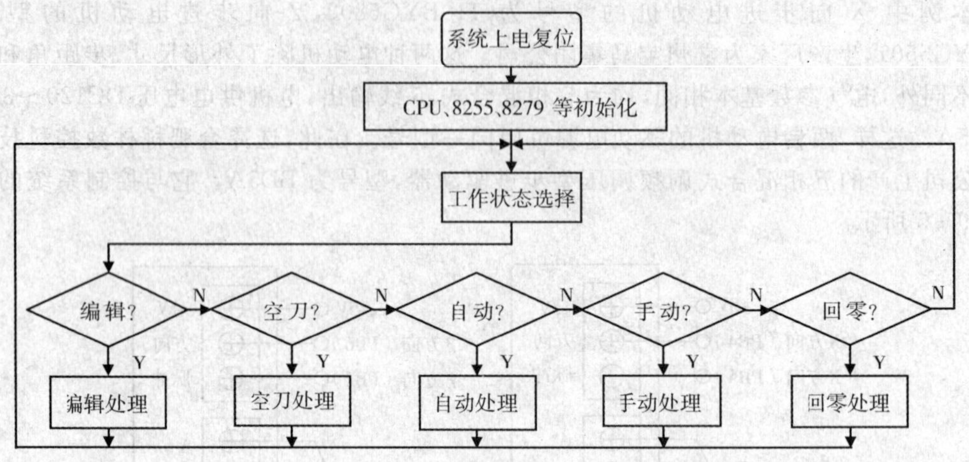

图 9－6 系统监控管理程序流程图

3. 8255 芯片初始化子程序

```
B255:   MOV     DPTR,#3FFFH        ;指向 82 55 的控制口地址
        MOV     A,#10001001B       ;PA 口输出,PB 口输出,PC 口输入,均为方式 0
        MOVX    @DPTR,A            ;控制字被写入
        MOV     DPTR,#3FFCH        ;指向 PA 口
        MOV     A,#0FFH            ;预置 PA 口全“1”
        MOVX    @DPTR,A            ;输出全“1”到 PA 口
        MOV     DPTR,#3FFDH        ;指向 PB 口
        MOV     A,#0FFH            ;预置 PB 口全“1”
        MOVX    @DPTR,A            ;输出全“1”到 PB 口
        RET
```

4. 8279 芯片初始化子程序

```
B279:   MOV     DPTR,#5FFFH        ;指向 8279 控制口地址
        MOV     A,#0CFH            ;清除 FIFO 与显示 RAM 命令
        MOVX    @DPTR,A            ;命令字被写入
WAIT:   MOVX    A,@DPTR            ;从 8279 的控制口读取 8279 的状态字
        JB      ACC.7,WAIT         ;测试显示 RAM 有没有被清除完毕。只有状
                                    态字的 D7=0 时,清除才结束
        MOV     A,#08H             ;编码扫描,左入口,16 位字符显示,双键互锁
        MOVX    @DPTR,A
        MOV     A,#34H             ;分频系数取 20
```

```
        MOVX    @DPTR,A
        RET
```

5. 8279 控制 LED 显示子程序

设显示缓冲区的首地址为 6BH，系统在指定的工作状态下，需要显示的字符段码的编码，事先存储在 CPU 内部 RAM 的 6BH～73H 这 9 个字节中。已知 8279 的控制口地址为 5FFFH，数据口地址为 5FFEH，则显示程序如下：

```
DIR:    MOV     DPTR,#5FFFH     ; 8279 的控制口地址
        MOV     A,#90H          ; 写 8279 显示 RAM 的命令
        MOVX    @DPTR,A         ; 从显示 RAM 的 00H 地址开始写，每写一次，
                                  显示 RAM 的地址自动加 1
        MOV     R0,#6BH         ; 显示缓冲区的首地址为 6BH
        MOV     R7,#09H         ; 显示缓冲区的长度为 9 个字节
        MOV     DPTR,#5FFEH     ; 8279 的数据口地址
DIR0:   MOV     A,@R0           ; 从 CPU 的 RAM 中读取显示段码的编码
        ADD     A,#05H          ; PC 与 DTAB 表格之间的偏移量
        MOVC    A,@A+PC         ; 查表，取出显示段码
        MOVX    @DPTR,A         ; 送到 8279 显示 RAM 中指定的字节
        INC     R0              ; 写 8279 的下一个显示 RAM
        DJNZ    R7,DIR0         ; 循环 9 次，完成 9 位显示
        RET
;               段码            字符    编码
DTAB:   DB      6FH             ; F     00—01
        DB      0DAH
        DB      0BEH            ; X     02—03
        DB      0E7H
        DB      0A3H            ; Z     04—05
        DB      0CBH
        DB      0D1H            ; U     06—07
        DB      0D3H
        DB      0DCH            ; W     08—09
        DB      0CEH
        DB      0DFH            ; —     0A
        DB      21H             ; 0     0B
        DB      7BH             ; 1     0C
        DB      91H             ; 2     0D
        DB      19H             ; 3     0E
        DB      4BH             ; 4     0F
        DB      0DH             ; 5     10
```

```
DB      05H         ; 6     11
DB      69H         ; 7     12
DB      01H         ; 8     13
DB      09H         ; 9     14
DB      20H         ; 0.    15
DB      7AH         ; 1.    16
DB      90H         ; 2.    17
DB      18H         ; 3.    18
DB      4AH         ; 4.    19
DB      0CH         ; 5.    1A
DB      04H         ; 6.    1B
DB      68H         ; 7.    1C
DB      00H         ; 8.    1D
DB      08H         ; 9.    1E
……                  ;根据系统需要编制字库
```

当需要显示一组字符时,首先给显示缓冲区的 6BH～73H 这 9 个字节赋值,然后调用 DIR 子程序即可。例如,要显示"X－1234.56",程序如下:

```
MOV     6BH,＃02H      ;"X"的一半
MOV     6CH,＃03H      ;"X"的另一半
MOV     6DH,＃0AH      ;—
MOV     6EH,＃0CH      ;1
MOV     6FH,＃0DH      ;2
MOV     70H,＃0EH      ;3
MOV     71H,＃19H      ;4.
MOV     72H,＃10H      ;5
MOV     73H,＃11H      ;6
CALL    DIR            ;向 8279 的显示 RAM 写数
……
```

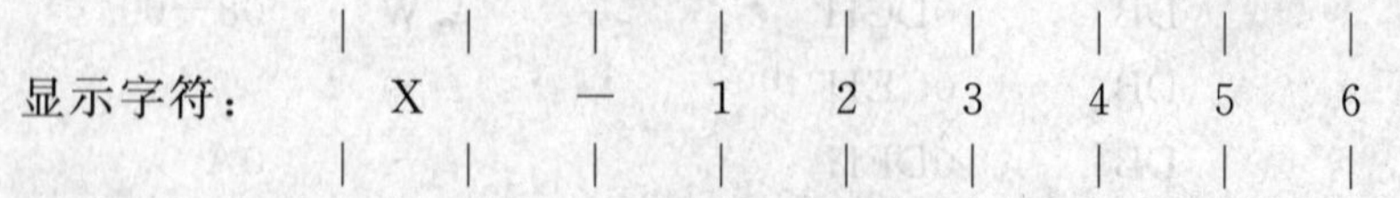

6. 8279 管理键盘子程序

如书后附图 3 所示,当矩阵键盘有键按下时,8279 即向 CPU 的 INT1 申请中断,CPU 随即执行中断服务程序,从 8279 的 FIFO 中读取键值,程序如下:

```
CLR     EX1             ;关 CPU 的 INT1 中断
MOV     DPTR,＃5FFFH    ;指向 8279 控制口地址
```

```
        MOV     A,#01000000B        ;准备读 8279FIFO 的命令
        MOVX    @DPTR,A             ;写入 8279 控制口
        MOV     DPTR,#5FFEH         ;指向 8279 数据口地址
        MOVX    A,@DPTR             ;读出键值
        CJNE    A,#KEY0,NEXT0       ;依次进行判别
        JMP     _KEY0               ;对应键进行处理
NEXT0:  CJNE    A,#KEY1,NEXT1
        JMP     _KEY1
NEXT1:  CJNE    A,#KEY2,NEXT2
        JMP     _KEY2
NEXT2:  ……
```

7. D/A 电路输出模拟电压程序

如书后附图 3 所示，当 CPU 执行写指令时，只要选中 7FFFH 这个地址，DAC0832 与 741 组成的 D/A 转换电路即可输出直流电压。程序如下：

```
        MOV     DPTR,#7FFFH         ;指向 DAC0832 口地址
        MOV     A,#DATA             ;准备输出的数字量 00H～0FFH
        MOVX    @DPTR,A             ;输出直流电压 0～10V
```

8. 步进电动机的运动控制程序

步进电动机的运动控制采用的是硬环分，其走步程序包括匀速与升降速两种，详细的设计思路见第十一章。

9. 电动刀架的转位控制程序

电动刀架的转位包括控制刀架电动机的正转、反转与停止，以及 4 个刀位信号的识别。

10. 主轴、卡盘与冷却泵的控制程序

车床主轴的控制，就是控制主电动机的正/反/停以及自动变速；电动卡盘需要控制其夹紧与松开；冷却泵需要控制它的启/停。这些程序都非常简单，对于某个动作的控制，只要从输出接口芯片的某个引脚输出一个电平信号即可。

现以主轴正转为例，从书后附图 3 可以看出，主轴的正转由 8255 的 PA0 来控制，当用低电平信号来控制主轴正转时，程序如下：

```
        MOV     DPTR,#3FFCH         ;8255PA 口地址
        MOVX    A,@DPTR             ;读出 PA 口锁存器内容
        CLR     ACC.0               ;修改
        MOVX    @DPTR,A             ;置 PA0=0,直流继电器 K+闭合,主轴正转
```

控制系统的软件还包括两坐标直线和圆弧的插补程序、直螺纹和锥螺纹的插补程序，另外还有串行通信程序等。由于这些软件的设计工作量都比较大，课程设计时一般不要求编制详细的程序清单，但建议设计软件的流程图。

第十章　机电一体化系统机械部件设计

在进行机电一体化系统机械部件设计时，通常首先要确定系统的负载，对运动部件的惯量进行计算，由此确定驱动电动机，完成传动元件及导向元件的设计计算。数控机床是最典型的机电一体化产品，其伺服进给机构的设计计算必然要牵涉到切削力，因此本章首先对车削力、铣削力和钻削力的计算方法进行了简要介绍，并提供了计算各种切削力所必需的公式、数据和表格。对于机电一体化系统中常用的同步带传动、滚珠丝杠螺母副以及直线滚动导轨副，重点介绍其设计计算方法，同时提供了详细的性能参数和安装连接尺寸，以供设计时参考。此外，对机械传动系统中常用的齿轮间隙消除方法、联轴器的结构及选用等，本章也作了简要介绍。

第一节　切削力的分析与计算

一、车削力及车削功率的分析与计算

1. 车削力的分析与计算

车削外圆时的切削抗力如图10-1所示。主切削力 F_c 与切削速度 v_c 的方向一致，垂直向下，是计算车床主轴电动机切削功率的依据；背向力 F_p 与进给方向(即工件轴线方向)相垂直，对加工精度的影响较大；进给力 F_f 与进给方向平行且指向相反。

在上述三个分力中，F_c 值最大，F_p 约为$(0.15 \sim 0.7)F_c$，F_f 约为$(0.1 \sim 0.6)F_c$。

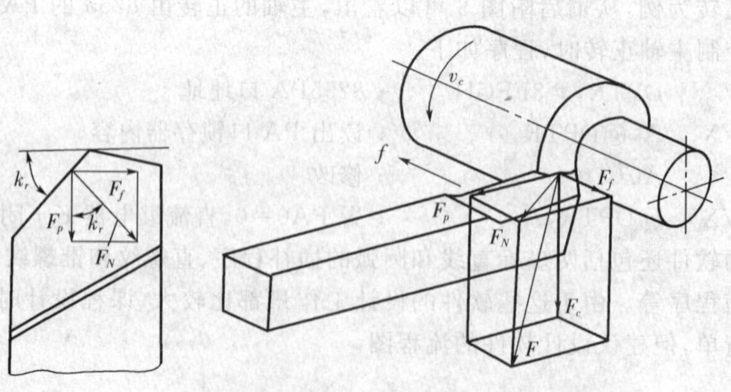

图10-1　车削力的分析

单位切削面积上的切削力称为单位切削力，用 K_c（$\mathrm{N/mm^2}$）表示：

$$K_c = \frac{F_c}{A_D} = \frac{F_c}{a_p f} = \frac{F_c}{h_D b_D} \tag{10-1}$$

式中：F_c—— 主切削力，单位为 N；

A_D—— 切削层公称横截面积，单位为 $\mathrm{mm^2}$；

a_p—— 背吃刀量，单位为 mm；

f—— 每转进给量，单位为 mm/r；

h_D—— 切削层公称厚度，单位为 mm；

b_D—— 切削层公称宽度，单位为 mm。

若已知单位切削力 K_c，则可通过式(10－1) 计算切削力 F_c。

为了计算方便，在生产实际中，一般常用以下经验公式来估算切削力：

$$\left.\begin{aligned} F_c &= C_{Fc} a_p^{x_{Fc}} f^{y_{Fc}} V_c^{n_{Fc}} K_{Fc} \\ F_p &= C_{Fp} a_p^{x_{Fp}} f^{y_{Fp}} V_c^{n_{Fp}} K_{Fp} \\ F_f &= C_{Ff} a_p^{x_{Ff}} f^{y_{Ff}} V_c^{n_{Ff}} K_{Ff} \end{aligned}\right\} \tag{10-2}$$

式中：C_{Fc}、C_{Fp}、C_{Ff}—— 与被加工材料和切削条件相关的切削力系数，如表 10－1 所示；

x_{Fc}、y_{Fc}、n_{Fc}、x_{Fp}、y_{Fp}、n_{Fp}、x_{Ff}、y_{Ff}、n_{Ff}—— 分别为三个分力公式中，背吃刀量 a_p、进给量 f 和切削速度 v_c 的指数，如表 10－1 所示；

K_{Fc}、K_{Fp}、K_{Ff}—— 当实际加工条件与经验公式的实验条件不相符时，各种影响因素对各切削分力的修正系数的乘积，即 $K_{MF} K_{K_r F} K_{\gamma_0 F} K_{\lambda_s F} K_{r_\varepsilon F}$，如表 10－2、表 10－3 所示；

v_c—— 切削速度，单位为 m/min，常用切削用量选用如表 10－4 所示。

表 10－1　车削力公式中的系数和指数

加工材料	刀具材料	加工形式	公式中的指数和系数											
			主切削力				背向力				进给力			
			C_{Fc}	x_{Fc}	y_{Fc}	n_{Fc}	C_{Fp}	x_{Fp}	y_{Fp}	n_{Fp}	C_{Ff}	x_{Ff}	y_{Ff}	n_{Ff}
结构钢及铸钢 $\sigma = 650\mathrm{MPa}$	硬质合金	外圆纵车、横车及镗孔	2795	1.0	0.75	－0.15	1940	0.9	0.6	－0.3	2880	1.0	0.5	－0.4
		切槽、切断	3600	0.72	0.8	0	1390	0.73	0.67	0				
	高速钢	外圆纵车、横车及镗孔	1770	1.0	0.75	0	1100	0.9	0.75	0	590	1.2	0.65	0
		切槽、切断	2160	1.0	1.0	0								
		成形车削	1855	1.0	0.75	0								
不锈钢 1Cr18Ni9Ti 141HBW	硬质合金	外圆纵车、横车及镗孔	2000	1.0	0.75	0								

（续表）

加工材料	刀具材料	加工形式	公式中的指数和系数											
			主切削力				背向力				进给力			
			C_{Fc}	x_{Fc}	y_{Fc}	n_{Fc}	C_{Fp}	x_{Fp}	y_{Fp}	n_{Fp}	C_{Ff}	x_{Ff}	y_{Ff}	n_{Ff}
灰铸铁 190HBW	硬质合金	外圆纵车、横车及镗孔	900	1.0	0.75	0	530	0.9	0.75	0	450	1.0	0.4	0
	高速钢	外圆纵车、横车及镗孔	1120	1.0	0.75	0	1165	0.9	0.75	0	500	1.2	0.65	0
		切槽、切断	1550	1.0	1.0	0								
可锻铸铁 150HBW	硬质合金	外圆纵车、横车及镗孔	795	1.0	0.75	0	420	0.9	0.75	0	375	1.0	0.4	0
	高速钢	外圆纵车、横车及镗孔	980	1.0	0.75	0	865	0.9	0.75	0	390	1.2	0.65	0
		切槽、切断	1375	1.0	1.0	0								

注：1. 成形切削深度不大、形状不复杂的轮廓时，切削力减小 10%～15%；

2. 钢和铸铁的力学性能改变时，切削力的修正系数 K_{MF} 可按照表 10-2 进行计算；

3. 车刀的几何参数改变时，切削力的修正系数见表 10-3。

表 10-2　钢和铸铁的强度或硬度改变时切削力的修正系数 K_{MF}

<table>
<tr><td colspan="2">加工材料</td><td colspan="4">结构钢和铸钢</td><td colspan="3">灰铸铁</td><td colspan="3">可锻铸铁</td></tr>
<tr><td colspan="2">系数 K_{MF}</td><td colspan="4">$K_{MF}=\left(\frac{\sigma_b}{650}\right)^{n_F}$</td><td colspan="3">$K_{MF}=\left(\frac{HBW}{190}\right)^{n_F}$</td><td colspan="3">$K_{MF}=\left(\frac{HBW}{150}\right)^{n_F}$</td></tr>
<tr><td colspan="12">上列公式中的指数 n_F</td></tr>
<tr><td colspan="2" rowspan="5">加工材料</td><td colspan="6">车削时的切削力</td><td colspan="2" rowspan="2">钻孔时的轴向力 F_f 及转矩 M_c</td><td colspan="2" rowspan="2">铣削时的圆周力 F_c</td></tr>
<tr><td colspan="2">F_c</td><td colspan="2">F_p</td><td colspan="2">F_f</td></tr>
<tr><td colspan="10">刀具材料(1—硬质合金，2—高速钢)</td></tr>
<tr><td>1</td><td>2</td><td>1</td><td>2</td><td>1</td><td>2</td><td>1</td><td>2</td><td>1</td><td>2</td></tr>
<tr><td colspan="10">指数 n_F</td></tr>
<tr><td rowspan="2">结构钢铸铁</td><td>$\sigma_b \leqslant 600$MPa</td><td rowspan="2">0.75</td><td>0.35</td><td rowspan="2">1.35</td><td rowspan="2">2.0</td><td rowspan="2">1.0</td><td rowspan="2">1.5</td><td colspan="2" rowspan="2">0.75</td><td colspan="2" rowspan="2">0.3</td></tr>
<tr><td>$\sigma_b > 600$MPa</td><td>0.75</td></tr>
<tr><td colspan="2">灰铸铁、可锻铸铁</td><td>0.4</td><td>0.55</td><td>1.0</td><td>1.3</td><td>0.8</td><td>1.1</td><td colspan="2">0.6</td><td>1.0</td><td>0.55</td></tr>
</table>

表 10－3 加工钢或铸铁刀具几何参数改变时切削力的修正系数

参数		刀具材料	修正系数			
名称	数值		名称	切削力		
				F_c	F_p	F_f
主偏角 K_r(°)	30	硬质合金	K_{KrF}	1.08	1.30	0.78
	45			1.0	1.0	1.0
	60			0.94	0.77	1.11
	75			0.92	0.62	1.13
	90			0.89	0.50	1.17
	30	高速钢		1.08	1.63	0.7
	45			1.0	1.0	1.0
	60			0.98	0.71	1.27
	75			1.03	0.54	1.51
	90			1.08	0.44	1.82
前角 γ_o(°)	－15	硬质合金	$K_{\gamma oF}$	1.25	2.0	2.0
	－10			1.2	1.8	1.8
	0			1.1	1.4	1.4
	10			1.0	1.0	1.0
	20			0.9	0.7	0.7
	12～15	高速钢		1.15	1.6	1.7
	20～25			1.0	1.0	1.0
刃倾角 λ_s(°)	5	硬质合金	$K_{\lambda sF}$	1.0	0.75	1.07
	0				1.0	1.0
	－5				1.25	0.85
	－10				1.5	0.75
	－15				1.7	0.65
刀尖圆弧半径 r_ε(mm)	0.5	高速钢	$K_{r\varepsilon F}$	0.87	0.66	1.0
	1.0			0.93	0.82	
	2.0			1.0	1.0	
	3.0			1.04	1.14	
	5.0			1.1	1.33	

表 10-4　国产焊接和可转位车刀切削用量选用参考表

工件材料	热处理状态	刀具材料	$a_p=0.3\sim2$mm $f=0.08\sim0.3$mm/r	$a_p=2\sim6$mm $f=0.3\sim0.6$mm/r	$a_p=6\sim10$mm $f=0.6\sim1$mm/r
				$v_c/(\mathrm{m\cdot min^{-1}})$	
碳素钢	正火	YT15 YT30 YT5R YC35 YC45	160～130	110～90	80～60
	调质		130～100	90～70	70～50
合金钢	正火	YT30 YT5R YM10	130～110	90～70	70～50
	调质	YW1 YW2 YW3 YC45	110～80	70～50	60～40
不锈钢	正火	YG8 YG6A YG8N YW3 YM051 YM10	80～70	70～60	60～50
淬火钢	＞45HRC	YT510 YM051 YM052	＞40HRC 50～30	60HRC 30～20	
高锰钢	(13%)	YT5R YW3 YC35 YS30 YM052	30～20	20～10	
高温合金	(GH135)	YM051 YM052 YD15	50		
	(K14)	YS2T YD15	40～30		
钛合金		YS2T YD15	$a_p=1.1$mm $f=0.1\sim0.3$mm/r	$a_p=2.0$mm $f=0.1\sim0.3$mm/r	$a_p=3.0$mm $f=0.1\sim0.3$mm/r
			65～36	49～28	44～26
灰铸铁	(＜190HBW)	YG8 YG8N	120～90	80～60	70～50
	(190～225HBW)	YG3X YG6X YG6A	110～80	70～50	60～40
冷硬铸铁	≥45HRC	YG6X YG8M YM053 YD15 YS2 YDS15	$a_p=3\sim6$mm　$f=0.15\sim0.3$mm/r 15～17		

2. 车削功率的分析与计算

消耗在切削过程中的功率称为切削功率，用 P_c(单位为 kW) 表示。因为在切削力 F_p 方向产生的位移极小，可忽略不计，所以可以近似认为 F_p 不做功，则切削功率 P_c 为切削力 F_c 和 F_f 做功所消耗的功率之和：

$$P_c=\left(F_c v_c+\frac{F_f n_w f}{1000}\right)\times10^{-3} \tag{10-3}$$

式中：F_c—— 切削力，单位为 N；

v_c—— 切削速度，单位为 m/s；

F_f—— 进给力，单位为 N；

n_w—— 工件转速，单位为 r/s；

f—— 进给量，单位为 mm/r。

式中括号内第 2 项是 F_f 消耗的功率，与第 1 项相比很小(一般小于 1%)，可忽略不计，因此可以认为：

$$P_c = F_c v_c \times 10^{-3} \tag{10-4}$$

根据切削功率选择机床主电动机时，还要考虑机床的传动效率。机床主电动机的功率 P_E 应为：

$$P_E \geqslant P_c/\eta \tag{10-5}$$

式中：η —— 机床传动效率，一般取 0.70 ～ 0.85。

二、铣削力及铣削功率的分析与计算

铣削是被广泛使用的一种切削加工方法，它用于加工平面、台阶面、沟槽、成形表面以及切断等。本节以几种典型铣刀为例，说明铣削力和铣削功率的分析计算方法。

1. 铣削用量、进给运动参数

铣削用量及铣削参数，有以下几个方面，如图 10-2 所示。

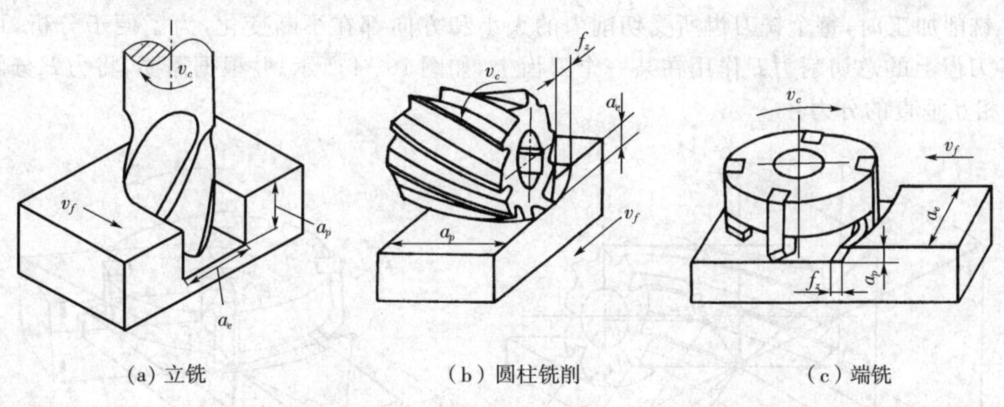

图 10-2　铣削用量

(1) 背吃刀量 a_p　在通过切削刃基点并垂直于工作平面的方向上测量的吃刀量。立铣和端铣时，a_p 为切削层深度；圆柱铣削时，a_p 为被加工表面的宽度。

(2) 侧吃刀量 a_e　在平行于工作平面并垂直于切削刃基点的进给运动方向上测量的吃刀量。立铣和端铣时，a_e 为被加工表面的宽度；圆柱铣削时，a_e 为切削层深度。

(3) 每齿进给量 f_z　指铣刀每转过一齿相对工件在进给运动方向上的位移量，单位为 mm/z。

(4) 每转进给量 f　指铣刀每转一转相对工件在进给运动方向上的位移量,单位为 mm/r。

(5) 进给速度 v_f　指铣刀切削刃基点相对工件的进给运动的瞬时速度,单位为 mm/min。

(6) 铣刀齿数 Z　单位为"个"。

(7) 铣刀直径 d　单位为 mm。

(8) 铣刀转速 d　单位为 r/min。

圆柱铣削又分为逆铣和顺铣两种,当铣刀的旋转方向与工件的进给方向相反时称为逆铣,相同时称为顺铣,如图 10-3 所示。

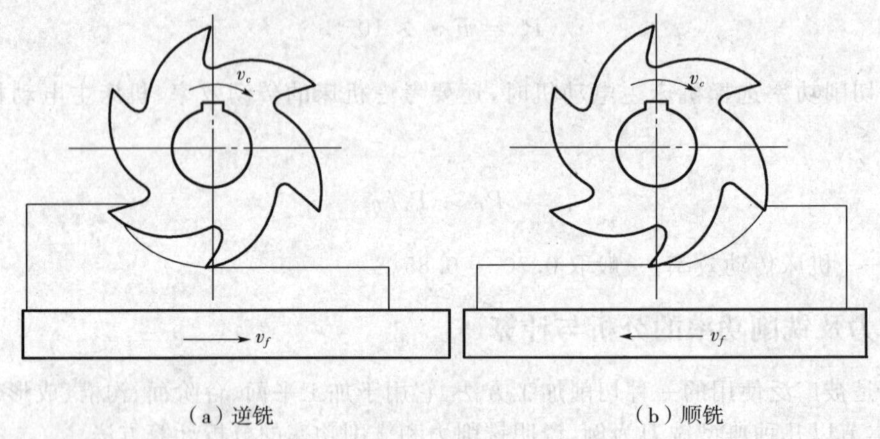

图 10-3　逆铣和顺铣

2. 铣削力的分析与计算

铣削加工时,每个铣刀齿所受切削力的大小和方向都在不断变化,为了便于分析,可假定各刀齿上的总切削力 F 作用在某一个刀齿上,如图 10-4 所示。并根据需要,将力 F 分解为 3 个相互垂直的分力:

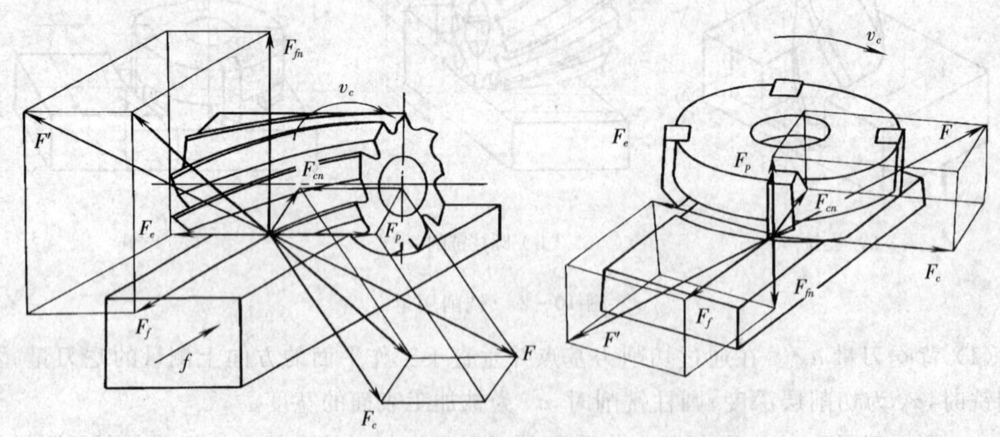

图 10-4　铣削力的分析

(1) 切削力 F_c　总切削力 F 在铣刀主运动方向上的分力，即沿铣刀外圆切线方向上的分力，是主要消耗功率的力。

(2) 垂直切削力 F_{cn}　在工作平面内，总切削力 F 在垂直于主运动方向上的分力，即沿铣刀半径方向的力，它使刀杆产生弯曲。

(3) 背向力 F_p　总切削力 F 在垂直于工作平面上的分力，即沿铣刀轴线方向的力。

在设计机床与夹具时，为了方便测量，通常将作用在工件上的总切削力 F'(与 F 大小相等，方向相反)，沿机床工作台的运动方向分解为三个力：

(1) 进给力 F_f　总切削力 F' 在纵向进给方向上的分力。

(2) 横向进给力 F_e　总切削力 F' 在横向进给方向上的分力。

(3) 垂直进给力 F_{fn}

铣削时，各进给力和切削力 F_c 具有一定的比例关系，如表 10-5 所示，如果求出了 F_c，便可计算出 F_f、F_e 和 F_{fn} 三个分力。

铣刀总切削力的大小为：

$$F=\sqrt{F_c^2+F_{cn}^2+F_p^2}=\sqrt{F_f^2+F_e^2+F_{fn}^2} \tag{10-6}$$

表 10-5　各铣削力之间比值

铣削条件	比　值	对称铣削	不对称铣削	
			逆铣	顺铣
端铣削 $a_e=(0.4\sim0.8)d$/mm $f_z=(0.1\sim0.2)/(\text{mm}\cdot z^{-1})$	F_f/F_c	0.3 ~ 0.4	0.6 ~ 0.9	0.15 ~ 0.30
	F_e/F_c	0.85 ~ 0.95	0.45 ~ 0.70	0.9 ~ 1.00
	F_{fn}/F_c	0.50 ~ 0.55	0.50 ~ 0.55	0.5 ~ 0.55
圆柱铣削 $a_e=0.05d$/mm $f_z=(0.1\sim0.2)/(\text{mm}\cdot z^{-1})$	F_f/F_c		1.0 ~ 1.20	0.8 ~ 0.90
	F_{fn}/F_c		0.2 ~ 0.3	0.75 ~ 0.80
	F_e/F_c		0.35 ~ 0.40	0.35 ~ 0.40

与车削相似，圆柱形铣刀和面铣刀的铣削力可按表 10-6 和表 10-7 所列出的实验公式进行计算。当加工材料性能不同时，F_c 需要乘上修正系数 K_{MF}，如表 10-2 所示。

表 10-6　高速钢铣刀铣削力的计算公式　(单位：N)

加工材料	铣刀名称	铣削力计算公式
碳钢、青铜、铝合金、可锻铸铁	面铣刀	$F_c=C_F a_e^{1.1} f_z^{0.8} d^{-1.1} a_p^{0.95} Z$
	立铣刀、圆柱铣刀	$F_c=C_F a_e^{0.86} f_z^{0.72} d^{-0.86} a_p Z$
	三面刃铣刀、锯片铣刀	$F_c=C_F a_e^{0.86} f_z^{0.72} d^{-0.86} a_p Z$
灰铸铁	面铣刀	$F_c=C_F a_e^{1.1} f_z^{0.76} d^{-1.1} a_p^{0.9} Z$
	立铣刀、圆柱铣刀	$F_c=C_F a_e^{0.86} f_z^{0.65} d^{-0.83} a_p Z$
	三面刃铣刀、锯片铣刀	$F_c=C_F a_e^{0.83} f_z^{0.65} d^{-0.83} a_p Z$

（续表）

铣削力系数 C_F / 铣刀名称	碳　钢	可锻铸铁	青 铜	灰铸铁	镁铝合金
面铣刀	808	510	368	510	217
立铣刀、圆柱铣刀	669	294	222	294	196
三面刃铣刀、锯片铣刀	670	294	221	294	196

表 10－7　硬质合金铣刀铣削力的计算公式　　（单位：N）

铣刀类型	工件材料	铣削力公式
面铣刀	碳　钢	$F_c = 11278 a_e^{1.06} f_z^{0.88} d^{-1.3} a_p^{0.90} n^{-0.18} Z$
	灰铸铁	$F_c = 539 a_e^{1.0} f_z^{0.74} d^{-1.0} a_p^{0.90} n^{-0.20} Z$
	可锻铸铁	$F_c = 4825 a_e^{1.1} f_z^{0.75} d^{-1.3} a_p^{1.0} Z$
圆柱铣刀	碳　钢	$F_c = 1000 a_e^{0.88} f_z^{0.75} d^{-0.87} a_p^{1.0} Z$
	灰铸铁	$F_c = 596 a_e^{0.9} f_z^{0.80} d^{-0.90} a_p^{1.0} Z$
三面刃铣刀	碳　钢	$F_c = 2560 a_e^{0.9} f_z^{0.80} d^{-1.1} a_p^{1.1} n^{-0.1} Z$
两面刃铣刀		$F_c = 2746 a_e^{0.8} f_z^{0.70} d^{-1.1} a_p^{0.85} Z$
立铣刀		$F_c = 118 a_e^{0.85} f_z^{0.75} d^{-0.73} a_p^{1.0} n^{0.13} Z$

3. 铣削功率的分析与计算

铣削过程中消耗的功率 P_c 主要按圆周铣削力 F_c 和铣削速度 v_c 进行计算：

$$P_c = F_c v_c \tag{10-7}$$

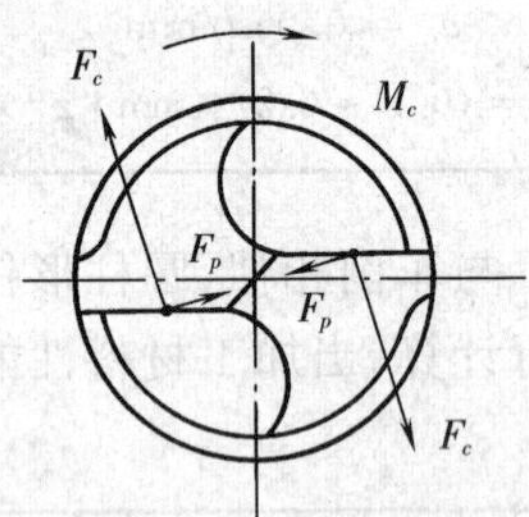

进给运动也消耗一些功率 P_f，一般情况下，$P_f \leqslant 0.15P_c$，所以总的铣削功率 $P_m = P_c + P_f \leqslant 1.15P_c$，由此可估算铣床主电动机的功率：

$$P_E \geqslant P_m/\eta \tag{10-8}$$

式中：η —— 铣床传动效率，一般取 0.70 ～ 0.85。

三、钻削力及钻削功率的分析与计算

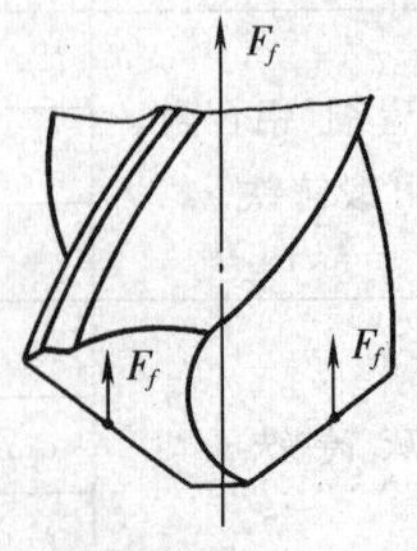

图 10－5　钻削力的分析

钻孔用的刀具主要是麻花钻头，使用麻花钻可加工孔径范围为 0.1 ～ 80mm。

如图 10－5 所示，钻头切削时，每一切削刃都产生切削力，包括主切削力 F_c、背向力 F_p 和轴向力 F_f，当左右切削刃对称时，背向力 F_p 相抵消，图中的 M_c 为切削转矩。

通过试验，得到钻孔时轴向力 F_c、切削转矩 M_c 以及切削功

率 P_c 的计算公式分别如下：

$$F_f = C_F d^{z_F} F^{y_F} k_F \tag{10-9}$$

$$M_c = C_M d^{z_M} f^{y_M} k_M \tag{10-10}$$

$$P_c = M_c v_c / 30d \tag{10-11}$$

式中：F_f—— 轴向进给力，单位为 N；

M_c—— 切削转矩，单位为 N·m；

P_c—— 切削功率，单位为 kW；

d—— 钻头直径，单位为 mm；

f—— 每转进给量，单位为 mm/r；

v_c—— 切削速度，单位为 m/min；

k_F、k_M—— 当实际加工条件与建立经验公式的实验条件不相符时，各种影响因素对各切削分力的修正系数的乘积，一般估算时，均可取 1。

上述表达式中的轴向力系数 C_F、转矩系数 C_M、轴向力指数 z_F、y_F，转矩指数 z_M、y_M，可由表 10-8 查得。

表 10-8 钻孔时轴向力和转矩表达式中的系数和指数

工件材料	刀具材料	C_F	z_F	y_F	C_M	z_M	y_M
钢 $\sigma_b = 650$MPa	高速钢	600	1.0	0.7	0.305	2.0	0.8
不锈钢 1Cr18Ni9Ti	高速钢	1400	1.0	0.7	0.402	2.0	0.7
灰铸铁 190HBW	高速钢	420	1.0	0.8	0.206	2.0	0.8
	硬质合金	410	1.2	0.75	0.117	2.2	0.8
可锻铸铁 150HBW	高速钢	425	1.0	0.8	0.206	2.0	0.8
	硬质合金	320	1.2	0.75	0.098	2.2	0.8
中等硬度非均质铜合金 100～140HBW	高速钢	310	1.0	0.8	0.117	2.0	0.8

高速钢钻头钻孔时的轴向力 F_f 值也可直接从表 10-9 中查得。

表 10-9 高速钢钻头钻孔时的轴向力 F_f （单位：N）

钢 $\sigma_b = 650$MPa												
钻头直径 d/mm	进给量 f / (mm·r^{-1})											
	0.10	0.13	0.17	0.22	0.28	0.36	0.47	0.60	0.78	1.0	1.3	1.7
	轴向力 F_f											
10.2	1240	1480	1770	2120	2520	3000	3580	4280				
12	1480	1770	2120	2520	3000	3580	4280	5120	6090			

（续表）

钢 $\sigma_b = 650\text{MPa}$												
钻头直径 d/mm	进给量 f/(mm·r^{-1})											
	0.10	0.13	0.17	0.22	0.28	0.36	0.47	0.60	0.78	1.0	1.3	1.7
	轴向力 F_f											
14.5	1770	2120	2520	3000	3580	4280	5120	6090	7330	8740		
17.5	2120	2520	3000	3580	4280	5120	6090	7330	8740	10420		
21	2520	3000	3580	4280	5120	6090	7330	8740	10420	12360		
25	3000	3580	4280	5120	6090	7330	8740	10420	12360	14830		
30	3580	4280	5120	6090	7330	8740	10420	12360	14830	17660	21190	25160
35	4280	5120	6090	7330	8740	10420	12360	14830	17660	21190	25160	30020
42		6090	7330	8740	10420	12360	14830	17660	21190	25160	30020	36200
50		7330	8740	10420	12360	14830	17660	21190	25160	30020	36200	42380
60		8740	10420	12360	14830	17660	21190	25160	30020	36200	42380	51210

灰铸铁 $HBW = 190$；可锻铸铁 $HBW = 150$												
钻头直径 d/mm	进给量 f/(mm·r^{-1})											
	0.17	0.21	0.26	0.33	0.41	0.51	0.64	0.8	1.0	1.3	1.6	2.0
	轴向力 F_f											
12	1230	1470	1760	2110	2500	2990	3580	4270				
14.5	1470	1760	2110	2500	2990	3580	4270	5100	6080			
17.5	1760	2110	2500	2990	3580	4270	5100	6080	7260	8630		
21	2110	2500	2990	3580	4270	5100	6080	7260	8630	10300		
25	2500	2990	3580	4270	5100	6080	7260	8630	10300	12260	14720	
30	2990	3580	4270	5100	6080	7260	8630	10300	12260	14720	17560	21090
35	3580	4270	5100	6080	7260	8630	10300	12260	14720	17560	21090	25020
42					8630	10300	12260	14720	17560	21090	25020	29920
50						12260	14720	17560	21090	25020	29920	35810
60						14720	17560	21090	25020	29920	35810	42680

第二节　齿轮传动副的选用

齿轮传动副是一种应用非常广泛的传动机构，各种机床中的传动装置几乎都离不开齿轮传动。因此，齿轮传动装置的设计是整个机电系统的一个重要组成部分，它的精度直接影响整个系统的精度。本节主要讨论进给伺服系统中的齿轮传动副。

一、齿轮传动概述

齿轮传动装置是转矩、转速和转向的变换器。在机电一体化进给伺服系统中，采用齿轮传动装置的主要目的有二：一是降速，将伺服电动机的高速、小转矩输出变成克服负载所需的低速、大转矩；二是使滚珠丝杠和工作台的转动惯量在传动系统中所占比重减小，以保证传动精度。

对齿轮传动装置的总体要求是传动精度高、稳定性好、灵敏度高、响应速度快。对于开环伺服系统，传动误差将直接影响工作精度，因此，要尽可能缩短传动链的长度，消除传动间隙，以提高传动精度和传动刚度。

1. 齿轮传动比的计算

如图 10-6 所示，设齿轮传动副的传动比为 i。若为一对齿轮减速传动，则 $i = n_1/n_2 = z_2/z_1$，其中 n_1、n_2 为主动齿轮的转速和齿数，z_1、z_2 为从动齿轮的转速和齿数。

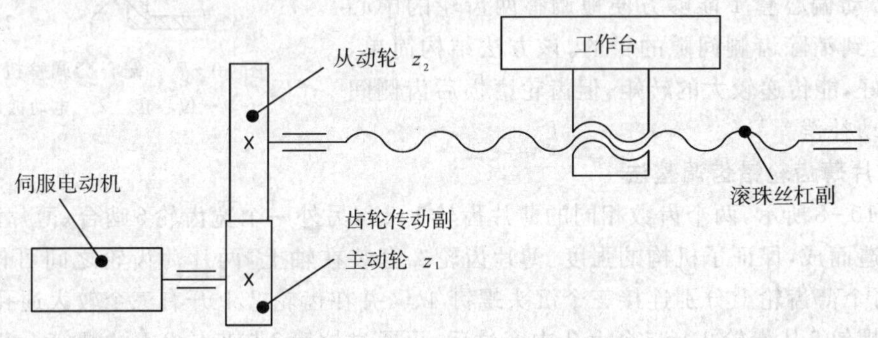

图 10-6 齿轮传动比的计算

假定主动齿轮由步进电动机驱动，其步距角为 α(°/ 脉冲)，已知脉冲当量为 δ(mm/ 脉冲)，滚珠丝杠导程为 P_h(mm)，则可用下式来计算传动比：

$$i = \frac{\alpha P_h}{360\delta} \tag{10-12}$$

从步进电动机到滚珠丝杠通常为减速传动，其目的是为了获得整量化的脉冲当量或将步进电动机的输出转矩进行放大。如果没有这些要求，最好将步进电动机与滚珠丝杠直接相联，这样有利于简化结构、降低噪音、提高精度。对于进给伺服系统，通常传递的转矩不是很大，一般取齿轮模数 $m = (1 \sim 2)$mm；但因为传动精度要求较高，所以齿数 z_1、z_2 不要取得太小。

2. 齿轮传动比的分配原则

常用的齿轮减速装置有一级、二级、三级等传动形式。齿轮的传动比 i 应满足驱动部件与负载之间的位移、转矩、转速的匹配要求。对于多级传动，计算出传动比之后，为了使减速系统结构紧凑、满足动态性能、提高传动精度，常常需要对各级传动比进行合理分配，通常遵循以下原则：

(1) 对于要求体积小、重量轻的齿轮传动系统，一般采用"重量最轻原则"。

(2) 对于要求运动平稳、起停频繁和动态性能好的减速齿轮系，可按"最小等效转动惯量原则”和“总转角误差最小原则”来处理。

(3) 对于以提高传动精度和减小误差为主的传动齿轮系，可按“总转角误差最小原则”。

(4) 对于很大的传动比，可选用新型的谐波齿轮传动。

二、齿轮传动间隙的消除措施

进给伺服系统中的减速齿轮，除了本身要求较高的运动精度和工作平稳性外，还必须尽可能消除齿侧传动间隙，否则，进给运动会产生反向死区，影响传动精度和系统稳定性。常用的齿轮传动间隙消除方法有以下两种。

1. 偏心套调整法

如图 10-7 所示，电动机 2 通过偏心套 1 装在壳体上，通过转动偏心套 1 能够方便地调整两齿轮的中心距，从而达到消除齿侧间隙的目的。该方法结构简单，传动刚度好，能传递较大的转矩，但齿轮磨损后齿侧间隙不能自动补偿。

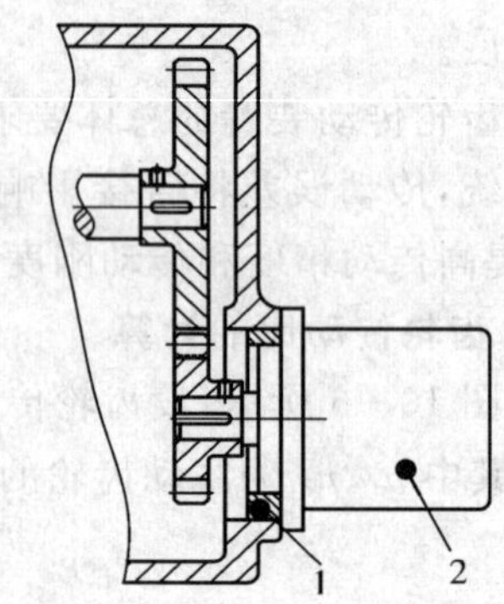

图 10-7　偏心套调整机构

1—偏心套　2—电动机

2. 双片薄齿轮错齿调整法

如图 10-8 所示，两个齿数相同的薄片齿轮 1、2 与另外一个宽齿轮 6 啮合。薄片齿轮 1 与轴整体锻造而成，保证了机构的强度。薄片齿轮 2 套装在轴上，两片薄齿轮之间可作相对回转运动。每个薄齿轮上分别连接三个沉头螺钉 4、5，并在齿轮 2 上开有三个较大通孔。齿轮 1 上的三个螺钉 5 从齿轮 2 上三个大孔中穿过后，再通过拉簧 7 与齿轮 2 上的螺钉 4 相联，螺母 3 可防止拉簧滑出。由于拉簧 7 的拉力作用使齿轮 1、2 相互之间产生回转，分别与宽齿轮 6 的两侧贴紧，从而消除了齿侧间隙。

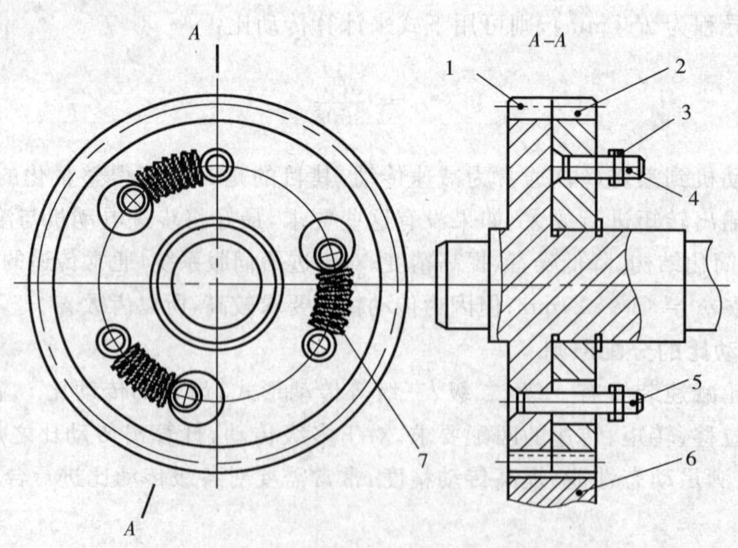

图 10-8　双片薄齿轮错齿调整机构

1、2、6—齿轮　3—螺母　4、5—螺钉　7—拉簧

因为这种机构正向或反向旋转时都只有一个薄齿轮传递转矩，所以设计时必须保证拉簧 7 的拉力，使它能克服最大负载转矩。

该机构因为拉簧的作用，啮合时完全消除了齿轮侧隙，并且能够自动补偿。不足之处是结构较复杂，不宜传递大转矩。在负载不大的齿轮传动装置中，该机构应用广泛。

第三节　同步带传动副的选型与计算

一、同步带传动的特点

同步带也叫同步齿形带，如图 10－9 所示。其内侧的工作面制成齿形，带轮的轮缘表面也制成相应的齿形，带与带轮是靠齿的啮合进行传动的。同步带通常以钢丝绳作负载心层，由于钢丝绳受载后变形极小，仍能保持带长不变，故带与带轮间不会产生相对滑动，其传动比恒定。同步带薄而轻，可用于高速场合，线速度可达 40m/s，传动比可达 10，效率可达 98%。因此，同步带传动的应用日益广泛。相对于其他带传动，其不足之处是制造和安装精度要求较高，中心距要求比较严格。

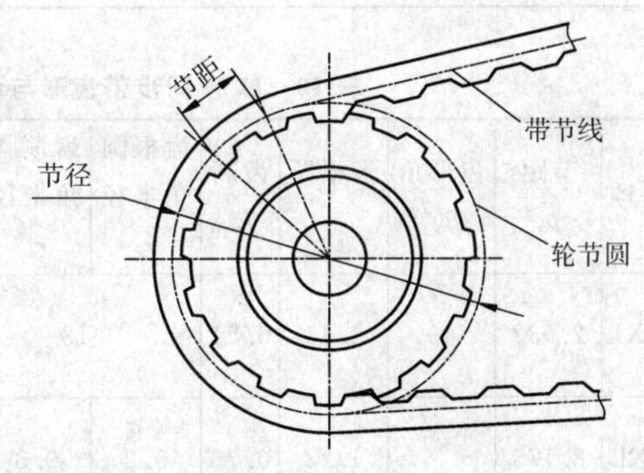

图 10－9　同步带传动结构图

二、同步带的规格与参数

同步带按带齿的形状可分为梯形齿和圆弧齿两大类，本节主要介绍梯形齿周节制同步带，其形状如图 10－10 所示。

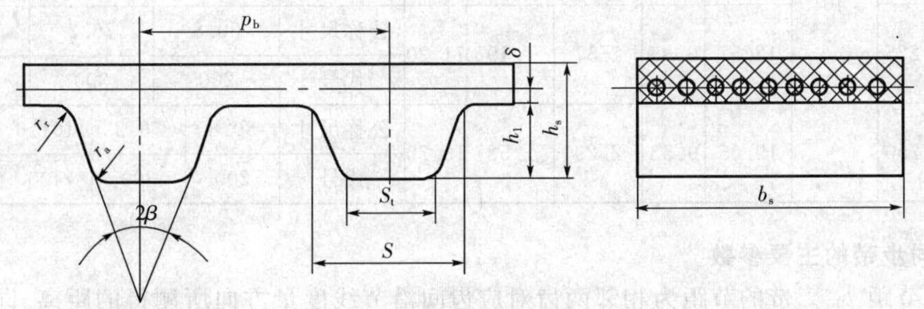

图 10－10　梯形齿同步带

1. 同步带的型号与尺寸

同步带的型号如表 10－10 所示，齿形与齿宽尺寸如表 10－11 所示。

表 10－10　同步带的型号

型　号	节距 /mm	基准带宽所传递功率范围 /kW	基准带宽 /mm	说明
MXL(最轻型)	2.032	0.0009 ～ 0.15	6.4	GB/T 11616－1989 GB/T 11362－1989
XXL(超轻型)	3.175	0.002 ～ 0.25	6.4	
XL(特轻型)	5.080	0.004 ～ 0.573	9.5	
L(轻型)	9.525	0.05 ～ 4.76	25.4	
H(重型)	12.700	0.6 ～ 55	76.2	
XH(特重型)	22.225	3 ～ 81	101.6	
XXH(最重型)	31.750	7 ～ 125	127	

表 10－11　同步带齿形与齿宽尺寸(GB/T11616－1989)　(单位:mm)

型号	节距 p_b	齿形角 $2\beta(°)$	齿根厚 s	齿高 h_t	齿根圆角半径 r_r	齿顶圆角半径 r_a	带高 h_s	带宽 b_s					
MXL	2.032	40	1.14	0.51	0.13		1.14	公称尺寸	3.0	4.8	6.4		
								代号	012	019	025		
XXL	3.175	50	1.73	0.76	0.2	0.3	2.3	公称尺寸	3.0	4.8	6.4		
								代号	012	019	025		
XL	5.080		2.57	1.27	0.38		3.60	公称尺寸	6.4	7.9	9.5		
								代号	025	031	037		
L	9.525	40	4.65	1.91	0.51		3.60	公称尺寸	12.7	19.1	25.4		
								代号	050	075	100		
H	12.700		6.12	2.29	1.02		4.30	公称尺寸	19.1	25.4	38.1	50.8	76.2
								代号	075	100	150	200	300
XH	22.225		12.57	6.35	1.57	1.19	11.20	公称尺寸	50.8	76.2	101.6		
								代号	200	300	400		
XXH	31.750		19.05	9.53	2.29	1.52	15.70	公称尺寸	50.8	76.2	101.6	127	
								代号	200	300	400	500	

2. 同步带的主要参数

(1) 节距 p_b　带的节距为相邻两齿对应齿间沿节线度量方向所测得的距离。同步带的节距系列如表 10－10 所示。

(2) 带宽 b_s　各种型号同步带的标准带宽系列中,最大尺寸的标准带宽为该型号同步带的基本宽度。带宽系列如表 10－11 所示。

(3) 节线长度 L_p　同步带上通过强力层中心、长度不发生变化的中心线称为节线,节线长度为带的公称带长。其基本尺寸与极限偏差如表 10－12 和表 10－13 所示。

表 10－12　同步带的节线长度(XXL)(GB/T11616－1989)

长度代号	齿数 z_b	节线长度 L_p/mm		长度代号	齿数 z_b	节线长度 L_p/mm	
		公称尺寸	偏差			公称尺寸	偏差
B40	40	127	±0.41	B104	104	330.2	±0.46
B48	48	152.4		B112	112	355.6	
B56	56	177.8		B120	120	381	
B64	64	203.2		B128	128	406.4	±0.51
B72	72	228.6		B144	144	457.2	
B80	80	254		B160	160	508	
B88	88	279.4	±0.46	B176	176	558	±0.61
B96	96	304.80					

注：标记示例：

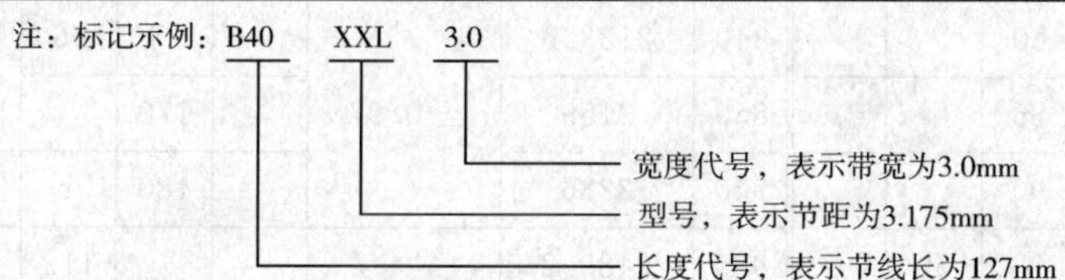

表 10－13　同步带的节线长度(MXL、XL、L、H、XH、XXH)(GB/T11616－1989)

长度代号	节线长 L_p/mm		型号				长度代号	节线长 L_p/mm		型号			
			MXL	XL	L	H				L	H	XH	XXH
	公称尺寸	极限偏差	齿数 z_b					公称尺寸	极限偏差	齿数 z_b			
36.0	91.44	±0.41	45				322	819.15	±0.66	86			
40.0	101.6		50				330	838.2			66		
44.0	111.76		55				345	876.3		92			
48.0	121.92		60				360	914.4			72		
56.0	142.24		70				367	933.45		98			
60.0	152.4		75	30			390	990.6		104	78		
64.0	162.56		80				420	1066.8	±0.76	112	84		
70	177.8			35			450	1143		120	90		
72.0	182.88		90				480	1219.2		128	96		
80.0	203.2		100	40			507	1289.05	±0.81			58	
88.0	223.52		110				510	1295.4		136	102		
90	228.6			45			540	1371.6		144	108		
100.0	254		125	50			560	1422.4				64	

（续表）

长度代号	节线长 L_p/mm		型号			
	公称尺寸	极限偏差	MXL	XL	L	H
			齿数 z_b			
110	279.4	±0.46		55		
112.0	284.48		140			
120	304.8			60		
124	314.33				33	
124.0	314.96		155			
130	330.2			65		
140.0	355.6		175	70		
150	381			75	40	
160.0	406.4	±0.51	200	80		
170	431.8			85		
180.0	457.2		225	90		
187	476.25				50	
190	482.6			95		
200.0	508		250	100		
210	533.4			105	56	
220	558.8			110		
225	571.5	±0.61			60	
230	584.2			115		
240	609.6			120	64	48
250	635			125		
255	647.7				68	
260	660.4			130		
270	685.8				72	54
285	723.9				76	
300	762				80	60

长度代号	节线长 L_p/mm		型号			
	公称尺寸	极限偏差	L	H	XH	XXH
			齿数 z_b			
570	1447.8	±0.81		114		
600	1524		160	120		
630	1600.2	±0.86		126	72	
660	1676.4			132		
700	1778			140	80	56
750	1905	±0.91		150		
770	1955.8				88	
800	2032			160		64
840	2133.6	±0.97			96	
850	2159			170		
900	2286			180		72
980	2489.2	±1.02			112	
1000	2540			200		80
1100	2794	±1.07		220		
1120	2844.8	±1.12			128	
1200	3048					96
1250	3175	±1.17		250		
1260	3200.4				144	
1400	3556	±1.22		280	160	112
1540	3911.6	±1.32			176	
1600	4064					128
1700	4318	±1.37		340		
1750	4445	±1.42			200	
1800	4572					144

注：标记示例：

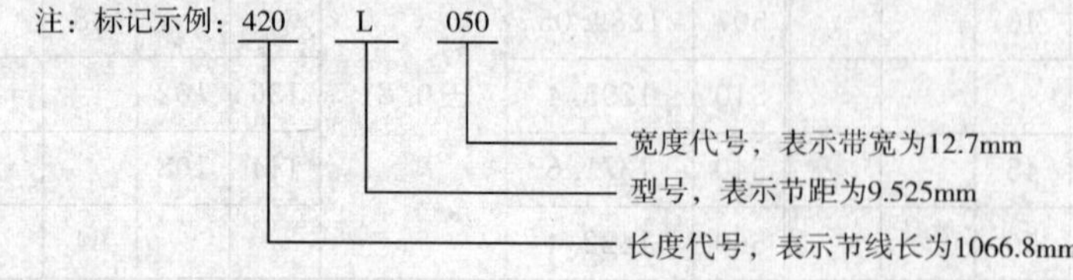

三、带轮的结构和主要参数

1. 带轮结构

同步带轮有整体式和组合式两种结构。小直径带轮一般做成整体形式，如图 10 - 11 所示，通常由齿圈 1、挡圈 2 和轮毂 3 组成。中等以上直径带轮常采用组合式结构，如图 10 - 12 所示，其中图(a) 为幅板结构，图(b) 为锥度锁定套结构。

带轮的两端面常制有挡圈，以防工作时同步带滑落。挡圈的厚度一般取 1 ～ 3mm，按带的厚度和长度来选。

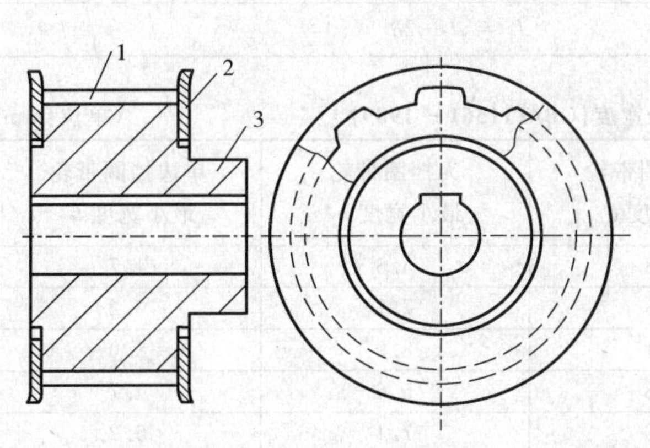

图 10 - 11　整体式同步带轮

1 — 齿圈　2 — 挡圈　3 — 轮毂

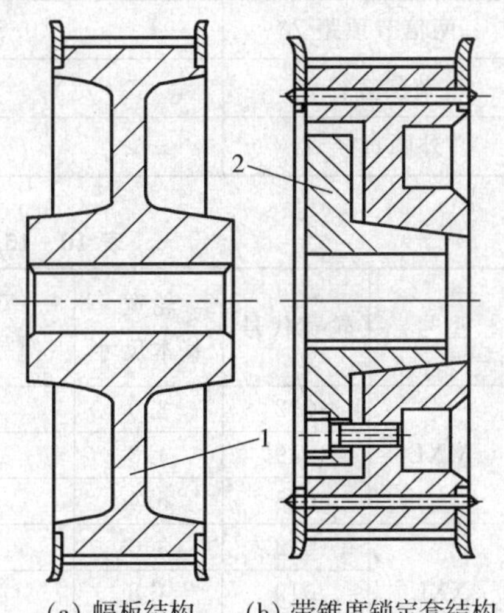

(a) 幅板结构　(b) 带锥度锁定套结构

图 10 - 12　组合式同步带轮

1 — 幅板　2 — 锥度锁定套

2. 带轮主要参数

(1) 直边带轮齿廓　直边带轮齿廓形状如图 10 - 13 所示，其参数如表 10 - 14 所示。

(2) 带轮宽度　带轮的宽度可比同步带稍宽些。无挡圈时，带轮工作宽度比带宽大 3 ～ 10mm；有挡圈时，一般大 1 ～ 2mm。各种型号的标准带轮宽度如表 10 - 15 所示。

(3) 带轮齿数和直径　带轮直径系列如表 10 - 16 所示。若带轮齿数为 z，则节圆直径

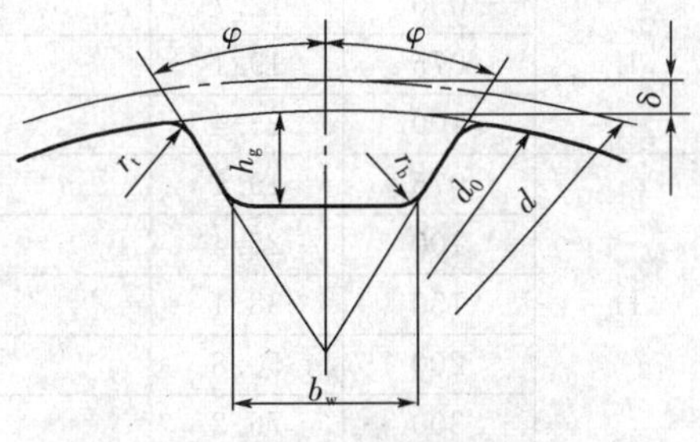

图 10 - 13　直边带轮齿廓形状

$$d = zp_b/\pi \tag{10-13}$$

带轮齿数不宜过少，否则会使同时啮合的齿数减少，导致带齿承载过大，而且当节距一定时，带轮直径将减小，又使带的弯曲应力增大。故带轮存在最少齿数限制，如表 10 - 17 所示。

(4) 带轮的材料　带轮材料一般采用铸铁或钢，高速、小功率时可采用塑料或轻合金。

表 10－14　直边带轮齿廓参数(GB/T11361－1989)　　(单位:mm)

型　号	MXL	XXL	XL	L	H	XH	XXH
齿槽底宽 b_w	0.8 ± 0.25	1.14 ± 0.05	1.32 ± 0.05	3.05 ± 0.10	4.1 ± 0.13	7.90 ± 0.15	12.17 ± 0.18
齿槽深 h_g	$0.69_{-0.05}^{0}$	$0.84_{-0.05}^{0}$	$1.65_{-0.08}^{0}$	$2.67_{-0.10}^{0}$	$3.05_{-0.13}^{0}$	$7.14_{-0.13}^{0}$	$10.31_{-0.13}^{0}$
齿槽半角 $\varphi\pm1.5°$	20	25		20			
齿根圆角半径 r_b	0.35		0.41	1.19	1.60	1.98	3.96
齿顶圆角半径 r_t	$0.13_{0}^{+0.05}$	$0.30_{0}^{+0.05}$	$0.64_{0}^{+0.05}$	$1.17_{0}^{+0.13}$	$1.6_{0}^{+0.13}$	$2.39_{0}^{+0.13}$	$3.18_{0}^{+0.13}$
两倍节顶距 2δ	0.508			0.762	1.372	2.794	3.048
节圆直径 d	$d=zp_b/\pi$						
外圆直径 d_0	$d_0=d-2\delta$						

表 10－15　带轮宽度(GB/T11361－1989)　　(单位:mm)

型号	轮宽代号	轮宽基本尺寸	双边挡圈带轮最小宽度 b_f	无挡圈带轮最小宽度 b_f	单边挡圈带轮最小宽度 b_f
MXL	012	3.0	3.8	5.6	4.7
	019	4.8	5.3	7.1	6.2
	025	6.4	7.1	8.9	8.0
XXL	012	3.0	3.8	5.6	4.7
	019	4.8	5.3	7.1	6.2
	025	6.4	7.1	8.9	8.0
XL	025	6.4	7.1	8.9	8.0
	031	7.9	8.6	10.4	9.5
	037	9.5	10.4	12.2	11.1
L	050	12.7	14.0	17.0	15.5
	075	19.1	20.3	23.3	21.8
	100	25.4	26.7	29.7	28.2
H	075	19.1	20.3	24.8	22.6
	100	25.4	26.7	31.2	29.0
	150	38.1	39.4	43.9	41.7
	200	50.8	52.8	57.3	55.1
	300	76.2	79.0	83.5	81.3
XH	200	50.8	56.6	62.6	59.6
	300	76.2	83.8	89.8	86.9
	400	101.6	110.7	116.7	113.7
XXH	200	50.8	56.6	64.1	60.4
	300	76.2	83.3	91.3	87.3
	400	101.6	110.7	118.2	114.5
	500	127.0	137.7	145.2	141.5

表 10 - 16 带轮直径尺寸系列(GB/T11361－1989) (单位:mm)

带轮齿数	型号													
	MXL		XXL		XL		L		H		XH		XXH	
	节径 d	外径 d_0	节径 d	外径 d_0	节径 d	外径 d_0	节径 d	外径 d_0	节径 d	外径 d_0	节径 d	外径 d_0	节径 d	外径 d_0
10	6.47	5.96	10.11	9.60	16.17	15.66								
11	7.11	6.61	11.12	10.61	17.79	17.28								
12	7.76	7.25	12.13	11.62	19.40	18.90	36.38	35.62						
13	8.41	7.90	13.14	12.63	21.02	20.51	39.41	38.65						
14	9.06	8.55	14.15	13.64	22.64	22.13	42.45	41.69	56.60	55.23				
15	9.70	9.19	15.16	14.65	24.26	23.75	45.48	44.72	60.64	59.27				
16	10.35	9.84	16.17	15.66	25.87	25.36	48.51	47.75	64.68	63.31				
17	11.00	10.49	17.18	16.67	27.49	26.98	51.54	50.78	68.72	67.35				
18	11.64	11.13	18.19	17.68	29.11	28.60	54.57	53.81	72.77	71.39	127.34	124.55	181.91	178.86
19	12.29	11.78	19.20	18.69	30.72	30.22	57.61	56.84	76.81	75.44	134.41	131.62	192.02	188.97
20	12.94	12.43	20.21	19.70	32.34	31.83	60.64	59.88	80.85	79.48	141.49	138.69	202.13	199.08
(21)	13.58	13.07	21.22	20.72	33.96	33.45	63.67	62.91	84.89	83.52	148.56	145.77	212.23	209.18
22	14.23	13.72	22.23	21.73	35.57	35.07	66.70	65.94	88.94	87.56	155.64	152.84	222.34	219.29
(23)	14.88	14.37	23.24	22.74	37.19	36.68	69.73	68.97	92.98	91.61	162.71	159.92	232.45	229.40
(24)	15.52	15.02	24.26	23.75	38.81	38.30	72.77	72.00	97.02	95.65	169.79	166.99	242.55	239.50
25	16.17	15.66	25.27	24.76	40.43	39.92	75.80	75.04	101.06	99.69	176.86	174.07	252.66	249.61
(26)	16.82	16.31	26.28	25.77	42.04	41.53	78.83	78.07	105.11	103.73	183.94	181.14	262.76	259.72
(27)	17.46	16.96	27.29	26.78	43.66	43.15	81.86	81.10	109.15	107.78	191.01	188.22	272.87	269.82
28	18.11	17.60	28.30	27.79	45.28	44.77	84.89	84.13	113.19	111.82	198.08	195.29	282.98	279.93
(30)	19.40	18.90	30.32	29.81	48.51	48.00	90.96	90.20	121.28	119.90	212.23	209.44	303.19	300.14
32	20.70	20.19	32.34	31.83	51.74	51.24	97.02	96.26	129.36	127.99	226.38	223.59	323.40	320.35
36	23.29	22.78	36.38	35.87	58.21	57.70	109.15	108.39	145.53	144.16	254.68	251.89	363.83	360.78
40	25.37	25.36	40.43	39.92	64.68	64.17	121.28	120.51	161.70	160.33	282.98	280.18	404.25	401.21
48	31.05	30.54	48.51	48.00	77.62	77.11	145.53	144.77	194.04	192.67	339.57	336.78	485.10	482.06
60	38.81	38.30	60.64	60.13	97.02	96.51	181.91	181.15	242.55	241.18	424.47	421.67	606.38	603.33
72	46.57	46.06	72.77	72.26	116.43	115.92	218.30	217.53	291.06	289.69	509.36	506.57	727.66	724.61
84							254.68	253.92	339.57	338.20	594.25	591.46	848.93	845.88
96							291.06	290.30	388.08	386.71	679.15	676.35	970.21	967.16
120							363.83	363.07	485.10	483.73	848.93	846.14	1212.76	1209.71
156									630.64	629.26				

表 10-17 带轮最少许用齿数

小带轮转速 /(r·min⁻¹)	带轮最少许用齿数						
	MXL	XXL	XL	L	H	XH	XXH
< 900			10	12	14	22	22
900 ~ 1200	12	12	10	12	16	24	24
1200 ~ 1800	14	14	12	14	18	26	26
1800 ~ 3600	16	16	12	16	20	30	
3600 ~ 4800	18	18	15	18	22		

四、同步带的设计计算

在进行同步带传动设计时，一般给定的原始数据有：传递的功率 P；主、从动轮的转速 n_1 和 n_2（或传动比 i）；传动系统的位置和工作条件等。其设计方法和步骤如下：

1. 确定带的设计功率 P_d

$$P_d = K_A P \tag{10-14}$$

式中：K_A—— 工作情况系数，如表 10-18 所示；

P—— 传递的功率，单位为 kW。

表 10-18 同步带工作情况系数

载荷性质		每天工作小时数 /h		
变化情况	瞬时峰值载荷及额定工作载荷	⩽ 10	10 ~ 16	> 16
平稳		1.20	1.40	1.50
小	150%	1.40	1.60	1.70
较大	⩾ 150% ~ 200%	1.60	1.70	1.85
很大	⩾ 250% ~ 400%	1.70	1.85	2.00
大而频繁	⩾ 250%	1.85	2.00	2.05

注：下列情况应对 K_A 值进行修正：经常正反转或使用张紧轮装置时，K_A 应乘 1.1；间断性工作时，K_A 应乘 0.9；增速传动时，K_A 应乘如表 10-19 所示的修正系数。

表 10-19 工作情况系数的修正系数

增速比	1.25 ~ 1.74	1.75 ~ 2.49	2.50 ~ 3.49	⩾ 3.50
修正系数	1.1	1.2	1.3	1.4

2. 选择带型和节距 P_b

在图 10-14 所示的同步带选型图中，根据 P_d 和 n_1 的值选择带型，图中水平坐标为带的设计功率 P_d/kW，垂直坐标为小带轮的转速 n_1/r·min^{-1}。当所得交点落在两种节距的分界线上时，尽可能选择较小的节距。

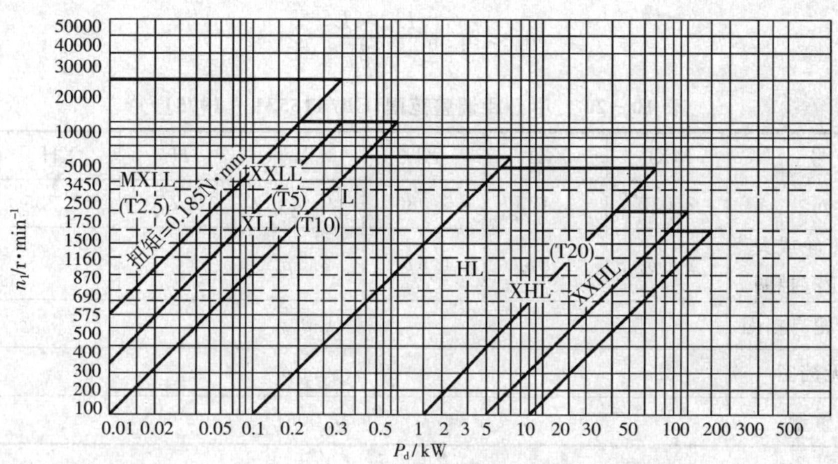

图 10-14　同步带选型图

3. 确定小带轮齿数 z_1 和小带轮节圆直径 d_1

应使 $z_1 \geqslant z_{\min}$，$z_{\min}$ 可由表 10-17 查得，在带速 v 和安装尺寸允许时，z_1 尽可能选用较大值。小带轮节圆直径 $d_1 = \frac{p_b z_1}{\pi}$，见表 10-16；小带轮节圆直径初定后应验算带速，不合适则重取。同步带的速度 v 应满足：

$$v = \frac{\pi d_1 n_1}{60 \times 1000} \leqslant v_{\max} \tag{10-15}$$

极限带速 $v_{\max}$ 为：MXL、XXL、XL 型，$v_{\max} = 40 \sim 50\text{m/s}$；L、H 型，$v_{\max} = 35 \sim 40\text{m/s}$；XH、XXH 型，$v_{\max} = 25 \sim 30\text{m/s}$。

4. 确定大带轮齿数 z_2 和大带轮节圆直径 d_2

当给定传动比 i 后，大带轮齿数 $z_2 = iz_1$；大带轮节圆直径 $d_2 = id_1$。计算结果应圆整为整数，并验算圆整后的传动比；若传动比超差，则应重选齿数，直至满足要求。

5. 初选中心距 a_0、带的节线长度 L_{0p}、带的齿数 z_b

若中心距 a_0 未给定，则可根据下式进行初选：

$$0.7(d_1 + d_2) \leqslant a_0 \leqslant 2(d_1 + d_2) \tag{10-16}$$

则带的节线长度为：

$$L_{0p} \approx 2a_0 + \frac{\pi}{2}(d_1 + d_2) + \frac{(d_2 - d_1)^2}{4a_0} \tag{10-17}$$

再由节线长度 L_{0p} 根据表 10-12 或表 10-13 选取接近的 L_p 标准值，并选择对应的带齿数 z_b。

6. 计算实际中心距 a

设计同步带传动时，中心距 a 应该可调整，以便获得适当的张紧力。中心距的调整范围如表 10-20 所示。此时，实际中心距为：

$$a \approx a_0 + \frac{L_p - L_{0p}}{2} \tag{10-18}$$

表 10-20　中心距调整范围(GB/T15531-1995)　　（单位：mm）

型号		MXL	XXL	XL	L	H	XH	XXH
节距 p_b		2.032	3.175	5.080	9.525	12.700	22.225	31.750
内侧调整量	两带轮或大带轮有挡圈	$2.5p_b$	$1.8p_b$	$1.5p_b$	$2.0p_b$			
	小带轮有挡圈	$1.3\,p_b$						
	无挡圈	$0.9p_b$						
外侧调整量		$0.005L_p$						

7. 校验带与小带轮的啮合齿数 z_m

$$z_m = \mathrm{ent}\left[\frac{z_1}{2} - \frac{p_b z_1}{2\pi^2 a}(z_2 - z_1)\right] \tag{10-19}$$

式中 ent(x) 为取整函数。一般情况下，应保证 $z_m \geqslant z_{m\min} = 6$。对于 MXL、XXL 和 XL 型，至少应保证 $z_m \geqslant z_{m\min} = 4$。当 $z_m < z_{m\min}$ 时，可增大 a，或 d_1 不变时减小节距 p_b。

8. 计算基准额定功率 P_0

$$P_0 = \frac{(T_a - mv^2)v}{1000} \tag{10-20}$$

式中：P_0—— 所选型号同步带在基准宽度下所允许传递的额定功率，单位为 kW；

T_a—— 带宽为 b_{s0} 时的许用工作拉力，单位为 N，如表 10-21 所示；

m—— 带宽为 b_{s0} 时的单位长度的质量，单位为 kg/m，如表 10-21 所示；

v—— 同步带的线速度，单位为 m/s。

表 10-21　同步带在基准宽度下的许用工作拉力和线密度

带型号	基准带宽 b_{s0}/mm	许用工作拉力 T_a/N	单位长度的质量 m(线密度)/(kg · m^{-1})
MXL	6.4	27	0.007
XXL	6.4	31	0.010
XL	9.5	50.17	0.022
L	25.4	244.46	0.095
H	76.2	2100.85	0.448
XH	101.6	4048.90	1.484
XXH	127.0	6398.03	2.473

9. 确定实际所需同步带宽度 b_s

$$b_s \geqslant b_{s0}\left(\frac{P_d}{K_z P_0}\right)^{1/1.14} \tag{10-21}$$

式中：b_{s0}—— 选定型号的基准宽度，如表 10－21 所示；

K_z—— 小带轮啮合齿数系数，如表 10－22 所示。

由上式求得最小宽度后，根据表 10－11 选择最接近的标准带宽 b_s。

表 10－22 小带轮啮合齿数系数

z_m	$\geqslant 6$	5	4	3	2
K_z	1.00	0.80	0.60	0.40	0.20

10. 带的工作能力验算

用下式来计算同步带的额定功率 P，若结果满足 $P \geqslant P_d$（带的设计功率），则带的工作能力合格。

$$P = (K_z K_w T_a - \frac{b_s}{b_{s0}} m v^2) v \times 10^{-3} \tag{10-22}$$

式中：K_z—— 啮合系数，如表 10－22 所示；

K_w—— 齿宽系数，$K_w = (b_s/b_{s0})^{1.14}$；

T_a—— 基准带宽为 b_{s0} 时的许用工作拉力，单位为 N，如表 10－21 所示；

m—— 带宽为 b_{s0} 时的单位长度的质量，单位为 kg/m，如表 10－21 所示；

v—— 同步带的线速度，单位为 m/s。

同步带传动副的选型与计算实例，请参照第九章设计实例有关内容。

第四节 滚珠丝杠副的选型与计算

滚珠丝杠副是在丝杠和螺母的滚道之间放入适量的滚珠，使螺纹间产生滚动摩擦。其作用是将旋转运动转变为直线运动或将直线运动转变为旋转运动。丝杠或螺母转动时，带动滚珠沿螺纹滚道滚动，螺母的螺旋槽两端设有滚珠回程引导装置，滚珠通过此装置自动返回其入口，形成循环回路。滚珠丝杠副的外形如图 10－15 所示。

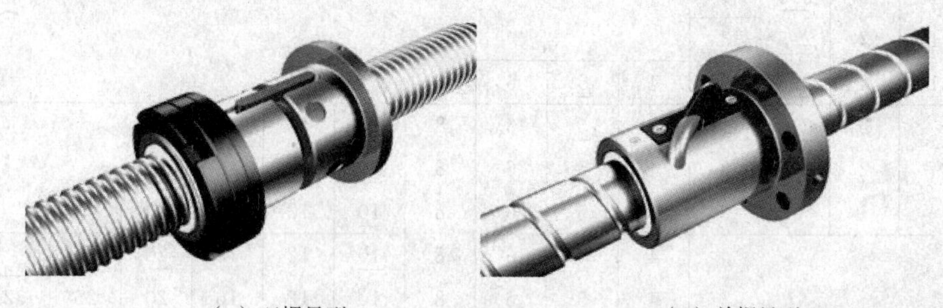

（a）双螺母型　　（b）单螺母型

图 10－15 滚珠丝杠副的外形

滚珠丝杠副具有传动效率高、运动平稳、使用寿命长等特性，广泛应用于各种工业设备、精密仪器和数控机床等。滚珠丝杠副由专门工厂制造，当型号计算选定后，可以外购或订制。

一、滚珠丝杠副的主要尺寸参数(GB/T 17587 — 1998)

滚珠丝杠副的主要尺寸参数如图 10 - 16 所示。

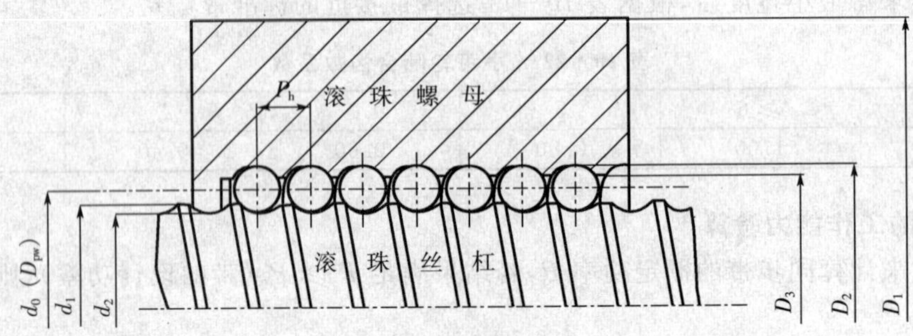

图 10 - 16　主要尺寸参数

公称直径 d_0　用于标识的尺寸值(无公差)。

节圆直径 D_{P_W}　滚珠与滚珠螺母体及滚珠丝杠位于理论接触点时，滚珠球心包络的圆柱直径。节圆直径通常与滚珠丝杠的公称直径相等。

导程 P_h　滚珠螺母相对滚珠丝杠旋转 2π 弧度时的行程。

公称导程 P_{h0}　通常用作尺寸标识的导程值(无公差)。

行程 l　转动滚珠丝杠或滚珠螺母时，滚珠丝杠或滚珠螺母的轴向位移量。

有效行程 l_u　有指定精度要求的行程部分(即行程加上滚珠螺母体的长度)。

此外还有丝杠螺纹外径 d_1、丝杠螺纹底径 d_2、螺母外径 D_1、螺母螺纹底径 D_2、螺母螺纹内径 D_3、滚珠直径 D_W、丝杠螺纹全长 L_1 等。

滚珠丝杠副的标准参数组合如表 10 - 23 所示，其中划横线的为优先级。

表 10 - 23　滚珠丝杠副标准参数组合　(单位：mm)

公称直径	公称导程														
6	1	2	2.5												
8	1	2	2.5	3											
10	1	2	2.5	3	4	5	6								
12		2	2.5	3	4	5	6	8	10	12					
16		2	2.5	3	4	5	6	8	10	12	16				
20				3	4	5	6	8	10	12	16	20			
25					4	5	6	8	10	12	16	20	25		
32					4	5	6	8	10	12	16	20	25	32	
40						5	6	8	10	12	16	20	25	32	40

（续表）

公称直径	公称导程										
50		5	6	8	10	12	16	20	25	32	40
63		5	6	8	10	12	16	20	25	32	40
80			6	8	10	12	16	20	25	32	40
100					10	12	16	20	25	32	40
125					10	12	16	20	25	32	40
160						12	16	20	25	32	40
200						12	16	20	25	32	40

二、滚珠丝杠副的标注方法及精度等级

1. 标注方法

滚珠丝杠副国家标识符号的内容如图 10-17(a) 所示。不同生产厂家的标注方法略有不同，一般厂商往往省略 GB 字符，以其产品的结构类型号开头。以山东济宁博特精密丝杠制造有限公司的滚珠丝杠副为例，其标注方法如图 10-17(b) 所示，结构类型如表 10-24 所示。

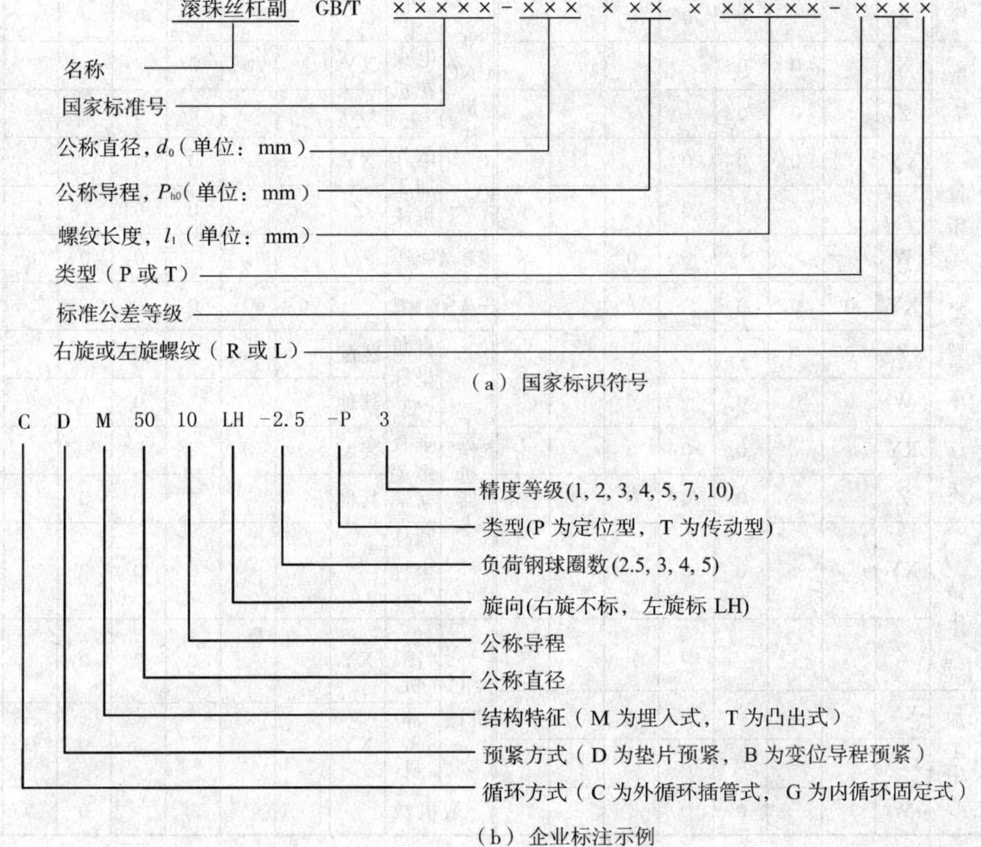

（a）国家标识符号

（b）企业标注示例

图 10-17　滚珠丝杠副的标注方法

表 10－24 滚珠丝杠副的结构类型

型 号	结 构 类 型	型 号	结 构 类 型
G	内循环固定反向器单螺母	CT	外循环插管凸出式单螺母
GD	内循环固定反向器双螺母垫片预紧	CDT	外循环插管凸出式双螺母垫片预紧
CM	外循环插管埋入式单螺母	CBT	外循环插管凸出式单螺母变位导程预紧
CDM	外循环插管埋入式双螺母垫片预紧		

2. 精度等级

根据GB/T17587.3－1998标准，滚珠丝杠副的精度被分为1、2、3、4、5、7、10七个等级，其中最高精度为1级，最低精度为10级。不同设备推荐选用的精度等级如表10－25所示。不同的滚珠丝杠副类型(定位为P型，传动为T型)，需要进行的检验项目如表10－26所示，其每一基准长度的行程偏差和变动量如表10－27所示。

表 10－25 滚珠丝杠副的精度选择推荐表

主机类型		坐标轴	精度等级						
				1	2/3	4	5	7	10
NC CNC 机床	车床	X		0	0	0			
		Z			0	0	0		
	磨床	X		0	0				
		Z		0	0				
	镗床	XY		0	0	0			
		Z			0	0			
		W				0	0		
	坐标镗床	XY	0	0	0				
		Z	0	0	0				
		W	0	0	0				
	铣床	XY			0	0	0		
		Z			0	0	0		
	钻床	XY			0	0			
		Z				0	0		
	加工中心	XY		0	0	0			
		Z		0	0	0			
		W			0	0			

主机类型		坐标轴	精度等级						
				1	2/3	4	5	7	10
NC CNC 机床	切割机床	XY		0	0				
		UV			0	0			
	电火花机床	XY		0	0				
		(Z)			0	0			
	激光加工机床	XY			0	0			
		Z			0	0			
普通、通用机床						0	0	0	0
三坐标测量机			0	0	0				
工作机器人	直角坐标型	装配		0	0	0	0		
		其他				0	0	0	
	垂直多关节型	装配		0	0	0			
		其他			0	0	0		
	圆柱坐标型				0	0	0	0	
NC 机械	绘图机	XY			0	0	0		
	冲压机	XY				0	0	0	
一般机械							0	0	0

[注](1) 表中“0”表示选中；(2) 高于1级的精度，标准中尚未制定，由用户与制造厂协商决定。

表 10－26　行程偏差的检验项目

每一基准长度的行程偏差	滚珠丝杠副类型	
	P 型(定位型)	T 型(传动型)
	检验序号	
有效行程 l_u 内行程补偿值 c	用户规定	c ＝ 0
目标行程公差 e_p	E1.1	E1.2
有效行程内允许的行程变动量 V_{up}	E2	
300mm 行程内允许的行程变动量 V_{300p}	E3	E3
2π 弧度内允许的行程变动量 $V_{2\pi p}$	E4	

表 10－27　行程偏差和变动量

序号	检验项目	允差							
		定位滚珠丝杠副							
		有效行程 l_u mm	标准公差等级						
			1	2	3	4	5	7	10
			e_p ,μm						
E1.1	有效行程 l_u 内的平均行程偏差 e_p	≤315	6	8	12	16	23		
		＞315－400	7	9	13	18	25		
		＞400－500	8	10	15	20	27		
		＞500－630	9	11	16	22	32		
		＞630－800	10	13	18	25	36		
		＞800－1000	11	15	21	29	40		
		＞1000－1250	13	18	24	34	47		
		＞1250－1600	15	21	29	40	55		
		＞1600－2000	18	25	35	48	65		
		＞2000－2500	22	30	41	57	78		
		＞2500－3150	26	36	50	69	96		
E2	有效行程 l_u 内的平均行程偏差 V_{up}		V_{up} ,μm						
		≤315	6	8	12	16	23		
		＞315－400	6	9	12	18	25		
		＞400－500	7	9	13	19	26		
		＞500－630	7	10	14	20	29		
		＞630－800	8	11	16	22	31		
		＞800－1000	9	12	17	24	34		
		＞1000－1250	10	14	19	27	39		
		＞1250－1600	11	16	22	31	44		
		＞1600－2000	13	18	25	36	51		
		＞2000－2500	15	21	29	41	59		
		＞2500－3150	17	24	34	49	69		
		注:传动滚珠丝杠副的有效行程 l_u 内行程变动量 V_{up} 未规定							

（续表）

序号	检验项目	允差						
E1.2	有效行程 l_u 内平均行程偏差 e_p	传动滚珠丝杠副						
		$C=0, e_p=2\frac{l_u}{300}V_{300p}$，$V_{300p}$ 见 E3						
E3	任意 300mm 轴向行程内行程变动量 V_{300p}	定位或传动滚珠丝杠副						
		V_{300p}，μm						
		6	8	12	16	23	52	210
E4	2π 弧度内行程变动量 $V_{2\pi P}$	定位滚珠丝杠副						
		$V_{2\pi P}$，μm						
		4	5	6	7	8		

三、滚珠丝杠副的支承形式

滚珠丝杠副的支承主要用来约束丝杠的轴向窜动，其结构形式可分为 4 种类型，具体分类及特点如表 10 - 28 所示。

表 10 - 28　滚珠丝杠副的支承形式

支承形式	简图	特点
双推—自由	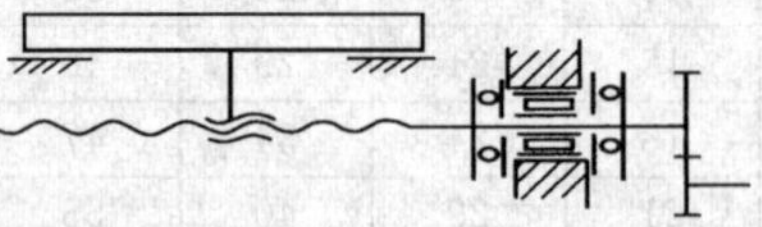	1. 刚度、临界转速、压杆稳定性低 2. 设计时尽量使丝杠受拉伸 3. 适用于较短和垂直安装的丝杠
双推—简支	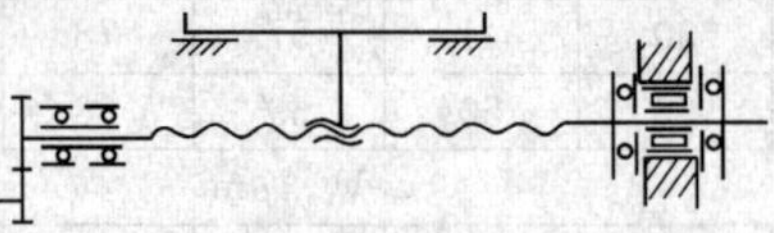	1. 临界转速、压杆稳定性较高 2. 丝杠有热膨胀的余地 3. 适用于较长的卧式安装的丝杠
单推—单推	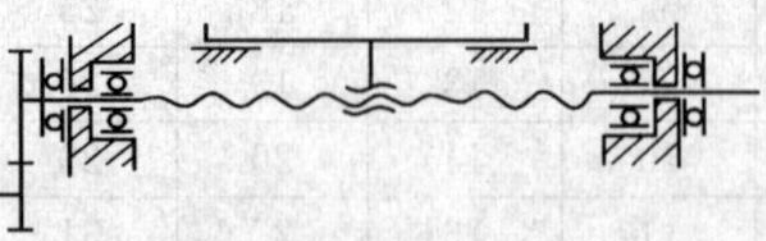	可根据预计温升产生的热膨胀量进行预拉伸
双推—双推	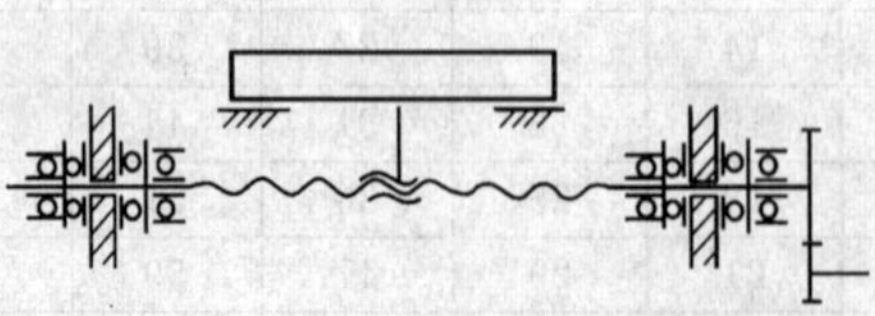	1. 丝杠的轴向刚度高 2. 丝杠一般不会受压，无压杆稳定性问题 3. 可用预拉伸减小因丝杠自重引起的下垂 4. 适用于对刚度和位移精度要求高的场合

四、滚珠丝杠副轴向间隙的调整与预紧

为了提高滚珠丝杠副的传动精度和轴向刚度，安装时需要消除丝杠与螺母之间的传动间隙，并对丝杠－螺母进行预紧。单螺母的丝杠副，在出厂前通常采用过盈滚珠预紧或变导程自预紧，丝杠与螺母之间几乎没有间隙，用户使用时不必考虑。对于双螺母的丝杠副，常用垫片调整预紧和螺纹调整预紧两种方式。

1. 垫片调整预紧

图 10－18 所示为两种常用的垫片调整预紧方式，图(a) 为压紧式，图(b) 为拉紧式。通过调整垫片 3 的厚度，可使两螺母产生轴向位移，从而达到消除间隙、产生预紧的目的。该形式结构紧凑、工作可靠、刚度高，修磨垫片的厚度即可控制预紧量。

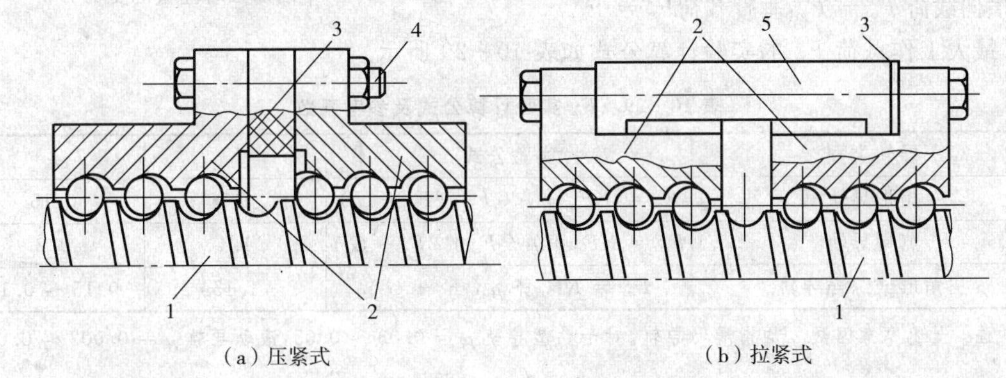

图 10－18　垫片调整预紧方式

1－丝杠　2－螺母　3－垫片　4－螺栓　5－衬套

2. 螺纹调整预紧

如图 10－19(a) 所示，螺母 3 右端带有凸缘，螺母 4 左端带有螺纹，调整时旋转圆螺母 2，即可消除轴向间隙并产生一定的预紧力，再用圆螺母 1 锁紧防松。预紧后，螺母 3 和螺母 4 中滚珠的受力方向相反，如图 10－19(b) 所示，从而消除了轴向间隙。这种方式的特点是结构简单、刚性好、预紧可靠，缺点是不能精确定量调整。

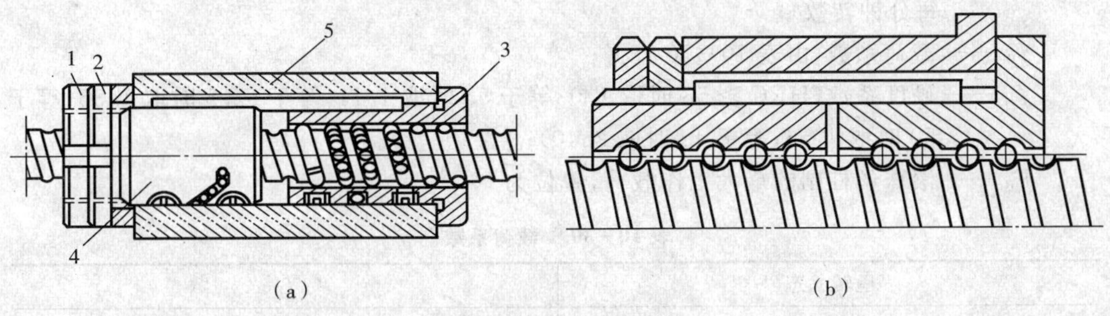

图 10－19　螺纹调整预紧方式

1、2－调整间隙的圆螺母　3、4－丝杠的螺母　5－螺母座

五、滚珠丝杠副的计算与选型

1. 最大工作载荷 F_m 的计算

最大工作载荷 F_m 是指滚珠丝杠副在驱动工作台时所承受的最大轴向力，也叫进给牵引力。它包括滚珠丝杠副的走刀抗力、移动部件的重力与作用在导轨上的切削分力所产生的摩擦力。图 10－20 为车削外圆时拖板的受力情况，可以看出，拖板所受载荷与车削力存在以下对应关系：进给方向载荷 $F_x = F_f$，横向载荷 $F_y = F_p$，垂直载荷$F_z = F_c$。

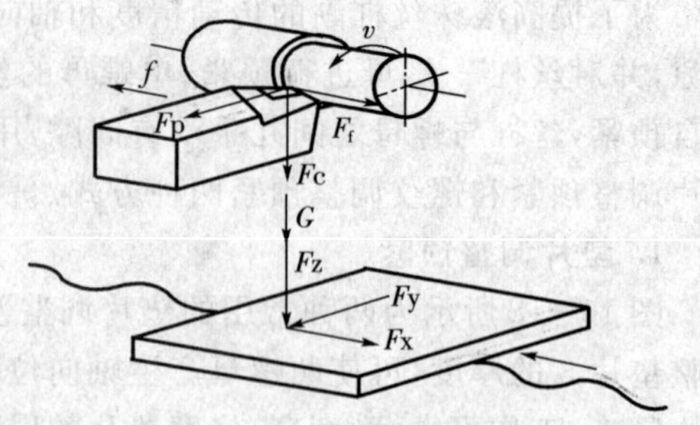

图 10－20　车削加工时拖板的受力分析

最大工作载荷 F_m 的实验计算公式如表 10－29 所示。

表 10－29　F_m 实验计算公式及参考系数

导轨类型	实验公式	K	μ
矩形导轨	$F_m = KF_x + \mu(F_z + F_y + G)$	1.1	0.15
燕尾导轨	$F_m = KF_x + \mu(F_z + 2F_y + G)$	1.4	0.2
三角形或综合导轨	$F_m = KF_x + \mu(F_z + G)$	1.15	0.15～0.18

［注］上述摩擦因数 μ 均指滑动导轨。对于贴塑导轨 $\mu = 0.03 \sim 0.05$，滚动导轨 $\mu = 0.003 \sim 0.005$。

表中，F_x 为进给方向载荷，F_y 为横向载荷，F_z 为垂直载荷，单位均为 N；G 为移动部件总重力，单位为 N；K 为考虑颠覆力矩影响时的试验系数；μ 为导轨的摩擦系数。

2. 最大动载荷 F_Q 的计算

最大动载荷 F_Q 的计算公式如下：

$$F_Q = \sqrt[3]{L_0}\, f_W f_H F_m \tag{10-23}$$

式中：L_0——滚珠丝杠副的寿命，单位为 10^6 r，$L_0 = 60nT/10^6$（其中 T 为使用寿命，普通机械取 $T = 5000 \sim 10000$h，数控机床及一般机电设备取 $T = 15000$h；n 为丝杠每分钟转数）；

f_W——载荷系数，由表 10－30 查得；

f_H——硬度系数（HRC $\geqslant$ 58 时取 1.0；等于 55 时取 1.11；等于 52.5 时取 1.35；等于 50 时取 1.56；等于 45 时取 2.40）；

F_m——滚珠丝杠副的最大工作载荷，单位为 N。

表 10－30　载荷系数

运转状态	f_W
平稳或轻度冲击	1.0～1.2
中等冲击	1.2～1.5
较大冲击或振动	1.5～2.5

3. 规格型号的初选

初选滚珠丝杠副的规格时，应使其额定动载荷 $C_a \geqslant F_Q$。

当滚珠丝杠副在静态或低速状态下（$n \leqslant 10\text{r/min}$）长时间承受工作载荷时，还应使其额定静载荷 $C_{oa} \geqslant (2 \sim 3)F_m$。

根据额定动载荷 C_a 和额定静载荷 C_{oa}，可从表 10-32 ～ 表 10-34 中选择滚珠丝杠副的规格型号和有关参数。要注意公称直径 d_0 和导程 P_h 应尽量选用优先组合，同时还要满足控制系统和伺服系统对导程的要求。

4. 传动效率的计算

滚珠丝杠副的传动效率 η 一般在 0.8 ～ 0.9 之间，可由下式计算：

$$\eta = \frac{\tan\lambda}{\tan(\lambda + \varphi)} \tag{10-24}$$

式中：λ—— 丝杠的螺旋升角，由 $\arctan(P_h/\pi d_0)$ 算得；

φ—— 摩擦角，一般取 $10'$。

5. 刚度的验算

滚珠丝杠副的轴向变形将引起丝杠导程发生变化，从而影响定位精度和运动的平稳性。轴向变形主要包括丝杠的拉伸或压缩变形、丝杠与螺母之间滚道的接触变形等。

(1) 丝杠的拉伸或压缩变形量 δ_1

δ_1 在总变形量中占的比重较大，可按下式计算：

$$\delta_1 = \pm\frac{F_m a}{ES} \pm \frac{Ma^2}{2\pi IE} \tag{10-25}$$

式中：F_m—— 丝杠的最大工作载荷，单位为 N；

a—— 丝杠两端支承间的距离，单位为 mm；

E—— 丝杠材料的弹性模量，钢 $E = 2.1 \times 10^5\,\text{MPa}$；

S—— 丝杠按底径 d_2 确定的截面积，单位为 mm^2；

M—— 转矩，单位为 N · mm；

I—— 丝杠按底径 d_2 确定的截面惯性矩（$I = \pi d_2^4/64$），单位为 mm^4。

其中，“+”号用于拉伸，“−”号用于压缩。由于转矩 M 一般较小，式中第 2 项在计算时可酌情忽略。

(2) 滚珠与螺纹滚道间的接触变形量 δ_2

δ_2 可从产品型号中查出，或由下式计算：

无预紧时
$$\delta_2 = 0.0038\sqrt[3]{\frac{1}{D_W}\left(\frac{F_m}{10Z_\Sigma}\right)^2} \tag{10-26}$$

有预紧时
$$\delta_2 = 0.0038\frac{F_m}{10\sqrt[3]{D_W F_{YJ} Z_\Sigma^2/10}} \tag{10-27}$$

式中：D_W—— 滚珠直径，单位为 mm；

Z_Σ—— 滚珠总数量，$Z_\Sigma = Z \times$ 圈数 $\times$ 列数；

Z—— 单圈滚珠数，$Z = \pi d_0 / D_W$（外循环），$Z = (\pi d_0 / D_W) - 3$（内循环）；

F_{YJ}—— 预紧力，单位为 N。

当滚珠丝杠副有预紧力，且预紧力达轴向工作载荷的 1/3 时，δ_2 值可减小一半左右。

(3) 刚度验算

丝杠的总变形量 $\delta = \delta_1 + \delta_2$。一般总变形量 δ 不应大于机床规定的定位精度的一半；也可由丝杠精度等级，先查出基准长度上允许的行程偏差（参见表 10-26 与表 10-27），再将折算到丝杠总长上的行程偏差与总变形量 δ 进行比较。当 δ 超差时，应选用较大公称直径的滚珠丝杠副。

6. 稳定性的验算

滚珠丝杠属于受轴向力的细长杆，如果轴向负载过大，则可能产生失稳现象。失稳时的临界载荷 F_k 应满足：

$$F_k = \frac{f_k \pi^2 EI}{Ka^2} \geqslant F_m \qquad (10-28)$$

式中：F_k—— 临界载荷，单位为 N；

f_k—— 丝杠支承系数，如表 10-31 所示；

K—— 压杆稳定安全系数，一般取为 2.5 ～ 4，垂直安装时取小值；

a—— 滚珠丝杠两端支承间的距离，单位为 mm。

表 10-31　丝杠支承系数

方式	双推 — 自由	双推 — 简支	双推 — 双推	单推 — 单推
f_k	0.25	2	4	1

六、滚珠丝杠副的安装联接尺寸

1. 内循环 G、GD 系列丝杠副的安装联接尺寸

图 10-21 所示为济宁博特精密丝杠制造有限公司生产的 G、GD 系列滚珠丝杠副，其安装联接尺寸如表 10-32 所示。其中，代号 1604 — 3 表示公称直径 d_0 = 16mm，导程 P_h = 4mm，滚珠循环列数为 3。

2. 外循环 CM、CDM 系列丝杠副的安装联接尺寸

图 10-22 所示为济宁博特精密丝杠制造有限公司生产的 CM、CDM 系列滚珠丝杠副，其安装联接尺寸如表 10-33 所示。

3. FL、LL 系列滚珠丝杠副的安装联接尺寸

图 10-23 所示为启东润泽机床附件有限公司生产的 FL、LL 系列滚珠丝杠副，其中 FL 为双螺母螺帽预紧浮动反向器内循环式滚珠丝杠副，LL 为双螺母螺旋槽式螺帽预紧外循环

式滚珠丝杠副。两种丝杠副的安装联接尺寸完全相同，如表 10－34 所示。

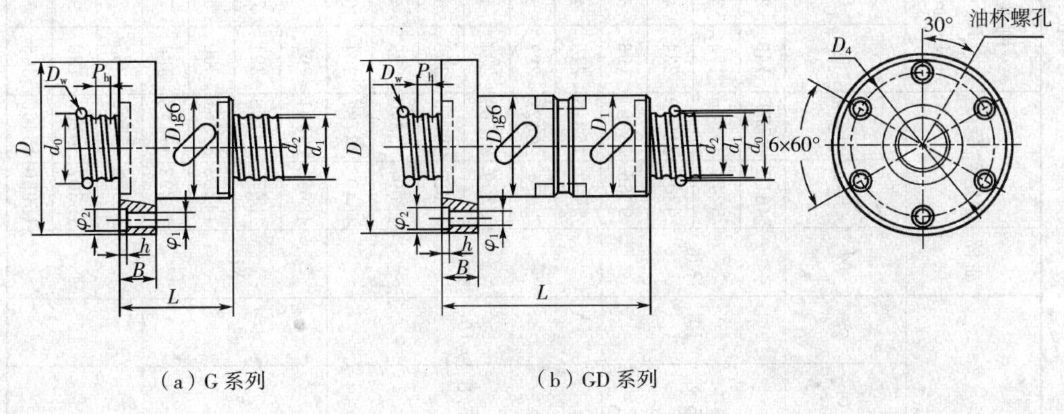

（a）G 系列　　（b）GD 系列

图 10－21　G、GD 系列滚珠丝杠副

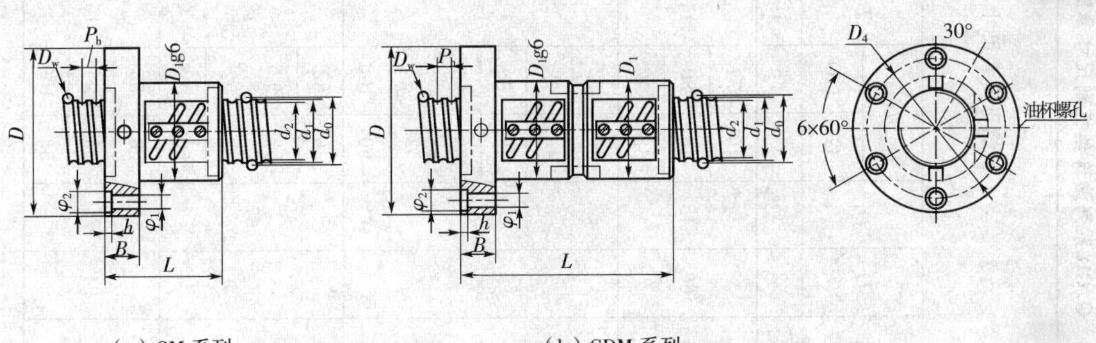

（a）CM 系列　　（b）CDM 系列

图 10－22　CM、CDM 系列滚珠丝杠副

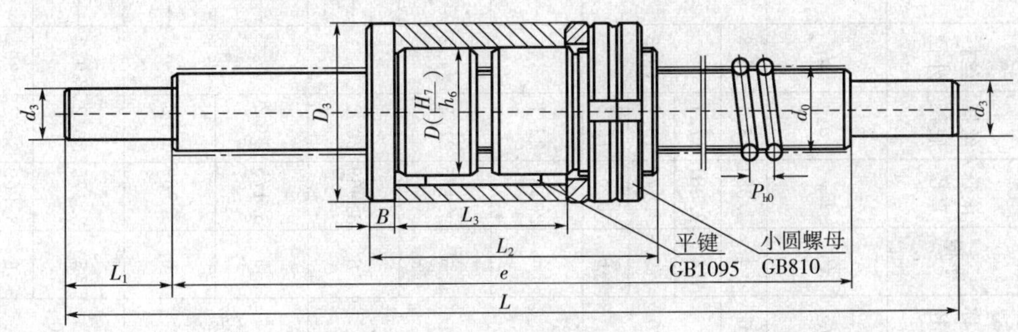

图 10－23　FL、LL 系列滚珠丝杠副

表 10 - 32 G、GD 系列滚珠丝杠副尺寸参数

（单位：mm）

规格 \ 代号	公称直径	导程	滚珠直径	丝杠底径	丝杠外径	循环列数		螺母安装尺寸									油杯	额定载荷/N		刚度 K_C /(N·μm^{-1})	
	d_0	P_h	D_W	d_2	d_1	G	GD	D_1	D	D_4	L G	L GD	B	h	φ_1	φ_2	M	C_a	C_{oa}	G	GD
1604－3	16	4	2.381	13.1	15.3	3	3×2	28	52	38	37	65	10	6	5.8	10	M6	4612	8779	140	279
2004－3	20	4	2.381	17.1	19.3			36	60	48	40	72	11					5243	11506	174	347
2005－3		5	3.175	16.2							46	80						9309	21569	234	467
2006－3		6	3.5	15.8							52	92						9366	18324	193	385
2504－3	25	4	2.381	22.1	24.2	3	3×2	40	66	53	40	72	11	6	5.8	10	M6	5992	15318	219	437
2504－4						4	4×2				44	78						7674	20423	287	574
2505－3		5	3.175	21.2		3	3×2				46	80						9309	21569	234	467
2505－4						4	4×2				50	90						11921	28759	308	615
2506－3		6	3.969	20.2		3	3×2				52	92						12097	25340	229	458
2506－4						4	4×2				60	108						15493	33787	301	602
3205－3	32	5	3.175	28.2	31.2	3	3×2	50	82	67	46	82	13	7	7	12	M6	10678	29091	297	594
3205－4						4	4×2				52	92						13675	38788	391	781
3206－3		6	3.969	27.2		3	3×2				52	92						14283	35361	300	599
3206－4						4	4×2				60	108						18292	47148	394	788
4005－3	40	5	3.175	36.2	39.2	3	3×2	60	94	75	50	85	15	9	9	15	M8×1	11952	37700	365	729
4005－4						4	4×2				55	95						15307	50267	480	959
4006－3		6	3.969	35.2	39	3	3×2				58	100						15960	45465	366	731

表 10-33　CM、CDM 系列滚珠丝杠副尺寸参数　　（单位：mm）

规格	公称直径	导程	滚珠直径	丝杠底径	丝杠外径	循环列数		螺母安装尺寸									油杯	额定载荷/N		刚度 K_C /(N·μm^{-1})	
											L										
代号	d_0	P_h	D_W	d_2	d_1	CM	CDM	D_1	D	D_4	CM	CDM	B	h	φ_1	φ_2	M	C_a	C_{oa}	CM	CDM
2004−2.5	20	4	2.381	17.1	19.5	1×2.5	1×2.5×2	40	66	53	39	72	11	6	5.8	10	M6	5076	11525	181	338
2004−5						2×2.5	2×2.5×2				55	102						9197	23050	350	655
2005−2.5		5	3.175	16.2		1×2.5	1×2.5×2	45	70	56	40	80						7988	16762	187	373
2005−5						2×2.5	2×2.5×2				62	106						14498	33524	361	722
2504−2.5	25	4	2.381	22.1	24.5	1×2.5	1×2.5×2	50	76	63	39	72						5587	14538	217	406
2504−5						2×2.5	2×2.5×2				56	102						10140	29076	420	786
2505−2.5		5	3.175	21.2		1×2.5	1×2.5×2				40	80						8888	21216	225	449
2505−5						2×2.5	2×2.5×2				62	108						16132	42432	435	869
2506−2.5		6	3.969	20.2		1×2.5	1×2.5×2				44	86						11939	26192	230	459
2506−5						2×2.5	2×2.5×2				64	123						21670	52385	445	889
3205−2.5	32	5	3.175	28.2	31.5	1×2.5	1×2.5×2	60	90	75	42	80	13	7	7	12	M6	9916	27448	275	549
3205−5						2×2.5	2×2.5×2				62	115						17998	54896	532	1063
3206−2.5		6	3.969	27.2		1×2.5	1×2.5×2				46	87						13428	33987	282	564
3206−5						2×2.5	2×2.5×2				66	125						24373	67974	546	1091
4005−2.5	40	5	3.175	36.2	39.5	1×2.5	1×2.5×2	60	104	85	45	86	15	9	9	15	M6	10890	34568	329	658
4005−5						2×2.5	2×2.5×2				65	123						19766	69136	637	1273
4006−2.5		6	3.969	35.2		1×2.5	1×2.5×2	71	110	90	48	94						14820	42890	338	676

表 10 – 34　FL、LL 系列滚珠丝杠副尺寸参数

（单位：mm）

序号	规格 L×e	D_w	d_1	L_1	d_3	D	D_3	B	L_2	L_3	平键尺寸 GB1095	小圆螺母 GB810	额定载荷(kN)	
													动载荷 C_a	静载荷 C_{oa}
1	1202	1.5	12.1			21	21	5	51	35	4×4×20	M20×1	2.4	5.6
2	2003	2.3812	19.3			30	42	6	74	47	4×4×28	M30×1.5	4.0	8.9
3	2004 280×230			25	14	30	42	6	73	45	4×4×30	M30×1.5	4.9	11.1
4	2004 300×250			25	14	30	42	6	73	45	4×4×30	M30×1.5	4.9	11.1
5	2004 330×280			25	14	30	42	6	73	45	4×4×30	M30×1.5	4.9	11.1
6	2004 410×330			50	17	30	42	6	73	45	4×4×30	M30×1.5	4.9	11.1
7	2004 490×410			50	17	30	42	6	73	45	4×4×30	M30×1.5	4.9	11.1
8	1605	3.5	15.5			30	42	6	73	45	4×4×28	M30×1.5	6.9	14.5
9	2005		19			30	42	8	84	55	4×4×28	M30×1.5	7.4	15.6
10	2505		24			40	55	8	94	64	6×6×40	M40×1.5	8.4	17.08
11	3205		31			50	72	11.5	117	77	6×6×50	M50×2	9.5	24.6
12	4005		39			60	80	12	124	84	6×6×50	M60×2	10.4	32.8

（续表）

序号	规格 L×e	D_w	d_1	L_1	d_3	D	D_3	B	L_2	L_3	平键尺寸 GB1095	小圆螺母 GB810	额定载荷(kN)	
													动载荷 C_a	静载荷 C_{oa}
13	2506 / 750×700	3.5	24	25	17	45	62	8	95	66	6×6×50	M45×1.5	10.4	22.2
14	2506 / 1020×960			30	17	45	62	8	95	66	6×6×50	M45×1.5	10.4	22.2
15	3206 / 1020×960	3.9688	31.8	30	20	50	72	11.5	130	92	6×6×60	M50×2	12.0	27.4
16	4006 / 1200×1130		38.8	35	25	60	80	10	122	82	6×6×55	M60×2	13.2	37.4
17	4006 / 1500×1430			35	25	60	80	10	122	82	6×6×55	M60×2	13.2	37.4
18	4006 / 1700×1630			35	25	60	80	10	122	82	6×6×55	M60×2	13.2	37.4
19	4012 / 1250×1180	7.1438	38	35	25	65	80	12	176	135	6×6×100	M64×2	28.3	63.5
20	4012 / 1500×1430			35	25	65	80	12	176	135	6×6×100	M64×2	28.3	63.5

第五节　直线滚动导轨副的选型与计算

直线滚动导轨副具有摩擦系数小、不易爬行、便于安装和预紧、结构紧凑等优点，广泛应用于精密机床、数控机床和测量仪器等。其缺点是抗振性较差、成本较高。直线滚动导轨副的外观和内部结构如图 10 - 24 所示。

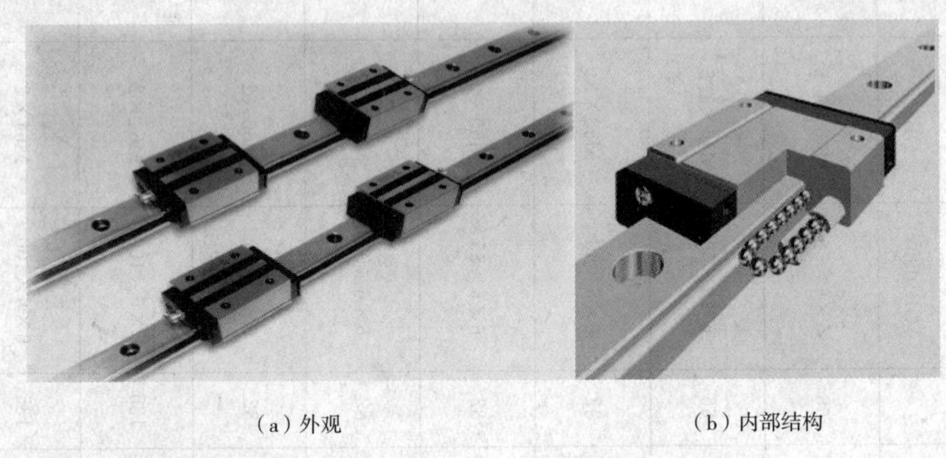

（a）外观　　（b）内部结构

图 10 - 24　直线滚动导轨副

一、直线滚动导轨副的工作原理与装配方式

直线滚动导轨副由导轨和滑块两部分组成，如图 10-24 和图 10-25 所示。一般在滑块中装有两组滚珠，当滚珠从工作轨道滚到滑块端部时，会经端面挡板和滑块中的返回轨道返回，在导轨和滑块之间的滚道内循环滚动。

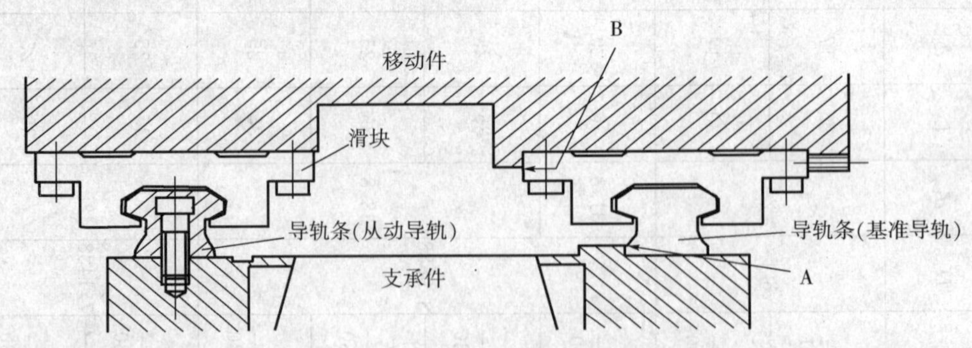

图 10 - 25　直线滚动导轨副的装配

装配时常将两根导轨固定在支承件上，每根导轨上一般有两个滑块，滑块固定在移动件上。若移动件较长，可在一根导轨上装两个以上的滑块；若移动件较宽，可选用两根以上的导轨。两根导轨中，一根为基准导轨，另一根为从动导轨，基准导轨上有基准面 A，其上滑块有

基准面 B。安装时先固定基准导轨，之后以基准导轨校正从动导轨，达到装配要求时再紧固从动导轨。

二、直线滚动导轨副的标注方法及导轨长度系列

1. 标注方法

不同厂家的标注方法略有不同。济宁博特精密丝杠制造有限公司生产的导轨副标注示例如图 10－26 所示。

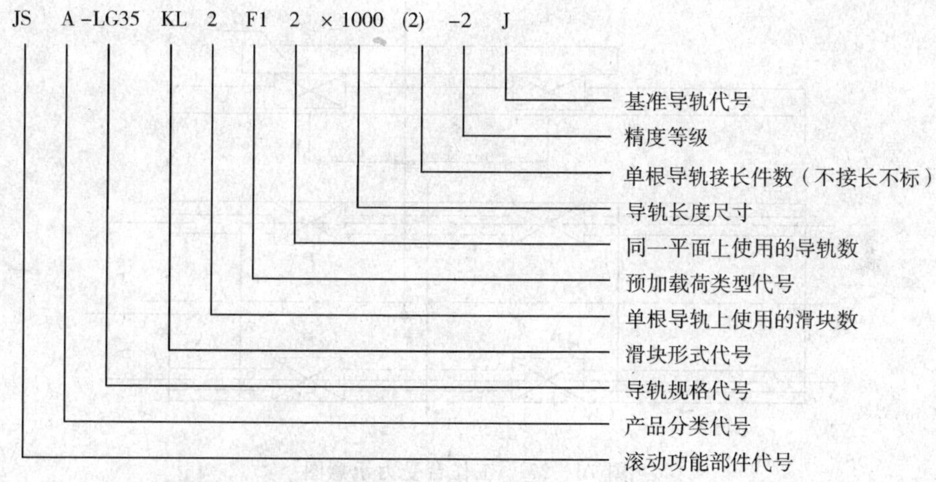

图 10－26　直线滚动导轨副标注示例

A－四方向等载荷型　KL－宽型螺孔　ZL－窄型螺孔　KT－宽型螺孔

2. 导轨长度系列

导轨长度系列一般由厂家给出，济宁博特公司生产的 JSA 型导轨的标准长度系列如表 10－35 所示。

表 10－35　JSA 型导轨长度系列　（单位：mm）

导轨副型号	导轨长度系列										
JSA－LG15	280	340	400	460	520	580	640	700	760	820	940
JSA－LG20	340	400	520	580	640	760	820	940	1000	1120	1240
JSA－LG25	460	640	800	1000	1240	1360	1480	1600	1840	1960	3000
JSA－LG35	520	600	840	1000	1080	1240	1480	1720	2200	2440	3000
JSA－LG45	550	650	750	850	950	1250	1450	1850	2050	2550	3000
JSA－LG55	660	780	900	1020	1260	1380	1500	1980	2220	2700	3000
JSA－LG65	820	970	1120	1270	1420	1570	1720	2020	2320	2770	3000

三、直线滚动导轨副的计算与选型

1. 工作载荷的计算

工作载荷是影响导轨副使用寿命的重要因素。对于水平布置的十字工作台，多采用双导轨、四滑块的支承形式。常见的工作台受力情况如图 10－27 所示，任一滑块所受到的工作载荷可由以下公式进行计算：

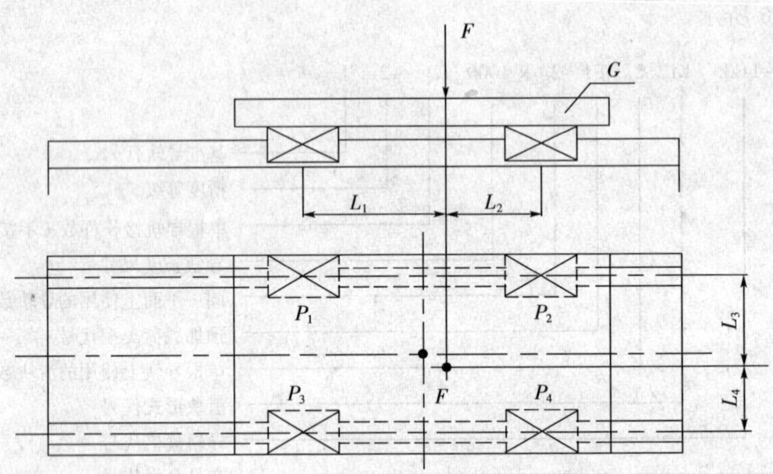

图 10－27　工作台受力示意图

$$P_1 = \frac{F+G}{4} - \frac{F}{4} \times \left(\frac{L_1 - L_2}{L_1 + L_2} + \frac{L_3 - L_4}{L_3 + L_4}\right) \tag{10-29}$$

$$P_2 = \frac{F+G}{4} + \frac{F}{4} \times \left(\frac{L_1 - L_2}{L_1 + L_2} - \frac{L_3 - L_4}{L_3 + L_4}\right) \tag{10-30}$$

$$P_3 = \frac{F+G}{4} - \frac{F}{4} \times \left(\frac{L_1 - L_2}{L_1 + L_2} - \frac{L_3 - L_4}{L_3 + L_4}\right) \tag{10-31}$$

$$P_4 = \frac{F+G}{4} + \frac{F}{4} \times \left(\frac{L_1 - L_2}{L_1 + L_2} + \frac{L_3 - L_4}{L_3 + L_4}\right) \tag{10-32}$$

式中：$P_1 \sim P_4$——滑块上的工作载荷，单位为 kN；

F——垂直于工作台面的外加载荷，单位为 kN；

G——工作台的重力，单位为 kN；

$L_1 \sim L_4$——距离尺寸，单位为 mm。

2. 距离额定寿命的计算

直线滚动导轨副的寿命计算，是以在一定载荷下行走一定距离后，90% 的支承不发生点蚀为依据。这个载荷称为额定动载荷 C_a，该行走距离称为距离额定寿命。滚动体不同时，距离额定寿命 L 的计算公式也不同。

滚动体为球时：
$$L = \left(\frac{f_H f_T f_C f_R}{f_W} \cdot \frac{C_a}{P}\right)^3 \times 50 \tag{10-33}$$

滚动体为滚子时：
$$L=\left(\frac{f_H f_T f_C f_R}{f_W}\cdot\frac{C_a}{P}\right)^{\frac{10}{3}}\times 100 \tag{10-34}$$

式中：L—— 距离额定寿命，单位为 km；

C_a—— 额定动载荷，单位为 kN；

P—— 滑块上的工作载荷，单位为 kN；

f_H—— 硬度系数，如表 10－36 所示；

f_T—— 温度系数，如表 10－37 所示；

f_C—— 接触系数，如表 10－38 所示；

f_R—— 精度系数，如表 10－39 所示；

f_W—— 载荷系数，如表 10－40 所示。

表 10－36　硬度系数

滚道硬度(HRC)	50	55	58～64
f_H	0.53	0.8	1.0

表 10－37　温度系数

工作温度/(℃)	<100	100～150	150～200	200～250
f_T	1.00	0.90	0.73	0.60

表 10－38　接触系数

每根导轨上的滑块数	1	2	3	4	5
f_C	1.00	0.81	0.72	0.66	0.61

表 10－39　精度系数

精度等级	2	3	4	5
f_R	1.0	1.0	0.9	0.9

表 10－40　载荷系数

工况	无外部冲击或振动的低速场合，速度小于 15m/min	无明显冲击或振动的中速场合，速度为 15～60m/min	有外部冲击或振动的高速场合，速度大于 60m/min
f_W	1～1.5	1.5～2	2～3.5

3. 小时额定寿命的计算

根据距离额定寿命，可以计算出导轨副的小时额定寿命，计算公式为：

$$L_h=\frac{L\times 10^3}{2nS\times 60} \tag{10-35}$$

式中：L_h—— 寿命时间，单位为 h；

L—— 距离额定寿命，单位为 km；

S—— 移动件行程长度，单位为 m；

n—— 移动件每分钟往复次数。

4. 产品选型

从产品样本中选定导轨副的型号后，可根据给定的额定动载荷计算出导轨副的距离额定寿命和小时额定寿命。常见的球导轨距离期望寿命为 50km，滚子导轨为 100km。若所得结果大于导轨的预期寿命，则初选的型号满足设计要求。当然，也可先给出导轨副的期望寿命，再反推出额定动载荷，据此选择合适的型号。

当滚动导轨的工作速度较低、静载荷较大时，选型时还应考虑相应的额定静载荷 C_{0a} 不小于工作静载荷的两倍。

四、直线滚动导轨副的安装联接尺寸

安装联接尺寸一般由厂家提供。以济宁博特公司的产品为例，图 10－28 所示为 JSA－KL 型直线滚动导轨副，其尺寸参数如表 10－41 所示；图 10－29 所示为 JSA－ZL 型直线滚动导轨副，其尺寸参数如表 10－42 所示。

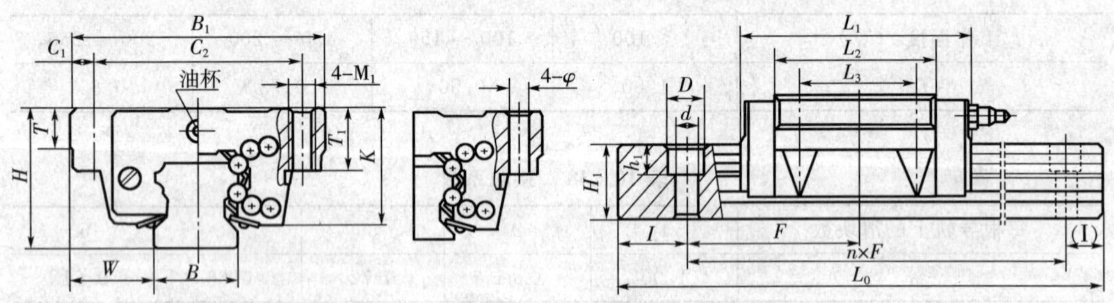

图 10－28 JSA－KL 型直线滚动导轨副

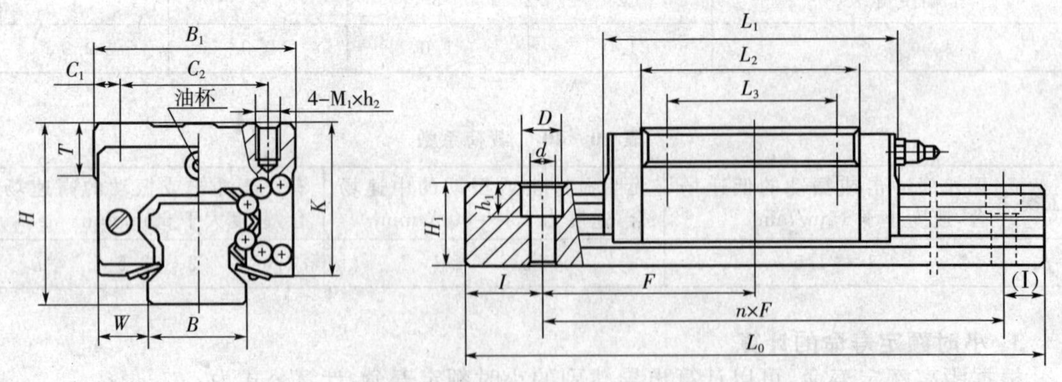

图 10－29 JSA－ZL 型直线滚动导轨副

表 10－41　JSA－KL 型直线滚动导轨副尺寸参数

（单位：mm）

型号	装配后组合尺寸		导轨尺寸						滑块尺寸											额定载荷/kN		额定静力矩/(N·m)		
	H	W	B	H_1	I	F	$L_{0\max}$	$d\times D\times h_1$	B_1	K	T	T_1	C_1	C_2	L_1	L_2	L_3	φ	M_1	C_a	C_{0a}	M_A	M_B	M_C
JSA－LG15	24	15.5	16	15	20	60	1500	4.5×7.5×5.3	47	19.4	7	11	4.5	38	65	40.5	30	6	M5	7.94 7.6	9.5 12.3	55 61	55 61	88 98
JSA－LG20	30	21.5	20	18	20	60	1500	6×9.5×8.5	63	24	10	14	5	53	78 94	50 66	40	7	M6	11.5 13.6	14.5 20.3	92.4 121.8	92.4 121.8	154 203
JSA－LG25	36	23.5	23	22	20	60	3000	7×11×9	70	29.5	12	16	6.5	57	90 109	59 78	45	7	M8	17.7 20.7	22.6 34.9	150 245	150 245	246 402
JSA－LG35	48	33	34	29	20	80	3000	9×14×12	100	39	13	21	9	82	116 139.3	81.3 105	62	11	M10	35.1 40	47.2 64.8	488 681	488 681	790 1102
JSA－LG45	62 (60)	37.5	45	38	25	100 (105)	3000	14×20×17	120	51	15	25	10	100	135 163	102 130	80	13	M12	42.5 64.4	71 102	848 1345	848 1345	1448 2297
JSA－LG55	70	43.5	53	44	30	120	3000	16×23×20	140	57	20	29	12	116	161 199	118 156	95	14	M14	79.4 92.2	101 142.5	1547 2264	1547 2264	2580 3376
JSA－LG65	90	53.5	63	53	35	150	3000	18×26×22	170	76	23	37	14	142	195 255	147 207	110	16	M16	115 148	163 224	3237 4200	3237 4200	4860 6760

注：1. 表中 M_A、M_B、M_C 指滑块的额定静力矩值；

2. 表中 $L_{0\max}$ 为单根导轨的最大长度。

表 10－42　JSA－ZL 型直线滚动导轨副尺寸参数

（单位:mm）

型号	装配后组合尺寸		导轨尺寸						滑块尺寸										额定载荷/kN		额定静力矩/(N·m)		
	H	W	B	H_1	I	F	$L_{0\max}$	$d\times D\times h_1$	B_1	K	T	C_1	C_2	L_1	L_2	L_3	h_2	M_1	C_a	C_{0a}	M_A	M_B	M_C
JSA－LG15	28	9.0	15	15	20	60	1500	4.5×7.5×5.3	34	23.4	6	4	26	65	40.5	26	5	M4	7.94 7.6	9.5 12.3	55 61	55 61	88 98
JSA－LG20	30	12	20	18	20	60	1500	6×9.5×8.5	44	25	8	6	32	78 94	50 66	36 50	6	M5	11.5 13.6	14.5 20.3	92 121.8	92 121.8	154 203
JSA－LG25	40	12.5	23	22	20	60	3000	7×11×9	48	33.5	8	6.5	35	90 109	59 78	35 50	8	M6	17.7 20.7	22.6 34.9	150 245	150 245	246 402
JSA－LG35	55	18	34	29	20	80	3000	9×14×12	70	47	10	10	50	116 139.3	81.3 105	50 72	12	M8	32.5 40	47.2 64.8	488 681	488 681	790 1102
JSA－LG45	70	20.5	45	38	25	100 (105)	3000	14×20×17	86	60	15	13	60	135 163	102 130	60 80	17	M10	42.5 64.4	71 102	848 1345	848 1345	1448 2297
JSA－LG55	80	23.5	53	44	30	120	3000	16×23×20	100	67	18	12.5	75	161 199	118 156	75 95	18	M12	79.4 92.2	101 142.5	1547 2264	1547 2264	2580 3376
JSA－LG65	90	31.5	63	53	35	150	3000	18×26×22	126	76	20	25	76	195 255	147 207	70 120	20	M16	115 144	163 219	3237 4200	3237 4200	4860 6760

注:1. 表中 M_A、M_B、M_C 指滑块的额定静力矩值;

2. 表中 $L_{0\max}$为单根导轨的最大长度。

第六节　联轴器的选用

联轴器是一种常用的机械传动装置，主要用来联接轴与轴（或联接轴与其他回转零件）以传递运动和转矩。此外，联轴器还具有补偿两轴相对位移、缓冲和减振以及安全防护等功能。由于制造及安装误差等的影响，通常可根据对各种相对位移有无补偿能力，将联轴器分为刚性联轴器（无补偿能力）和挠性联轴器（有补偿能力）两类。

一、刚性套筒式联轴器

图 10-30 所示为套筒式联轴器的几种结构。套筒式联轴器结构简单，径向尺寸小，但装拆困难，且要求两轴轴线严格对中，使用受到一定限制。其中图(a) 结构简单，但锥销防松不太可靠。图(b) 加工、安装均容易，但消除周向间隙不可靠。图(c) 完全靠摩擦力传递转矩，结构简单，安装容易，但传递转矩不大。

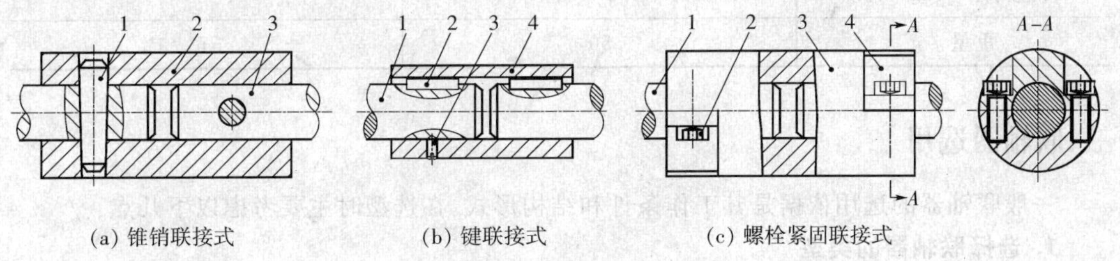

(a) 锥销联接式　　(b) 键联接式　　(c) 螺栓紧固联接式

图 10-30　套筒式联轴器

(a) 1—圆锥销　2—套筒　3—轴

(b) 1—轴　2—键　3—紧定螺钉 4—套筒

(c) 1—轴　2—内六角螺栓　3—套筒　4—压块

二、挠性联轴器

图 10-31 所示的无键联接挠性联轴器，是机床进给传动中广泛采用的一种无间隙传动联轴器。它不仅可简化联接结构，降低噪音，而且对消除传动间隙，提高传动刚度都有利，主要用于传递较大转矩的场合。

当传递小转矩时，如电动机与光电编码器之间的联接，可选用小型的联轴器。如长春光机数显技术有限责任公司生产的小型挠性联轴器，其参数如表 10-43 所示。

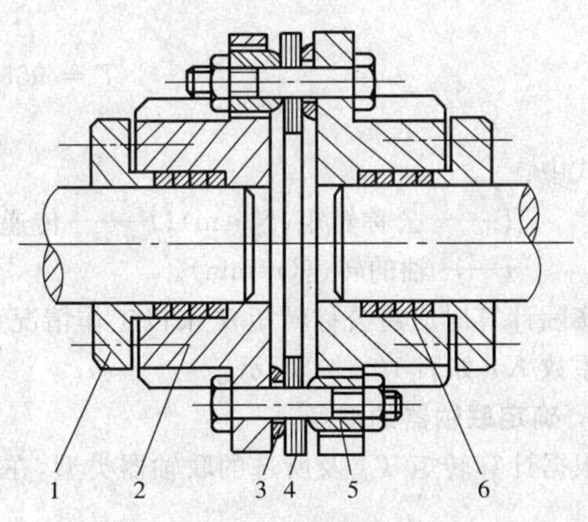

图 10-31　挠性联轴器

1—压圈　2—联轴器具

3,5—球面垫圈　4—柔性片　6—锥环

表 10－43　小型挠性联轴器

型号	A23	A26
外形尺寸 /mm	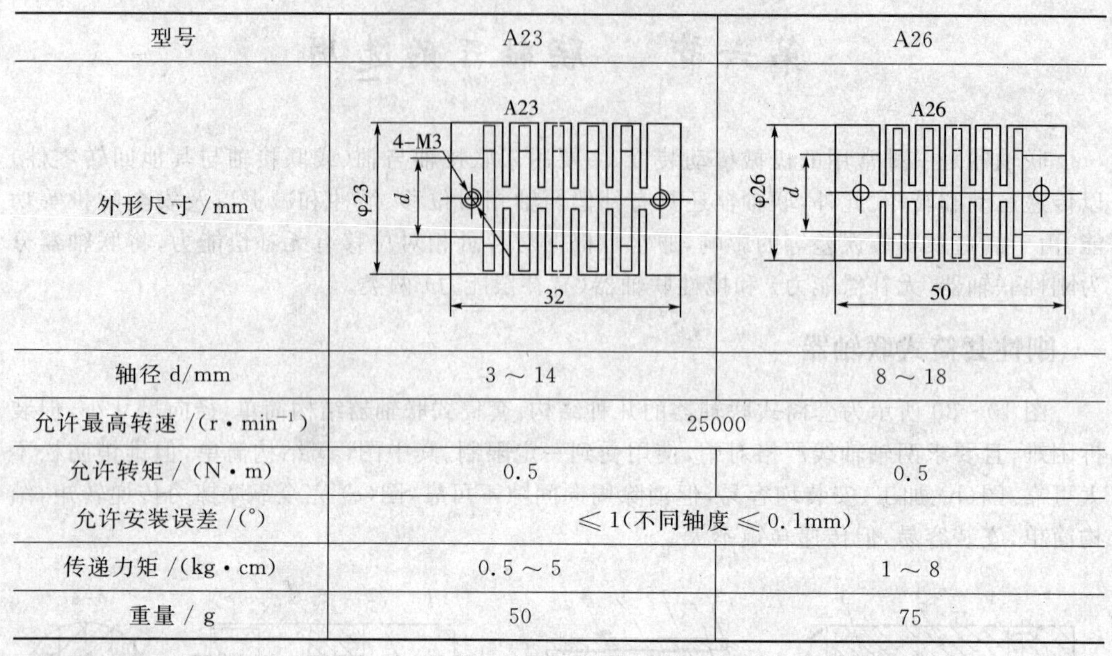	
轴径 d/mm	3 ～ 14	8 ～ 18
允许最高转速 /(r · min⁻¹)	25000	
允许转矩 / (N · m)	0.5	0.5
允许安装误差 /(°)	≤ 1(不同轴度 ≤ 0.1mm)	
传递力矩 /(kg · cm)	0.5 ～ 5	1 ～ 8
重量 / g	50	75

三、联轴器选用

一般联轴器的选用依据是其工作条件和结构形式。在选型时主要考虑以下几点：

1. 选择联轴器的类型

根据传递的转矩大小和转速高低，以及对缓冲和振动的要求，参考各类联轴器的特点，选择适用的联轴器类型。

2. 计算联轴器的转矩

传动轴上的公称转矩可用下式进行计算：

$$T = 9550 \frac{P}{n} \tag{10-36}$$

式中：

T—— 公称转矩(N · m)；P—— 传递的功率(kW)；

n—— 轴的转速(r/min)。

实际计算时应将公称转矩 T 乘以工作情况系数 K_A，得到计算转矩 $T_{ca} = K_A \times T$。工作情况系数 K_A 如表 10－44 所示。

3. 确定联轴器的型号

根据计算转矩 T_{ca} 及所选的联轴器类型，在联轴器的标准中按照

$$T_{ca} \leqslant [T] \tag{10-37}$$

的条件确定联轴器的型号。式中，$[T]$ 为所选型号联轴器的许用转矩。

表 10 - 44　工作情况系数 K_A

原动机	K_A					
	工　作　机					
	Ⅰ类	Ⅱ类	Ⅲ类	Ⅳ类	Ⅴ类	Ⅵ类
电动机、汽轮机	1.3	1.5	1.7	1.9	2.3	3.1
四缸及四缸以上内燃机	1.5	1.7	1.9	2.1	2.5	3.3
双缸内燃机	1.8	2.0	2.2	2.4	2.8	3.
单缸内燃机	2.2	2.4	2.6	2.8	3.2	64.0

[注] 工作机分类

Ⅰ类　转矩变化很小的机械，如发电机、小型通风机、小型离心泵。

Ⅱ类　转矩变化小的机械，如透平压缩机、木工机床、运输机。

Ⅲ类　转矩变化中等的机械，如搅拌机、增压泵、有飞轮的压缩机、冲床。

Ⅳ类　转矩变化和冲击载荷中等的机械，如织布机、水泥搅拌机、拖拉机。

Ⅴ类　转矩变化和冲击载荷大的机械，如造纸机械、挖掘机、起重机、碎石机。

Ⅵ类　转矩变化大并有极强烈冲击载荷的机械，如压延机、无飞轮的活塞泵、重型初轧机。

4. 校核最高转速

联轴器工作过程中的最高转速 n，不应超过其允许的最高转速 n_{max}，即：

$$n \leqslant n_{max}$$

5. 协调轴孔直径

多数情况下，每一型号联轴器适用轴的直径均有一个范围，被连接两轴的直径应当在此范围之内。

另外，还要根据所选联轴器允许的轴的相对位移偏差，规定部件相应的安装精度。使用有非金属弹性元件的联轴器时，还应注意联轴器所在部位的工作温度不要超过该材料所允许的最高温度。

第十一章　步进电动机的设计计算

本章内容包括：传动系统等效转动惯量与等效负载转矩的计算，脉冲当量与传动比的确定，步进电动机的性能参数选择，步进电动机的负载计算与型号选择，步进电动机的控制与驱动。

第一节　机械系统运动参数的计算

一、机电传动系统的运动方程式

图 11－1 所示的为一单轴机电传动系统。电动机 M 产生的转矩 T_M 用来克服负载转矩 T_L，从而带动生产机械产生运动。当 $T_M = T_L$ 时，系统匀速转动；当 $T_M \neq T_L$ 时，角速度 ω 就会发生变化，产生加速或减速。角速度变化的大小与传动系统的转动惯量 J 有关，用方程式表示，即：

$$T_M - T_L = J\frac{d\omega}{dt} \tag{11-1}$$

这就是单轴机电传动系统的运动方程式。

式中：T_M——电动机的电磁转矩，单位为 N·m；

T_L——负载转矩，单位为 N·m；

J——折算到电动机转轴上的转动惯量，单位为 kg·m²；

ω——电动机的角速度，单位为 rad/s。

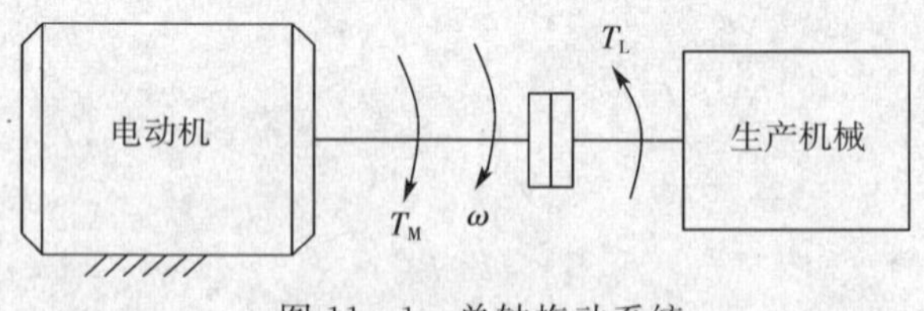

图 11－1　单轴拖动系统

二、传动系统等效转动惯量的计算

传动系统的转动惯量是一种惯性负载，在选用电动机时必须加以考虑。由于传动系统的各传动部件并不都与电动机同轴安装，因此存在各传动部件的转动惯量向电动机转轴折算的问题,需要求得传动系统总的等效转动惯量。

根据理论力学中转动惯量的定义,圆柱体的转动惯量计算公式如下:

$$J=\frac{\pi L\rho R^4}{2}=\frac{m_j D^2}{8} \tag{11-2}$$

式中:ρ——材料密度,单位为 kg/cm³;

m_j——圆柱体质量,单位为 kg;

D——圆柱体直径,单位为 cm;

L——圆柱体长度,单位为 cm。

常用部件的转动惯量计算公式如表 11-1 所示。其中电动机转子的转动惯量 J_m 可由产品资料查得。

三、传动系统等效负载转矩的计算

传动系统等效负载转矩 T_{eq} 可根据静态时功率守恒原则进行计算。下面以机床工作台的进给伺服系统为例,说明等效负载转矩的计算方法。如图 11-2 所示,当系统匀速运动时,考虑进给切削力 F_f 和因部件重力 G 而产生的摩擦力,则所需的负载功率为:

$$P'_L=(F_f+G\mu)v_i=(F_f+G\mu)P_h n_s \tag{11-3}$$

式中:F_f——运动部件所受的进给切削力,单位为 N;

G——工作台运动部件的总重力,单位为 N;

v_i——运动部件的移动速度,单位为 m/s;

μ——导轨的摩擦系数;

P_h——滚珠丝杠的导程,单位为 m;

n_s——滚珠丝杠的转速,单位为 r/s。

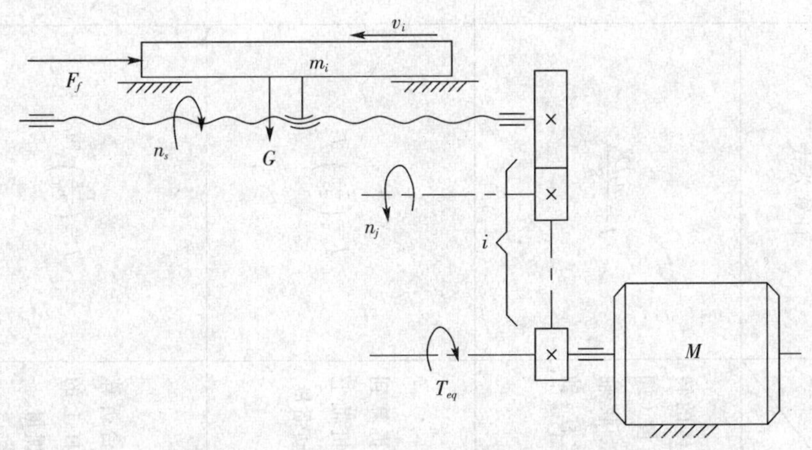

图 11-2 传动系统等效负载转矩计算

折算到电动机轴上的负载功率为:

$$P_M=T_{eq}\omega_m=T_{eq}\times 2\pi n_m \tag{11-4}$$

表 11－1　常用部件转动惯量计算简图

种类 说明	计算公式	简图	符号的意义
圆柱体的转动惯量（如齿轮、联轴器、丝杠、轴等）	$J=\frac{m_j D^2}{8}$	D　L　m_i	m_j——圆柱体质量(kg) D——圆柱体直径(cm) L——圆柱体长度或厚度(cm)
丝杠折算到电动机轴上的转动惯量	$J=\left(\frac{z_1}{z_2}\right)^2 J_s$	z_2　J_{z2}　J_s　J_{z1}　z_1	J_s——滚珠丝杠转动惯量($kg \cdot cm^2$) z_1、z_2——主动齿轮及被动齿轮的齿数
工作台折算到丝杠上的转动惯量	$J=\left(\frac{P_h}{2\pi}\right)^2 m_i$	v_i　m_i	m_i——工作台质量(kg) P_h——丝杠导程(cm)

（续表）

种类 说明	计算公式	简图	符号的意义
一对齿轮传动时，传动系统折算到电动机轴上的总转动惯量	$J=J_m+J_{z1}+\left(\frac{z_1}{z_2}\right)^2\times\left[(J_{z2}+J_s)+m_i\left(\frac{P_h}{2\pi}\right)^2\right]$	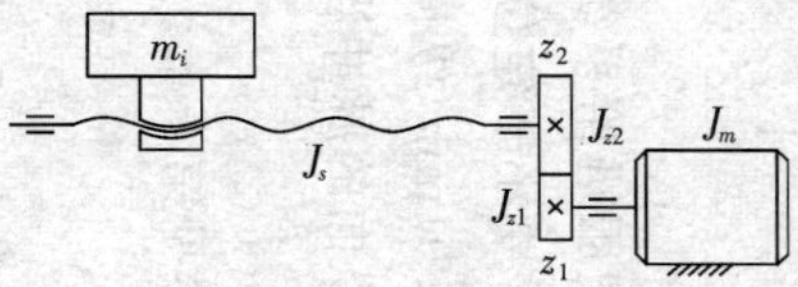	J_{z1}——齿轮 Z_1 的转动惯量（kg·cm²） J_{z2}——齿轮 Z_2 的转动惯量（kg·cm²） J_m——电动机转子的转动惯量（kg·cm²） J_s——滚珠丝杠的转动惯量（kg·cm²） P_h——滚珠丝杠导程(cm)
两对齿轮传动时，传动系统折算到电动机轴上的总转动惯量	$J=J_m+J_{z1}+\left(\frac{z_1}{z_2}\right)^2(J_{z2}+J_{z3})+\left[J_{z4}+J_s+m_i\left(\frac{P_h}{2\pi}\right)^2\right]\left(\frac{z_1z_3}{z_2z_4}\right)$	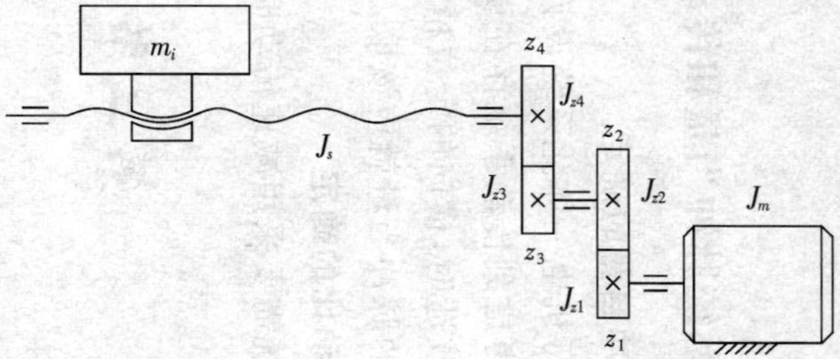	J_{z1}——齿轮 Z_1 的转动惯量（kg·cm²） J_{z2}——齿轮 Z_2 的转动惯量（kg·cm²） J_{z3}——齿轮 Z_3 的转动惯量（kg·cm²） J_{z4}——齿轮 Z_4 的转动惯量（kg·cm²）

式中：T_{eq}——折算到电动机轴上的等效负载转矩，单位为 N·m；

n_m——电动机转速，单位为 r/s。

考虑到传动机构在传递功率的过程中有损耗，这个损耗可以用传动效率 η 来表示，即：

$$\eta=\frac{P'_L}{P_M}=\frac{(F_f+G\mu)P_h n_s}{2\pi T_{eq} n_m}=\frac{(F_f+G\mu)P_h}{2\pi T_{eq} i} \tag{11-5}$$

式中：i——传动机构的传动比，$i=n_m/n_s$。

由式(11-5)可得，折算到电动机轴上的等效负载转矩为：

$$T_{eq}=\frac{(F_f+G\mu)P_h}{2\pi\eta i} \tag{11-6}$$

四、传动系统脉冲当量和传动比的确定

1. 脉冲当量的确定

在进行机电一体化系统设计时，一般应根据伺服进给系统所要求的定位精度来确定脉冲当量。考虑到传动系统存在误差，脉冲当量通常要小于定位精度值。例如，对普通车床进行数控化改造时，横向的定位精度一般确定为±0.01mm，纵向的定位精度定为±0.02mm。那么横向的脉冲当量就应该取 0.005mm/ 脉冲，纵向的脉冲当量应该取 0.01mm/ 脉冲。

2. 传动比的确定

当系统需要采用减速传动时，传动比的计算参见第十章。

第二节　步进电动机及其选择

一、步进电动机的特点

步进电动机也叫脉冲电动机，它是一种将电脉冲信号转换成机械角位移(或线位移)的执行元件。步进电动机输出的角位移(或线位移)与输入的脉冲个数成正比，在时间上与输入脉冲同步。因此只要控制输入脉冲的数量、频率和电动机绕组的通电顺序，便可获得所需的转角、转速以及转动方向。当无脉冲输入时，在绕组电流的激励下，步进电动机可以锁相。

步进电动机结构简单，制造容易，价格低廉。它的转子转动惯量小，动态响应快，易于起停，正反转和无级变速也容易实现。其缺点主要表现在：低频时有振荡、速度不够均匀，在高速时输出转矩减小。

步进电动机作为中、小功率的伺服电动机，目前在机电一体化传动系统中的应用是非常广泛的。

二、步进电动机的分类

步进电动机的种类很多，按其运动的方式可分为旋转式步进电动机和直线式步进电动

机;按其输出转矩的大小可分为快速步进电动机(小转矩)和功率步进电动机(低转速);按其励磁绕组的相数可分为两相、三相、四相、五相和六相步进电动机;按其工作原理可分为反应式(磁阻式)、永磁式和混合式(永磁感应式)步进电动机。

反应式(磁阻式)步进电动机的定子和转子不含永久磁铁,定子上绕有一定数量的绕组线圈,线圈轮流通电时,便产生一个旋转的磁场,吸引转子一步一步地转动。绕组线圈一旦断电,磁场即消失,所以反应式步进电动机掉电后不自锁。此类电动机结构简单,材料成本低、驱动容易,定子和转子加工方便,步距角可以做得较小,但动态性能差一些,容易出现低频振荡现象,电动机温升较高。

永磁式步进电动机的转子由永久磁钢制成,定子上的绕组线圈在换相通电时,不需要太大的电流,绕组断电时具有自锁能力。这种电动机的特点是动态性能好、输出转矩大、驱动电流小、电动机不易发热,但制造成本较高。由于转子受磁钢加工的限制,因而步距角较大,与之配套的驱动电源一般要求具有细分功能。

混合式(永磁感应式)步进电动机的转子上嵌有永久磁钢,可以说是永磁型,但是从定子和转子的导磁体来看,又和反应式相似,所以可以说它是永磁式和反应式相结合的一种形式,故称为混合式。该类电动机的特点是输出转矩大、动态性能好、步距角小、驱动电源电流小、功耗低,但结构稍复杂,成本相对较高。因为混合式步进电动机的性价比比较高,所以目前得到了广泛的应用。

三、步进电动机的参数及其选择

如何正确选用步进电动机是一项重要的工作,它需要与系统总体设计相协调。

1. 步距角的选择

步距角是在一个电脉冲信号的作用下,步进电动机转过的机械角位移。它与步进电动机的相数 m、转子齿数 z 以及绕组的通电方式有关。步进电动机的步距角计算公式为:

$$\alpha=360°/(z\times m\times K) \tag{11-7}$$

式中:m ——步进电动机绕组相数;

z ——步进电动机转子齿数;

K——绕组通电方式。单拍时 $K=1$;双拍时,$K=2$。

常见步距角有 0.36°、0.45°、0.6°、0.72°、0.75°、0.9°、1.2°、1.5°、1.8°等。步进电动机一旦选定以后,其步距角就固定不变,要想改变,只能通过驱动电源的细分功能来实现。

2. 转矩的选择

(1)最大静转矩(保持转矩)T_{jmax}　最大静转矩是指步进电动机在通电状态下,使转子离开平衡位置时的极限转矩值,它反映了步进电动机承受外加转矩的特性。最大静转矩也叫保持转矩,它是步进电动机最重要的参数之一。当我们说一台步进电动机的转矩是 12 N·m时,在没有特别说明的情况下,通常就是指该电动机的最大静转矩。在步进电动机的产品样本中,均可查到最大静转矩或保持转矩(在额定电流和规定的通电方式下)。

(2)起动转矩 T_q　步进电动机的起动转矩是指步进电动机单相绕组励磁时所能带动的极限负载转矩。它可以通过最大静转矩 T_{jmax} 进行折算,如表 11-2 所示。

表 11-2　步进电动机的起动转矩与最大静转矩的关系(T_q/T_{jmax})

电动机相数	3		4		5	
运行拍数	3	6	4	8	5	10
起动转矩/最大静转矩	0.5	0.866	0.707	0.707	0.809	0.951

(3)矩频特性　步进电动机的输出转矩与运行频率有关。一般来说,随着运行频率的升高,输出转矩逐渐下降。输出转矩与频率的关系称作矩频特性。步进电动机的矩频特性有两种,一种是起动矩频特性,另一种是运行矩频特性。在图 11-3 中,虚线为步进电动机的起动矩频特性,实线为运行矩频特性。

从图 11-3 中可以看出,对于给定的负载转矩 T_L,电动机在小于 f_s的频率范围内可以不失步地直接起动;在 f_s～ f_e之间可以连续运行,但不能直接起动;当频率超过 f_e时,步进电动机就会失步或堵转。

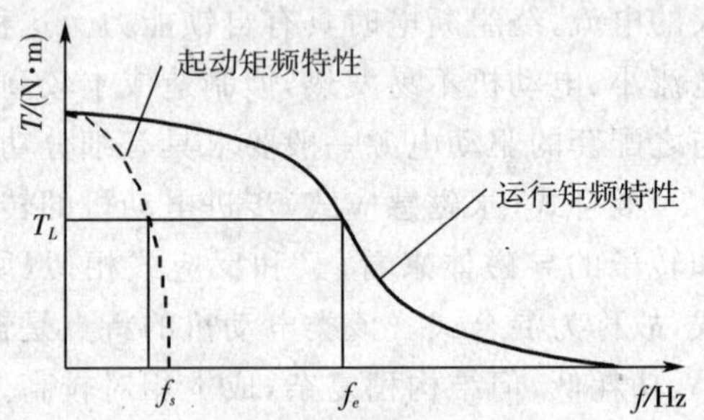

图 11-3　步进电动机的矩频特性

(4)定位转矩　系统如果断电,允许被控对象处于自由位置,则可选用反应式步进电动机;如果不允许被控对象处于自由状态,则应选用永磁式或混合式步进电动机,这两种电动机在断电状态下均有一定的定位转矩。

总之,步进电动机转矩的选择要根据总的负载转矩 T_L,兼顾起动转矩、运行转矩和定位转矩。起动转矩可以根据最大静转矩按表 11-2 进行折算,也可以从起动矩频特性曲线上获取;运行转矩是动态的,需要从运行矩频特性曲线中获得;定位转矩则是选择反应式、永磁式或者混合式步进电动机的因素之一。

应当注意的是,步进电动机的输出转矩不仅与电动机本身的最大静转矩和矩频特性有关,而且还与驱动电源有着很大的关系。

3. 起动频率的选择

步进电动机不同于一般的电动机,它的起动概念和不失步联系在一起。厂家提供的步进电动机起动频率,是指步进电动机空载时的极限起动频率。电动机带载后,起动频率要下降。起动频率主要取决于负载的转动惯量,二者之间的关系可以用起动惯频特性曲线来描述。用户可以根据厂家提供的起动惯频特性曲线来决定带载时的起动频率。

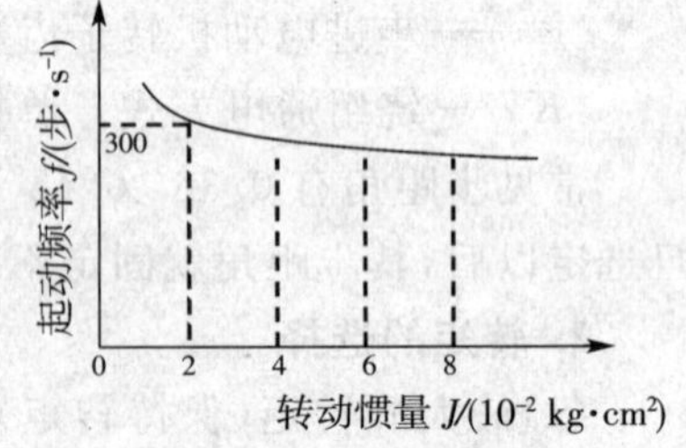

图 11-4　步进电动机的起动惯频特性曲线

图 11-4 是某电动机在给定驱动条件下的起动惯频特性曲线,根据此曲线可以找出在 0.02kg · cm^2 的负载转动惯量下,电动机从静止状态起动不失步的极限频率大约为 300 步/秒。

4. 连续运行频率的选择

步进电动机起动后，不失步地连续升速，所能达到的最高频率，称作连续运行频率。产品样本所提供的极限运行频率，是指电动机在空载时的最高运行频率。带载后的连续运行频率需要根据负载转矩的大小，从矩频特性曲线上查找。在图 11-3 中，当负载转矩为 T_L 时，所对应的带载连续运行频率为 f_e。

四、步进电动机的计算与选型

对于步进电动机的计算与选型，通常按照以下几个步骤：

(1)根据机械系统结构，求得加在步进电动机转轴上的总转动惯量 J_{eq}；

(2)计算不同工况下加在步进电动机转轴上的等效负载转矩 T_{eq}；

(3)取其中最大的等效负载转矩作为确定步进电动机最大静转矩的依据；

(4)根据运行矩频特性、起动惯频特性等，对初选的步进电动机进行校核。

1. 步进电动机转轴上的总转动惯量 J_{eq} 的计算

加在步进电动机转轴上的总转动惯量 J_{eq} 是进给伺服系统的主要参数之一，它对选择电动机具有重要意义。J_{eq} 主要包括电动机转子的转动惯量、减速装置与滚珠丝杠以及移动部件等折算到电动机转轴上的转动惯量等。J_{eq} 具体的计算方法参见本章表 11-1。

2. 步进电动机转轴上的等效负载转矩 T_{eq} 的计算

步进电动机转轴所承受的负载转矩在不同工况下是不同的。通常考虑两种情况：一种是快速空载起动(工作负载为 0)，另一种是承受最大工作负载。下面分别进行讨论：

(1)快速空载起动时电动机转轴所承受的负载转矩 J_{eq1}

$$T_{eq1}=T_{a\max}+T_f+T_0 \tag{11-8}$$

式中：$T_{a\max}$——快速空载起动时折算到电动机转轴上的最大加速转矩，单位为 N·m；

T_f——移动部件运动时折算到电动机转轴上的摩擦转矩，单位为 N·m；

T_0——滚珠丝杠预紧后折算到电动机转轴上的附加摩擦转矩，单位为 N·m。

具体计算过程如下：

①快速空载起动时折算到电动机转轴上的最大加速转矩

$$T_{a\max}=J_{eq}\varepsilon=\frac{2\pi J_{eq}n_m}{60t_a} \tag{11-9}$$

式中：J_{eq}——步进电动机转轴上的总转动惯量，单位为 $kg\cdot m^2$；

ε——电动机转轴的角加速度，单位为 rad/s^2；

n_m——电动机的转速，单位为 r/min；

t_a——电动机加速所用时间，单位为 s，一般在 0.3～1s 之间选取。

②移动部件运动时折算到电动机转轴上的摩擦转矩

$$T_f=\frac{F_{摩}\ P_h}{2\pi\eta i} \tag{11-10}$$

式中：$F_{摩}$——导轨的摩擦力，单位为 N；

P_h——滚珠丝杠导程,单位为 m;

η——传动链总效率,一般取 $\eta=0.7\sim0.85$;

i——总的传动比,$i=n_m/n_s$,其中 n_m 为电动机转速,n_s 为丝杠的转速。

其中(11-10)式中导轨的摩擦力为:

$$F_{摩}=\mu(F_c+G) \tag{11-11}$$

式中:μ——导轨的摩擦系数(滑动导轨取 0.15~0.18,滚动导轨取 0.003~0.005);

F_c——垂直方向的工作负载,单位为 N,空载时 $F_c=0$;

G——运动部件的总重力,单位为 N。

③滚珠丝杠预紧后折算到电动机转轴上的附加摩擦转矩

$$T_0=\frac{F_{YJ}P_h}{2\pi\eta i}(1-\eta_0^2) \tag{11-12}$$

式中:F_{YJ}——滚珠丝杠的预紧力,一般取滚珠丝杠工作载荷 F_m 的 1/3,单位为 N;

η_0——滚珠丝杠未预紧时的传动效率,一般取 $\eta_0\geqslant0.9$。

由于滚珠丝杠副的传动效率很高,所以由式(11-12)算出的 T_0 值很小,在式(11-8)中与 $T_{a\max}$ 和 T_f 比起来,通常可以忽略不计。

(2)最大工作负载状态下电动机转轴所承受的负载转矩 T_{eq2}

$$T_{eq2}=T_t+T_f+T_0 \tag{11-13}$$

式中,T_f 和 T_0 分别按式(11-10)和式(11-12)进行计算。而折算到电动机转轴上的最大工作负载转矩 T_t 由下式计算:

$$T_t=\frac{F_fP_h}{2\pi\eta i} \tag{11-14}$$

式中:F_f——进给方向最大工作载荷,单位为 N,具体计算方法见第十章第一节有关内容。

经过上述计算后,可知加在步进电动机转轴上的最大等效负载转矩应为:

$$T_{eq}=\max\{T_{eq1},T_{eq2}\} \tag{11-15}$$

3. 步进电动机的初选

将上述计算所得的 T_{eq} 乘上一个系数 K,用 $K\times T_{eq}$ 的值来初选步进电动机的最大静转矩,其中的系数 K 称作安全系数。因为在工厂应用中,当电网电压降低时,步进电动机的输出转矩会下降,可能造成丢步,甚至堵转。所以,在选择步进电动机最大静转矩的时候,需要考虑安全系数 K,对于开环控制,一般应在 2.5~4 之间选取。

此后,对于初选好的步进电动机,还需要按以下步骤进行校核。

4. 步进电动机的性能校核

(1)最快工作进给速度时电动机输出转矩校核　由最快工作进给速度 $v_{\max f}$(mm/min)和系统脉冲当量 δ(mm/脉冲),可计算出电动机对应的运行频率为:

$$f_{\max f}=\frac{v_{\max f}}{60\delta} \tag{11-16}$$

从初选的步进电动机的矩频特性曲线，找出运行频率 f_{maxf} 所对应的输出转矩 T_{maxf}，检查 T_{maxf} 是否大于最大工作负载转矩 T_{eq2}。若是，则满足要求；若否，则需要重新选择电动机。

(2)最快空载移动时电动机输出转矩校核　由最快空载移动速度 v_{max}(mm/min)和系统脉冲当量 δ(mm/脉冲)，仿照(11－16)式，算出电动机对应的运行频率 f_{max}，再从矩频特性曲线上找出 f_{max} 所对应的输出转矩 T_{max}。检查 T_{max} 是否大于快速空载起动时的负载转矩 T_{eq1}。若是，则满足要求；否则，需要重新选择电动机。

(3)最快空载移动时电动机运行频率校核　由最快空载移动速度 v_{max}(mm/min)和系统脉冲当量 δ(mm/脉冲)，算出电动机对应的运行频率 f_{max}。检查 f_{max} 有没有超出所选电动机的极限空载运行频率。

(4)起动频率的校核　步进电动机的起动频率是随其轴上负载转动惯量的增加而下降的(参见图 11－4 起动惯频特性曲线)，所以需要根据初选出的步进电动机的起动惯频特性曲线，找出电动机转轴上总转动惯量 J_{eq} 所对应的起动频率 f_L。当产品资料不提供惯频特性曲线时，也可以通过下式对 f_L 进行估算：

$$f_L=\frac{f_q}{\sqrt{1+\dfrac{J_{eq}}{J_m}}} \tag{11-17}$$

式中：f_q——电动机空载起动频率，单位为 Hz，可由产品资料查得；

J_{eq}——加在步进电动机转轴上的总转动惯量，单位为 $kg \cdot m^2$；

J_m——步进电动机转子转动惯量，单位为 $kg \cdot m^2$。

从式(11－17)可知，步进电动机克服惯性负载的起动频率 f_L 肯定小于空载起动频率 f_q。要想保证步进电动机起动时不失步，任何时候的起动频率都必须小于 f_L。

五、步进电动机的产品实例

1. 型号标注

步进电动机的型号标注各个厂家有所不同，但也有共同点。常见的标注方法如下：

××× BF×××　　如 110BF003

××× BC×××　　如 130BC3100A

××× BY×××　　如 90BY004

×××BYG×××　　如 110BYG3502

标注中的“B”表示步进电动机，“F”表示反应式，“C”表示磁组式，“Y”表示永磁式，“YG”表示永磁感应式。前面的一组符号为数字(2～3 位)，表示电动机的外径(单位为 mm)，后面的一组字符通常表示励磁绕组的相数或其他代号。下面以常州宝马集团前杨电机电器有限公司的产品为例，介绍步进电动机的各项参数。

2. 反应式/磁阻式步进电动机

(1)技术参数　反应式/磁阻式步进电动机的技术参数见表 11－3 所示。

表 11-3 反应式/磁阻式步进电动机的技术参数

型号	相数	步距角 /(°)	电压 /V	电流 /A	最大静转矩 /N·m	空载起动频率 /Hz	空载运行频率 /Hz	转动惯量 /kg·cm2	外形图
36BF003	3	1.5/3	27	1.5	0.078	3100	27000	0.008	图 11-5
45BF003	3	1.5/3	27	2.5	0.196	3000	27000	0.015	
55BF003	3	1.5/3	27	3	0.666	1800	18000	0.060	
55BF009	4	0.9/1.8	27	3	0.748	2500	24000	0.075	图 11-6
70BF003	3	1.5/3	27	3	0.784	1600	16000	0.145	
75BF003	3	1.5/3	30	4	0.882	1250	12500	0.156	
75BC340A	3	1.5/3	30	4	0.88	1900	19000	0.16	
75BC380A	3	0.75/1.5	30	3	0.98	2200	22000	0.2	
90BF003	3	1.5/3	60	5	1.96	1500	15000	0.6	图 11-7
95BC340A	3	1.5/3	60—110	6	3.92	1500	15000	1.5	
110BC3100	3	0.6/1.2	80—300	6	9.8	1500	15000	7	
110BF003	3	0.75/1.5	80—300	6	7.84	1400	14000	5.5	
110BC380F	3	0.75/1.5	80—300	6	11.76	1200	12000	9	

(2)外形图与安装尺寸　表 11-3 所列步进电动机的外形图与安装尺寸，如图 11-5、11-6、11-7 以及表 11-4 所示。图中 Φd 与 ΦD_1 均为配合尺寸，具体数据可访问网站 www.cnbm—qy.com。

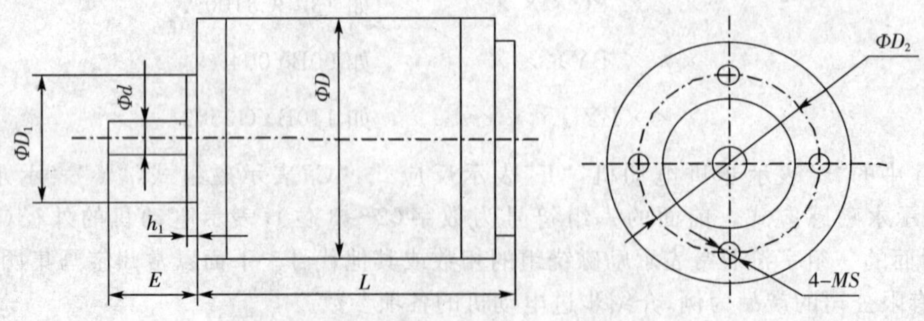

图 11-5　步进电动机外形与安装尺寸(一)

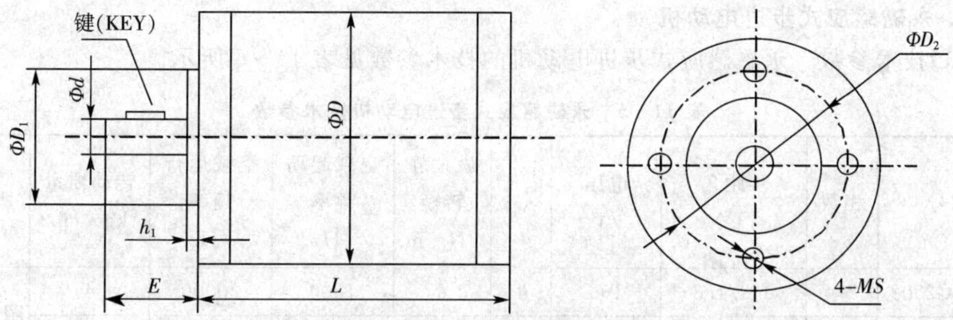

图 11-6　步进电动机外形与安装尺寸(二)

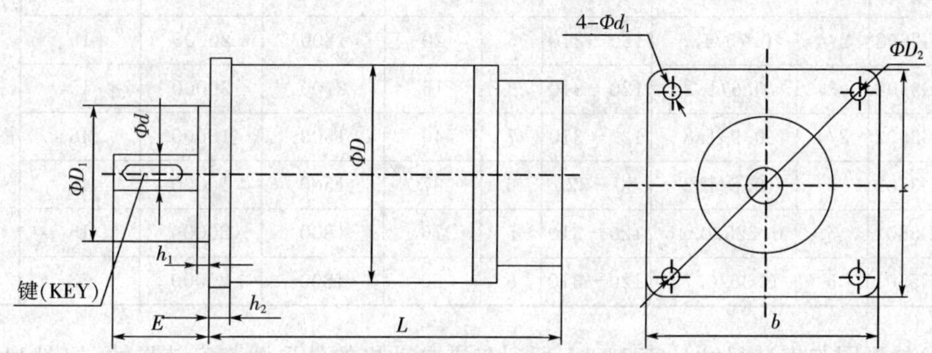

图 11-7　步进电动机外形与安装尺寸(三)

表 11-4　反应式/磁阻式步进电动机安装尺寸(单位:mm)

型号	ΦD	ΦD_1	h_1	h_2	Φd	E	b	L	Φd_1	ΦD_2	键(KEY)	MS
36BF003	36	22	2.5		4	14.5		41		27	无键	4－M3
45BF003	45	25	2.5		4	14.5		58		33		
55BF003	55	32	2.5		6	20.5		70		40		
55BF009	55	32	2.5		6	20.5		70		40		
70BF003	70	45	3		8	25		63		54		4－M4
75BF003	75	31	2		8	18		77		68	2×Φ10	3－M4
75BC340A	75	31	2		8	25		77		68		
75BC380A	75	31	2		8	25		53		68		
90BF003	90	70	3	6	9	27	92	145	6.6	107	半圆键 3×10	无
95BC340A	95	70	2	6	12	27	96	165	6.6	107	平键 4×20	
110BC3100	110	85	4	8	14	35	112	186	9	132	无键	
110BF003	110	85	4	8	14	29	112	186	9	132	平键 4×20	
110BC380F	110	85	4	8	14	35	112	226	9	132	平键 4×20	

3. 永磁感应式步进电动机

(1)技术参数　永磁感应式步进电动机的技术参数见表 11-5 所示。

表 11-5　永磁感应式步进电动机技术参数

型号	相数	步距角 /(°)	电压 /V	电流 /A	最大静转矩 /N·m	空载起动频率 /Hz	空载运行频率 /Hz	转动惯量 /kg·cm2	外形图
90BYG2502	2/4	0.9/1.8	100	4	6	1800	20000	4	图 11-8
90BYG2602	2/4	0.75/1.5	100	4	6	1800	20000	4	
110BYG2502	2/4	0.9/1.8	120—310	5	20	1800	20000	15	图 11-9
110BYG2602	2/4	0.75/1.5	120—310	5	20	1800	20000	15	
110BYG3502	3	0.6/1.2	120—310	3	16	2700	30000	15	
130BYG2502	2/4	0.9/1.8	120—310	7	40	1500	15000	48	
130BYG3502	3	0.6/1.2	80—325	6	37	1500	15000	48	
110BYG5802	5	0.225/0.45	120—310	5	16	1800	20000	15	
130BYG5501	5	0.36/0.72	120—310	5	20	1800	20000	33	

(2)外形图与安装尺寸　表 11-5 所列步进电动机的外形图与安装尺寸，如图 11-8、11-9 以及表 11-6 所示。

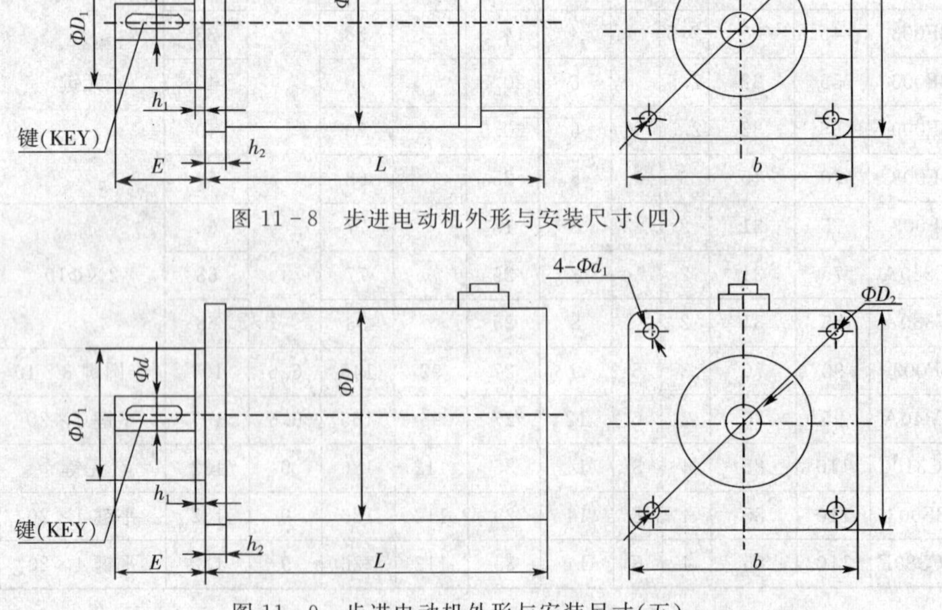

图 11-8　步进电动机外形与安装尺寸(四)

图 11-9　步进电动机外形与安装尺寸(五)

表 11-6 永磁感应式步进电动机安装尺寸 (单位:mm)

型号	ΦD	$\Phi D1$	h_1	h_2	Φd	E	b	L	键(KEY)	ΦD_2	Φd_1
90BYG2502	90	70	3	8	14	25	92	134	半圆键 4×Φ16	107	6.6
90BYG2602	90	70	3	8	14	25	92	134	半圆键 4×Φ16	107	6.6
110BYG2502	110	85	4	8	16	35	112	182	半圆键 4×Φ9	132	9
110BYG2602	110	85	4	8	16	35	112	184	半圆键 4×Φ9	132	9
110BYG3502	110	85	4	8	19	35	112	182	平键 6×30	132	9
130BYG2502	130	100	5	10	19	45	132	230	平键 5×25	155	11
130BYG3502	130	100	5	10	19	45	132	230	平键 5×25	155	11
110BYG5802	110	56	4	8	16	35	112	189	平键 5×25	132	9
130BYG5501	130	100	5	10	19	45	132	165	平键 5×25	155	11

4. 矩频特性

表 11-3 与表 11-5 所列步进电动机的运行矩频特性如表 11-7 所示。

表 11-7 步进电动机的运行矩频特性(对应表 11-3 与 11-5)

电动机型号	运行频率/Hz	100	500	1000	2000	4000	6000	8000	10000
	运行步距角/°	不同频率下的输出转矩(N·m)							
36BF003	1.5	0.055	0.050	0.038	0.035	0.030	0.020	0.015	0.010
45BF003	1.5	0.120	0.100	0.070	0.060	0.040	0.030	0.020	0.010
55BF003	1.5	0.40	0.40	0.30	0.25	0.20	0.15	0.10	0.05
55BF009	0.9	0.45	0.45	0.34	0.28	0.22	0.17	0.11	0.06
70BF003	1.5	0.47	0.40	0.23	0.20	0.18	0.15	0.10	0.05
75BF003	1.5	0.55	0.55	0.50	0.45	0.40	0.30	0.20	0.10
75BC340A	1.5	0.40	0.40	0.36	0.30	0.25	0.20	0.15	0.10
75BC380A	0.75	0.72	0.72	0.70	0.60	0.45	0.35	0.25	0.15
90BF003	1.5	1.80	1.70	1.60	1.50	1.30	1.10	0.70	0.35
95BC340A	1.5	3.60	3.40	3.20	3.00	2.60	2.20	1.40	0.70
110BC3100	0.6	9.00	8.00	5.50	4.40	3.30	2.50	2.00	1.50
110BF003	0.75	6.25	5.80	4.80	4.00	3.20	2.44	1.70	0.84
110BC380F	0.75	9.60	8.80	7.50	6.60	5.40	4.40	2.40	1.00
90BYG2502	0.9	5.80	5.78	5.60	5.00	4.60	3.35	2.60	1.80
90BYG2602	0.75	5.80	5.78	5.60	5.00	4.60	3.35	2.60	1.80
110BYG2502	0.9	19.00	18.00	15.00	14.00	12.00	10.00	8.00	6.00

（续表）

电动机型号	运行频率/Hz	100	500	1000	2000	4000	6000	8000	10000
	运行步距角/°	不同频率下的输出转矩(N·m)							
110BYG2602	0.75	19.00	18.00	15.00	14.00	12.00	10.00	8.00	6.00
110BYG3502	0.6	15.80	15.70	15.00	14.00	12.00	10.00	8.00	6.00
130BYG2502	0.9	38.00	37.00	34.00	29.00	24.00	20.00	16.00	12.00
130BYG3502	0.6	35.20	35.00	31.50	26.80	22.20	18.50	15.00	11.00
110BYG5802	0.45	15.50	15.40	15.00	14.00	12.00	10.00	7.00	4.00
130BYG5501	0.72	19.60	19.00	17.20	16.50	13.80	10.20	7.00	3.80

第三节　步进电动机的控制与驱动

步进电动机的控制与驱动流程如图 11－10 所示。主要包括脉冲信号发生器、环形脉冲分配器和功率驱动电路三大部分。

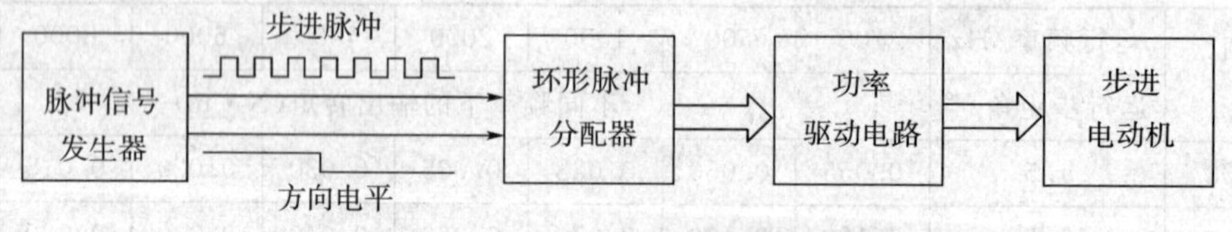

图 11－10　步进电动机的控制驱动流程

(1)脉冲信号发生器　这是一个频率从几赫兹到几万赫兹连续可调的变频信号源，可用微机来产生，也可以用专门的硬件电路产生。脉冲信号发生器能够精确输出脉冲的数量和频率，因而能够准确地控制步进电动机的转角和转速。

(2)环形脉冲分配器　步进电动机的各相绕组必须按一定的顺序通电才能正常工作。这种使电动机绕组的通电顺序按一定规律变化的部分称为脉冲分配器(又称为环形脉冲分配器)。

(3)功率驱动电路　经环形脉冲分配器输出的信号，驱动功率很小，而步进电动机绕组的激磁需要相当大的电流，所以还需进行功率放大才能驱动步进电动机。另外，为了防止干扰，分配器送出的脉冲还需要进行光电隔离。

一、步进电动机的速度控制

控制步进电动机的转动需要三个要素：方向、转角和转速。对于含有硬件环形分配器的驱动电源，方向取决于控制器送出的方向电平的高或低，转角取决于控制器送出的步进脉冲的个数，而转速则取决于控制器发出的步进脉冲的频率。在步进电动机的控制中，方向和转角控制简单，而转速控制则比较复杂。由于步进电动机的转速正比于控制脉冲的频率，所以对步进电动机脉冲频率的调节，实质上就是对步进电动机速度的调节。

1. 步进脉冲的调频方法

步进脉冲的调频方法有两种，分别是软件延时和硬件定时。

(1)软件延时　通过调用标准的延时子程序来实现。假定控制器为AT89S52单片机，晶振频率为12MHz，那么可以编制一个标准的延时子程序。设延时时间存于(0EH)、(0DH)双字节中，(0EH)为高8位，(0DH)为低8位，单位为μs。则源程序清单如下：

```
DELAY:  MOV     A,0DH           ;先取低8位
        JZ      DEL6
        CLR     C
        RRC     A
        JZ      DEL6
        DJNZ    0E0H,$          ;低8位(0DH)的延时时间
DEL6:   MOV     A,0EH           ;再取高8位
        JZ      DEL5
DEL4:   CALL    D252            ;调用252μs延时子程序，耗时(2+252)μs=254μs
        DJNZ    0EH,DEL4        ;2μs，循环(0EH)次×256μs，即高8位(0EH)的延
                                 时时间
DEL5:   RET                     ;延时子程序结束
D252:   MOV     R0,#53H         ;循环次数53H，即83次
D253:   NOP                     ;1μs
        DJNZ    R0,D253         ;2μs，循环83次×3μs=249μs
        RET                     ;2μs
```

该子程序的入口为(0EH)(0DH)两个字节。若需要20000μs的延时，则给(0EH)(0DH)两个字节赋值4E20H，执行下面程序即可：

```
        MOV     0EH,#4EH        ;20000的HEX码为4E20
        MOV     0DH,#20H
        CALL    DELAY           ;调用标准延时子程序DELAY
```

若要控制步进电动机走100步，每两步之间延时20000μs，则汇编程序为：

```
        MOV     0FH,#100D       ;准备走100步
CONTI:  CALL    I_STEP          ;电动机走一步(调用电动机的脉冲分配子程序
                                 I_STEP)
        MOV     0EH,#4EH        ;20000的HEX码为4E20
        MOV     0DH,#20H
        CALL    DELAY           ;相邻步之间的延时(决定电动机的转速)
        DJNZ    0FH,CONTI       ;循环次数减1后，若不为0则继续，循环100次
```

采用软件延时法实现速度调节，程序简单，思路清晰，不占用其他硬件资源；缺点是在控制电动机转动的过程中，CPU不能做其他事。

(2)硬件定时　假定控制器仍为AT89S52单片机，晶振频率为12MHz，将T0作为定时器使用，设定T0工作在模式1(16位定时/计数器)，要求它能定时地发出步进脉冲，其定

时中断产生的脉冲序列的周期(即步进电动机的脉冲间隔)假定为 20000μs,则可算出 T0 所对应的定时常数为 B1E0H,CPU 相应的程序如下:

```
主程序:  MOV    TMOD,#01H   ;设 T0 取工作模式 1
         MOV    TH0,#0B1H   ;装入定时常数高 8 位
         MOV    TL0,#0E0H   ;装入定时常数低 8 位
         SETB   TR0         ;启动 T0 定时
         SETB   ET0         ;允许 T0 中断
         SETB   EA          ;允许 CPU 中断
         …                  ;T0 定时到时,CPU 执行中断服务子程序之后,继
                             续执行主程序
  中断服务子程序:
         CLR    ET0         ;关 T0 中断
         CALL   I_STEP      ;控制电动机走一步(调用电动机的脉冲分配子程序
                             I_STEP)
         RETI               ;T0 中断返回
```

使用中,只要改变 T0 的定时常数,就可实现步进电动机的调速。这种方法既需要硬件(T0 定时器)又需要软件来确定脉冲序列的频率,所以是一种软硬件相结合的方法,缺点是占用了一个定时器。在比较复杂的控制系统中常采用这种定时中断的方法,可以提高 CPU 的利用率。

2. 步进电动机的升降频方法

(1)升降频的必要性

当步进电动机的运行频率低于它本身的起动频率时,步进电动机可以用运行频率直接起动,并以该频率连续运行;需要停止的时候,可以从运行频率直接降到零速,无需升降频控制。当步进电动机的运行频率 $f_b > f_a$(f_a为步进电动机有载起动时的起动频率)时,若直接用 f_b起动,由于频率太高,步进电动机会丢步,甚至停转;同样,在 f_b频率下突然停止,步进电动机会超程。因此,当步进电动机在运行频率 f_b下工作时,就需要采用升降频控制,以使步进电动机从起动频率 f_a开始,逐渐加速升到运行频率 f_b,然后进入匀速运行,停止前的降频可以看做是升频的逆过程。

(2)升降频的方法

步进电动机常用的升降频控制方法有以下 3 种:

①直线升降频　如图 11-11 所示,这种方法是以恒定的加速度进行升降的,平稳性好,适用在速度变化较大的快速定位方式中。加速时间虽然长,但软件实现比较简单。

②指数曲线升降频　如图 11-12 所示,这种方法是从步进电动机的运行矩频特性出发,根据转矩随频率的变化规律推导出来的,它符合步进电动机加减速过程的运动规律,能充分利用步进电动机的有效转矩,快速响应好,升降时间短。

③抛物线升降频　如图 11-13 所示,抛物线升降频将直线升降频和指数曲线升降频融为一体,充分利用步进电动机低速时的有效转矩,使升降速的时间大大缩短,同时又具有较强的跟踪能力,这是一种比较好的方法。

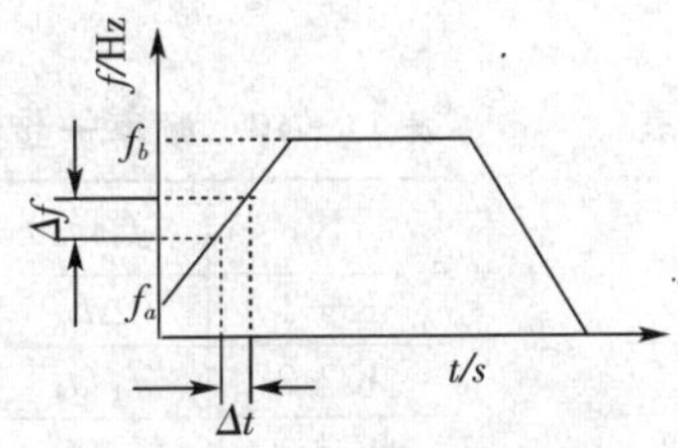

图 11－11　直线升降频

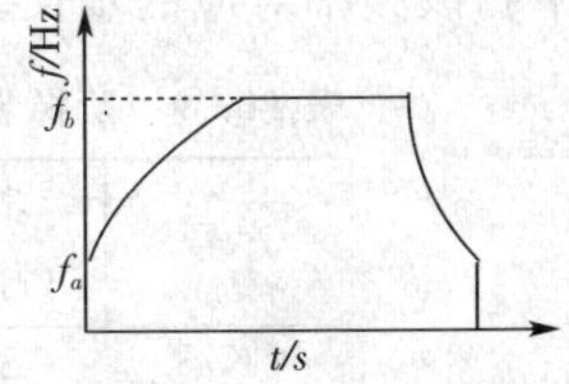

图 11－12　指数曲线升降频

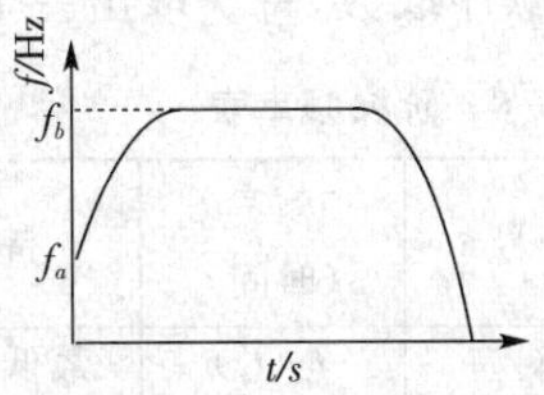

图 11－13　抛物线升降频

(3)升降频的软件实现

步进电动机在升降频过程中，相邻脉冲时间间隔的软件确定，有两种方法：

①递增/递减一定值　如直线升降频，相邻脉冲频率的差值 $\Delta f = |f_i - f_{i-1}|$ 相等，其对应的时间增量 Δt 也是相等的。时间的计算若采用软件延时的方法，可先设置一个基本的延时单元 T_e，不同频率的脉冲序列可采用 T_e 的不同倍数产生。设起动时所用频率对应的时间常数为 Nt_e，以后逐次递减 Δt（设 $\Delta t = mt_e$），直到等于运行频率 f_b 所对应的时间(RT_e)为止。这种方法编程简单，节省内存。时间计算也可采用定时中断的方法，将定时常数逐次递增/递减一定值，以实现升降频控制。因其定时不是连续的，所以升降速曲线不是一条直线，而是折线，但可近似看成直线。

②查表法　由步进电动机的矩频特性(见图 11－14)可知，转矩 T 是频率 f 的函数，它随着 f 的上升而下降，所以它呈软的特性。当频率较低时，转矩 T 较大，对应的角加速度 $d\omega/dt$ 也较大，所以升频的脉冲频率增加率 df/dt 应该取得大一些；当频率较高时，T 较小，$d\omega/dt$ 也较小，此时，df/dt 应取小一些，否则会由于无足够的转矩而失步。因此，在步进电动机的升频过程中，应遵循“先快后慢”的原则。按此要求，从开始升频到升至 f_b 之间，按最佳升频要求的频率取出 f_1、f_2、…、f_n，并将它们所对应的脉冲间隔时间 t_1、t_2、…、t_n，依次存于内存的一个数据区，如表 11－8 所示(称阶梯频率表)。

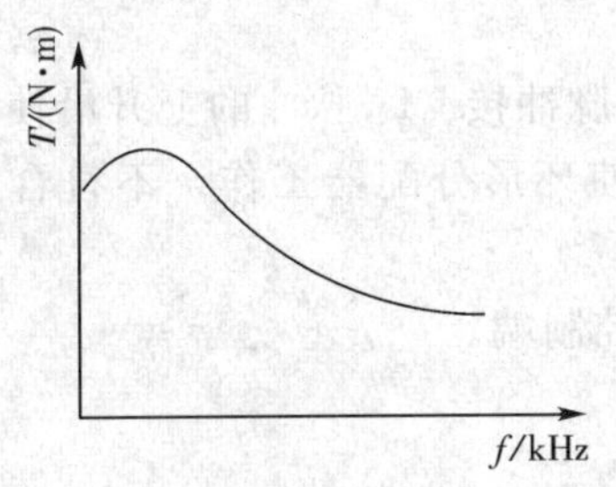

图 11－14　步进电动机的矩频特性曲线

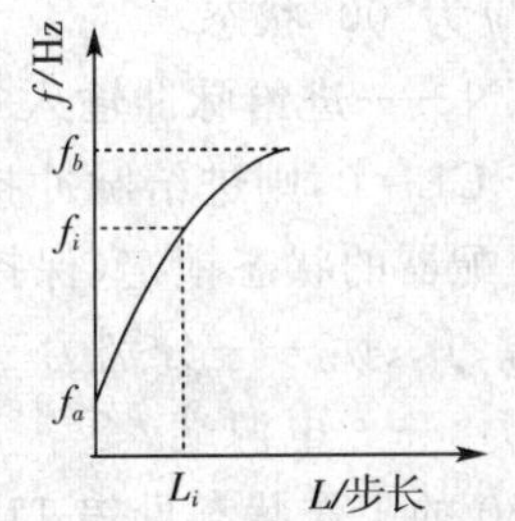

图 11－15　频率一步长曲线

考虑到步进电动机的惯性作用，在升速过程中，如果速率变化太大，电动机响应将跟不上频率的变化，出现失步现象。因此，每改变一次频率，要求电动机持续运行一定步数(称阶梯步长)，使步进电动机慢慢适应变化的频率，从而进入稳定的运行状态。根据最佳升降频控制规律，可推出步进电动机的“频率一步长”关系曲线如图 11－15 所示。这样，升频时除需将阶梯频率表存于内存的一个数据区，还需建立另一个数据区，用来存放阶梯步长(见表 11－9)。在升频过程中，可用查表的方法，分别得到 $f_i(t_i)$ 所对应的 ΔL_i，以实现升降频控制。软件上的具体做法是，将 $f_i(t_i)$ 和 ΔL_i 在 EPROM 中交替存放(见表 11－10)，程序执行时按顺序取数，每次取出一个频率和该频率对应的步长。

表 11-8 阶梯频率表

序号	频率（时间）	备注
K_1	$f_a(t_a)$	最低频率
K_1+1	$f_1(t_1)$	升 降
K_1+2	$f_2(t_2)$	↓ ↑
…	…	频 频
K_1+n	$f_n(t_n)$	最高频率

表 11-9 阶梯步长表

序号	步长（脉冲）
K_2	ΔL_a
K_2+1	ΔL_1
K_2+2	ΔL_2
…	…
K_2+n	ΔL_n

表 11-10 频率—步长表

K	$f_a(t_a)$
K+1	ΔL_a
K+2	$f_1(t_1)$
K+3	ΔL_1
K+4	$f_2(t_2)$
K+5	ΔL_2
…	…

详细的步进电动机升降频软件流程如图 11-16 所示。

二、步进电动机的脉冲分配

环形分配器是步进电动机驱动系统中的一个重要组成部分，通常分为硬件环分和软件环分两种。硬件环分由数字逻辑电路构成，一般放在驱动器的内部。其优点是分配脉冲速度快，不占用 CPU 的时间，缺点是不易实现变拍驱动，增加的硬件电路降低了驱动器的可靠性。软件环分由控制系统用软件编程来实现，易于实现变拍驱动，节省了硬件电路，提高了系统的可靠性。

1. 硬件环分

硬件环分的种类很多，通常由专用集成芯片或通用可编程逻辑器件组成。CH250 是三相反应式步进电动机环形分配器的专用芯片，其管脚配置与三相六拍工作时的接线如图 11-17 所示。CH250 主要管脚的作用如下：

A、B、C——三相输出端。

R、R^*——确定初始励磁相。若为“10”，则为 A 相；若为“01”，则为 A、B 相。环形分配器工作时应为“00”状态。

CL、EN——进给脉冲输入端。若 EN=1，则进给脉冲接 CL，脉冲的上升沿使环形分配器工作；若 CL=0，则进给脉冲接 EN，脉冲的下降沿使环形分配器工作。不符合上述规定时，环形分配器的状态锁定（保持）。

J_{3r}、J_{3L}、J_{6r}、J_{6L}——分别为三拍、六拍工作方式的控制端。

U_D、U_S——电源端。

CH250 的工作状态见表 11-11。

图 11-17(b)的接线可以实现三相六拍的工作方式；步进电动机的初始励磁绕组为 A、B 相；进给脉冲 CP 的上升沿有效；方向信号为 1 时，电动机正转，为 0 时，电动机反转。

CH250 专门用来控制三相反应式步进电动机，对于两相步进电动机常用 L297 和 PMM8713 专用芯片，而五相步进电动机则用 PMM8714 等。

采用硬件环分时，步进电动机的通电节拍由硬件电路来决定，编制软件时可以不考虑。控制器与硬件环分电路的连接只需两根信号线：一根方向线，一根脉冲线（或者一根正转脉冲线，一根反转脉冲线）。如图 11-18 所示，假定控制器为 AT89S52 单片机，晶振频率为 12MHz，P1.0 输出方向信号，P1.1 输出脉冲信号，则控制步进电动机走步的程序如下：

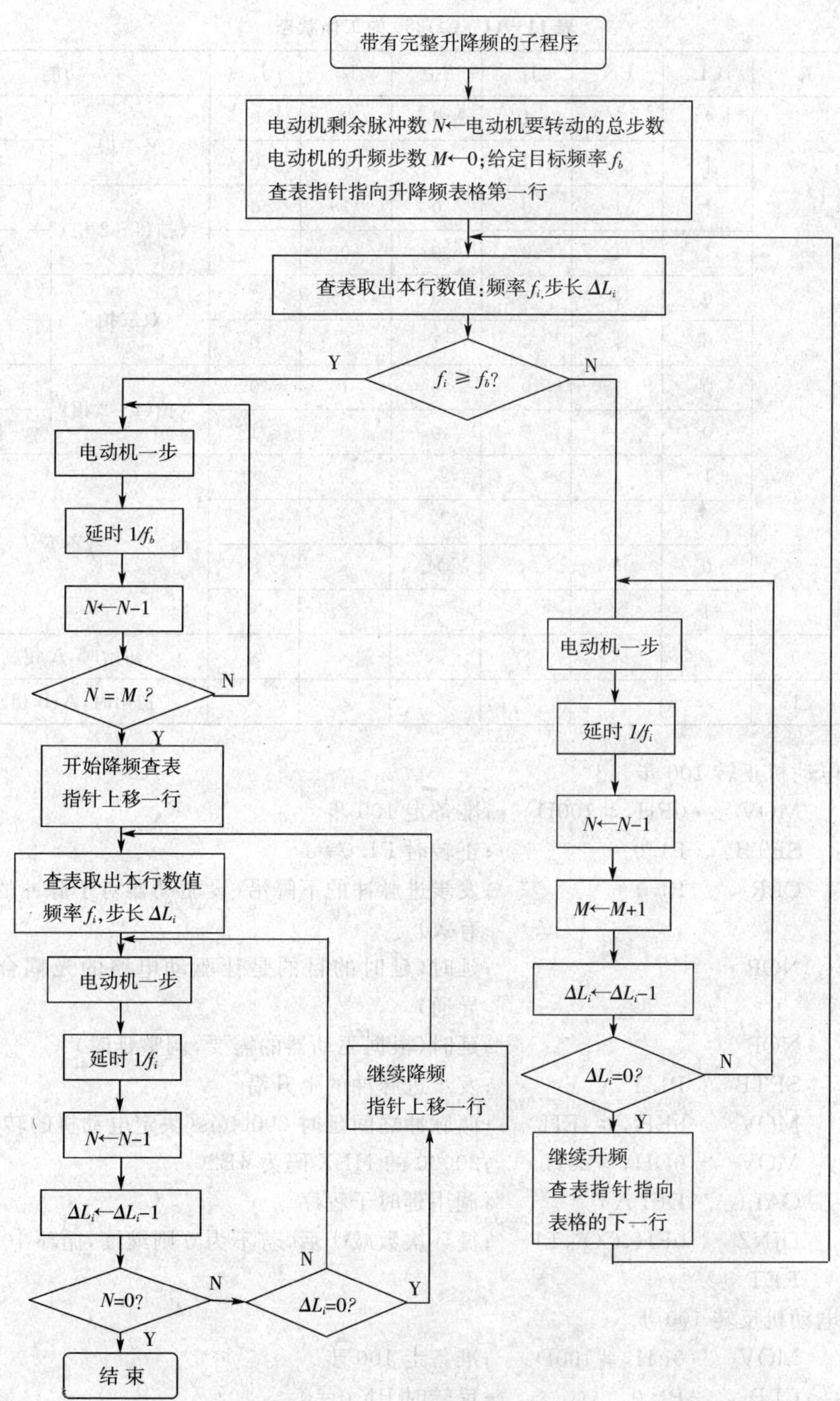

图 11－16　升降频的软件流程图

表 11 - 11　CH250 的工作状态

R	R*	CL	EN	J_{3r}	J_{3L}	J_{6r}	J_{6L}	功能	
0	0	↑	1	1	0	0	0	双三拍	正转
		↑	1	0	1	0	0		反转
		↑	1	0	0	1	0	六拍(1～2 相)	正转
		↑	1	0	0	0	1		反转
		0	↓	1	0	0	0	双三拍	正转
		0	↓	0	1	0	0		反转
		0	↓	0	0	1	0	六拍(1～2 相)	正转
		0	↓	0	0	0	1		反转
		↓	1	×	×	×	×	不变	
		×	0	×	×	×	×		
		0	↑	×	×	×	×		
		1	×	×	×	×	×		
1	0	×	×	×	×	×	×	初始时，A 相励磁	
0	1	×	×	×	×	×	×	初始时，A、B 相励磁	

(1)电动机正转 100 步

```
        MOV     0FH,#100D       ;准备走 100 步
CONT1:  SETB    P1.0            ;正转时 P1.0=1
        CLR     P1.1            ;发步进脉冲的下降沿(设驱动器对于脉冲的下降沿
                                 有效)
        NOP                     ;延时(延时的目的是让驱动电路的光耦合器充分
                                 导通)
        NOP                     ;延时(根据驱动器的需要,调整延时)
        SETB    P1.1            ;发步进脉冲的上升沿
        MOV     0EH,#4EH        ;两脉冲之间延时 20000μs(决定电动机的转速)
        MOV     0DH,#20H        ;20000 的 HEX 码为 4E20
        CALL    DELAY           ;调用延时子程序
        DJNZ    0FH,CONT1       ;循环次数减 1 后,若不为 0 则继续,循环 100 次
        RET
```

(2)电动机反转 100 步

```
        MOV     0FH,#100D       ;准备走 100 步
CONT2:  CLR     P1.0            ;反转时 P1.0=0
        CLR     P1.1            ;发步进脉冲的下降沿(设驱动器对于脉冲的下降沿
                                 有效)
```

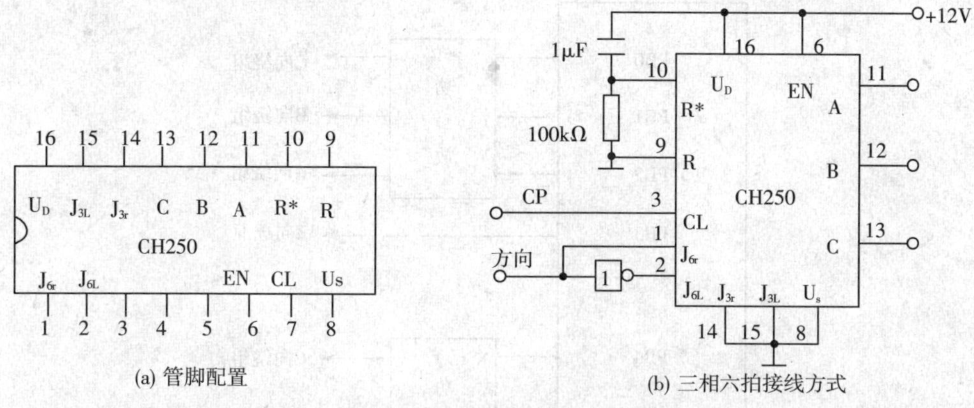

图 11-17 CH250 管脚图及三相六拍接线图

```
NOP                    ;延时(延时的目的是让驱动电路的光耦合器充分导
                        通)
NOP                    ;延时(根据驱动器的需要,调整延时)
SETB    P1.1           ;发步进脉冲的上升沿
MOV     0EH,#4EH       ;两脉冲之间延时 20000μs(决定电动机的转速)
MOV     0DH,#20H       ;20000 的 HEX 码为 4E20
CALL    DELAY          ;调用延时子程序
DJNZ    0FH,CONT2      ;循环次数减 1 后,若不为 0 则继续,循环 100 次
RET
```

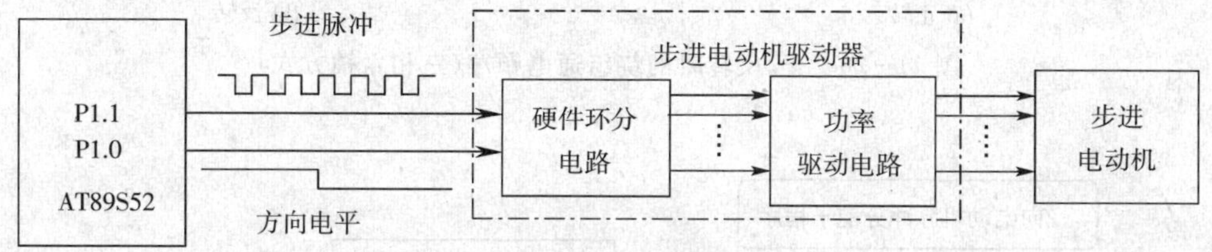

图 11-18 硬件环分的脉冲分配

2. 软件环分

现以某经济型车床数控系统为例,来介绍步进电动机的软件脉冲分配。如图 11-19 所示,该系统基于 AT89S52 单片机,利用扩展的可编程接口芯片 8255A 的 PB 口送出步进脉冲信号,经过驱动放大后,分别控制 X 轴、Z 轴两个三相六拍反应式步进电动机激磁绕组的通电顺序,以控制刀架在 X、Z 两个方向的运动。

软件分配脉冲采用查表法,按正向运转的通电顺序(见图 11-20),列出各相绕组的脉冲分配表(见表 11-12,表中“0”表示通电)。每个电动机设置一个指针寄存器,初始化时使指针指向分配表的表首。步进电动机需要正向运行一步时,指针下移一行,同时输出该行的状态,当指针超出分配表表尾时自动回到表首;步进电动机反向运行时,指针上移一行,并输出该行的脉冲值,当指针超出表首时又自动回到表尾。脉冲分配子程序框图如图 11-21 所示(以 Z 向电动机为例)。

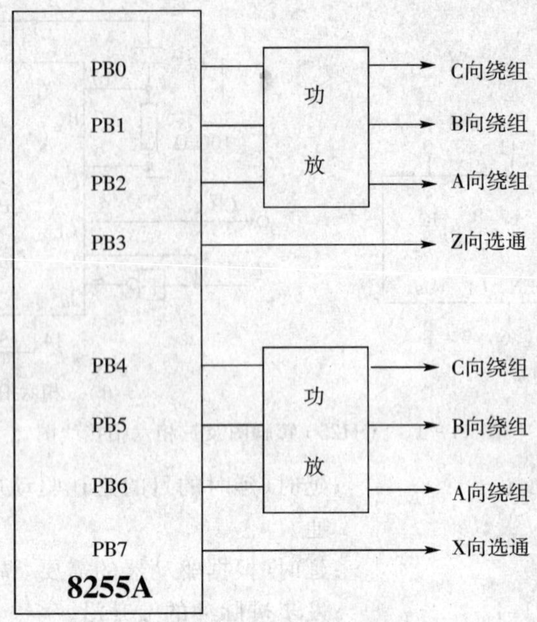

图 11－19　软件环分时的绕组通电布置

图 11－20　正、反转时的绕组通电顺序(三相六拍方式)

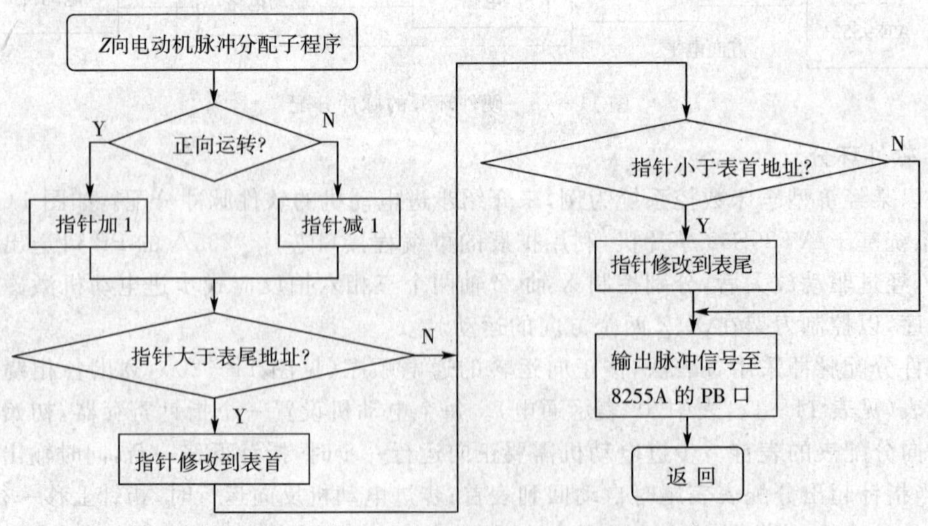

图 11－21　Z 向电动机脉冲分配子程序框图

表 11-12　步进电动机绕组通电顺序表

地址	指针	代码	电动机绕组通电顺序			
			选通信号	A	B	C
MOTB+1	1	0BH	1	0	1	1
MOTB+2	2	09H	1	0	0	1
MOTB+3	3	0DH	1	1	0	1
MOTB+4	4	0CH	1	1	0	0
MOTB+5	5	0EH	1	1	1	0
MOTB+6	6	0AH	1	0	1	0

设 R6、R7 分别为 X、Z 向电动机的指针寄存器，正常情况下 R6 与 R7 的取值应在 1～6 之间(六拍之一)。则 Z 向电动机脉冲分配的具体程序如下(采用 MCS—51 汇编语言)：

```
BDZ1P:  INC    R7              ;Z向电动机正转一步(若 DEC R7,则反转一步)
OTZ:    CJNE   R7,#07H,AA0
        MOV    R7,#01H         ;指针超出分配表的表尾(R7=#07H)时,自动回到
                                表首(R7=#01H)
        JMP    AA1
AA0:    CJNE   R7,#00H,AA1
        MOV    R7,#06H         ;指针超出分配表的表首(R7=#00H)时,自动回到
                                表尾(R7=#06H)
AA1:    MOV    DPTR,#MOTB      ;16位数据指针指向脉冲分配表的首地址
        MOV    A,R7            ;Z向指针送给A
        MOVC   A,@A+DPTR       ;查表取出Z向电动机绕组通电状态,存于A
        MOV    B,A             ;再送寄存器B中暂存
        MOV    A,R6            ;取X向指针送给A
        MOVC   A,@A+DPTR       ;查表取出X向电动机绕组通电状态,送给A
        SWAP   A               ;将A的高4位与低4位交换,之后,低4位全为0
        ADD    A,B             ;A与B相加后,A的高4位为X通电状态,低4位
                                为Z通电状态
        ANL    A,#11110111B    ;将A的D3位置0,选择Z向电动机输出,X向保持
                                原有通电状态
        MOV    DPTR,#2FFDH     ;8255A的PB口地址
        MOVX   @DPTR,A         ;同时输出X、Z向电动机绕组通电状态至8255A的
                                PB口
        RET                    ;X向电动机转子保持不动,Z向电动机转子转过一
                                拍
MOTB:   DB     0FH             ;不用(地址:MOTB+0)
        DB     0BH             ;A相通电      (地址:MOTB+1)
        DB     09H             ;AB相通电     (地址:MOTB+2)
```

```
        DB      0DH            ;B 相通电        (地址:MOTB+3)
        DB      0CH            ;BC 相通电       (地址:MOTB+4)
        DB      0EH            ;C 相通电        (地址:MOTB+5)
        DB      0AH            ;CA 相通电       (地址:MOTB+6)
```

设 Z 向电动机连续运转 100 步,则走步程序为:

```
        MOV     0FH,#100D      ;100 步
CONT3:  CALL    BDZ1P          ;Z 向电动机走一步(调用上述的脉冲分配子程序)
        MOV     0EH,#4EH       ;两脉冲之间延时 20000μs(决定电动机的转速)
        MOV     0DH,#20H       ;20000 的 HEX 码为 4E20
        CALL    DELAY          ;相邻步之间的延时(决定电动机的转速)
        DJNZ    0FH,CONT3      ;循环次数减 1 后,若不为 0 则继续,循环 100 次
        RET
```

X 向电动机的脉冲分配程序与走步程序同 Z 向相似,在此不再赘述。

从上面的分析可以看出,采用软件来分配步进电动机的走步脉冲时,对于每台电动机,控制系统硬件电路需要的输出口数目,取决于步进电动机的相数,至于节拍的分配方式(大步或小步),则要根据使用要求来决定。由于采用了软件环分,只需改变部分程序,即可实现变拍驱动。

三、步进电动机的驱动电源

从计算机输出口或从环形分配器输出的脉冲信号,电流只有几个毫安,不能直接驱动步进电动机。因此,需要一个功率放大器将脉冲电流进行放大,这个功率放大器就叫步进电动机的驱动电源,也称步进电动机驱动器。步进电动机的运行性能与步进电动机的驱动电源两者密切相关,设计或选择性能良好的驱动电源,对于充分发挥步进电动机的性能是十分重要的。

1. 驱动电源的设计

步进电动机所使用的驱动电源有电压型和电流型两种。电压型又分为单电压型、双电压型和调频调压型;电流型分为恒流型、斩波型以及电流细分型。每一种驱动电源都有它的适应范围。单电压型结构简单,但脉冲波形差、输出功率低,主要用于驱动低转速的小型步进电动机。调频调压型适用于所有电动机,它既解决了低频振荡问题,也保证了高频运行时的输出转矩,但这种电路比较复杂,成本也较高。

下面针对三相反应式步进电动机,介绍一种高低压自动切换、恒流斩波型驱动电源的设计(由合肥科林数控科技有限责任公司生产)。

(1)对三相反应式驱动电源的基本要求

①在低速运行时,由于一个步距持续的时间较长(某一相或两相通电),故希望绕组电流波形的上升沿及下降沿尽量平缓,以避免低速运转时的低频振荡。

②为使步进电动机在高速运行时具有足够的转矩,必须使得绕组电流波形的上升沿尽可能地陡峭,使绕组电流在较短的时间内达到额定值,这样才能保证步进电动机的矩频特性曲线在高频段是平坦的,提高其截止频率。

③步进电动机在工作过程中的转矩应该稳定而且足够大，绕组电流维持在额定值附近，不应有过大的波动。

为实现上述目标，本驱动电源采用高、低压电源自动切换和恒流斩波的驱动方式。鉴于被控对象的电压、电流大小及现有器件的技术经济指标，功率器件采用N沟道增强型硅栅—VMOS场效应晶体管（如IRFP250N）。与常用的双极型器件相比，VMOS管的主要优点在于无二次击穿的困扰，器件的工作区域得到充分利用，同时，极高的输入阻抗使得控制电路容易做得简单可靠。

（2）三相反应式驱动电源的工作原理

①高、低压供电及切换控制　在图11-22中，右上角的插座J2来自于带中心抽头的功率变压器。16V的交流电压经二极管VDL1、VDL2整流后，送到三端稳压器7815进行稳压，输出+15V的V_{CC}电压，供给驱动器中有关IC集成块使用。130V以及32V的交流电压，分别经二极管VDH1、VDH6和VDM1、VDM2、VDM5、VDM6整流后，输出两组共地的直流电源，一组为高压U_g，另一组为低压U_d。在U_g与U_d之间，接一双向可控硅TRIAC（BTA26），它的门极受一光耦合器IC4（MOC3041）的控制。

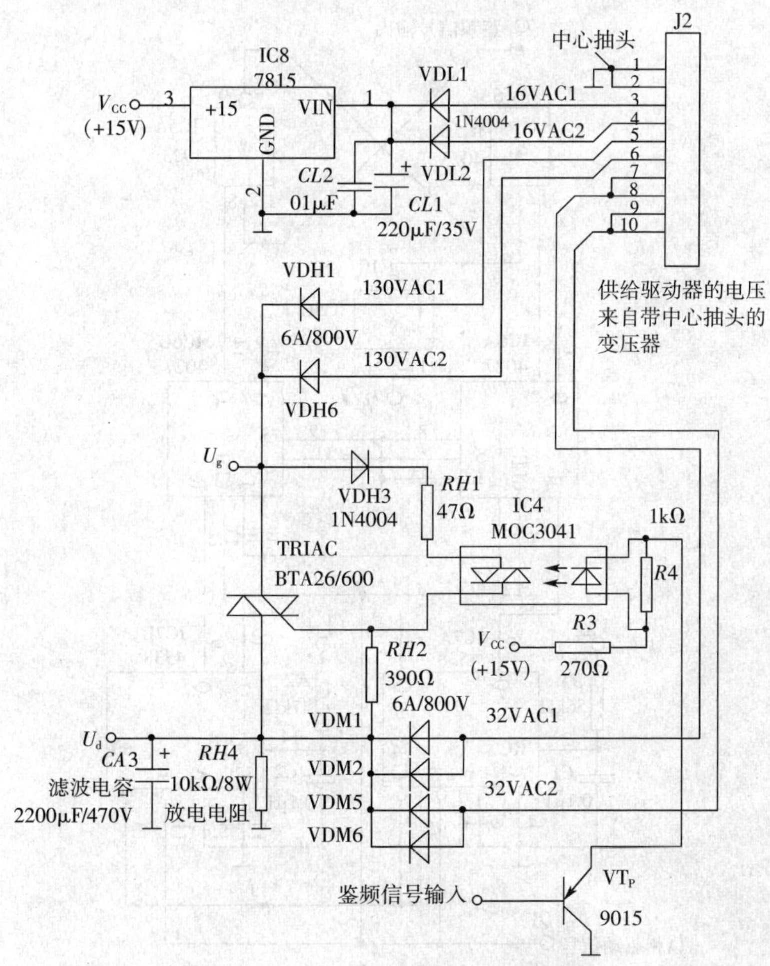

图11-22　高、低压供电与自动切换原理

在图 11－23 中，集成块 IC5(4023)、IC6(4027)和 IC7(4538)组成鉴频电路，对由控制系统输入的脉冲信号 Q_A 的频率进行判断。当 Q_A 的频率 f_A 低于某值 f_0 时，IC5(4023)触发器不翻转，图 11－22 底部的三极管 VT_P(9015)截止，IC4(MOC3041)截止，TRIAC(BTA26)截止，步进电动机各绕组由低压 U_d 供电，此时步进电动机运行于低速状态；当 Q_A 的频率 f_A 高于某值 f_0 时，IC5 触发器翻转，导致图 11－22 底部的三极管 VT_P 导通，IC4 导通，TRIAC 导通，二极管 VDM1、VDM2、VDM5 与 VDM6 截止，此时 U_d 点的电压升为高压，电动机绕组由高压供电，运行于高速状态。在鉴频电路中，临界频率 f_0 由电阻 R1、R2 与电容 C1、C2 决定。当控制系统采用软件环分，实行三相六拍的脉冲分配方式时，步进电动机的运行频率 f(单位 pps：pulse per second)为 Q_A 信号频率 f_A 的 6 倍，即 $f = 6\times f_A$。选择合适的 R1、R2 以及 C1、C2，即可获得需要的临界频率 f_0，使得当 $f \geqslant 6\times f_0$(也即 $f_A \geqslant f_0$)时，系统控制电动机高速运转，此时，驱动器的高压开启，加在绕组的电流大，保证转子输出足够的转矩；当 $f < 6\times f_0$(也即 $f_A < f_0$)时，系统控制电动机低速运转，此时，高压截止，低压供电，绕组电流小，低频振荡小，电动机转动平稳。

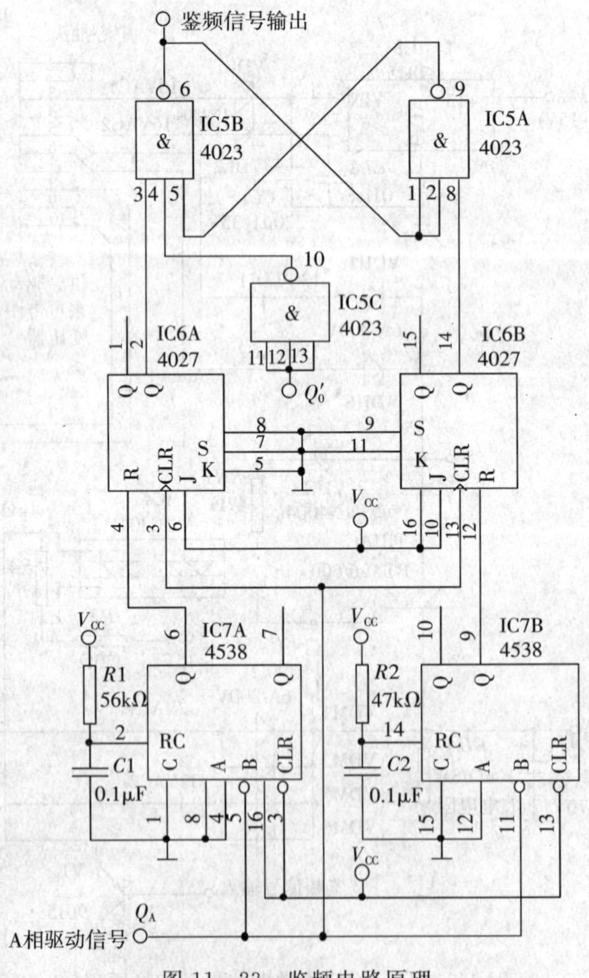

图 11－23　鉴频电路原理

在图 11－22 中，二极管 VDH3(1N4004)阻止 IC4 输出给双向可控硅 TRIAC 的逆向触发电流，以保证双向可控硅不能逆向导通。U_g点始终是 100Hz 的正向脉动电压，而 U_d点为经电容滤波后的直流电压，供给电动机绕组使用。

②绕组电流的恒流斩波控制　VMOS 场效应管为电压型控制器件，当栅极电压高于其阈值电压 Vgs(th)时，VMOS 管导通；而栅极电压低于 Vgs(th)时，VMOS 管关断。由于 VMOS 管的栅－源极间相当于一个小电容，因此对栅极驱动的要求，就是应保证栅极能迅速地充、放电，尽可能缩短通过线性区的时间，以降低损耗。导通时，栅压应该足够高，以确保导通电阻小；截止时，栅压应该足够低，以确保其完全截止。

如图 11－24 所示，对于绕组电压高端的 VMOS 管(VTM1)，其源极的电压在导通时约等于 U_d点电压，而在截止时由于绕组续流约等于零。因此 VTM1 的栅极电压也必须随之浮动，为此，用二极管 VD1(BYT56M)、电容 C1(47μF/50V)组成充电回路。每当 VTM1 截止时，由＋15V 经 VD1、C1 和绕组给 C1 充电至近似等于＋15V。当 VTM1 导通时，其源极电压约等于 U_d，而电容 C1 的正端约等于 U_d＋15V。由于电阻 R7＝100kΩ，而 VMOS 管栅极只吸收电容的充电电流，所以 C1 的放电电流很小。图 11－24 中，VTM1 导通时，绕组两端的电压为 U_d，绕组内电流增长。当电流值达到上斩波点时，在取样电阻 R15 上的电压，大于参考电压(IC3 比较器 LM339 正输入端的比较电压)，使 LM339 比较器翻转，IC1 与非门 4093 输出变为高电平，光耦合器 IC2A 关断，VTM1 关断，绕组电流经下 VMOS 管(VTM2)、二极管 VD2(BY329)续流而逐渐降低，当降至下斩波点时，比较器又输出高电平，使 IC1 的输出又变为低，VTM1 又导通。如此反复，绕组电流就围绕在额定电流附近上下波动，如图 11－25、图 11－26 所示。其波动范围的大小取决于电阻 R9 的值。

图 11－24 为三相反应式步进电动机 A 相绕组的驱动电路，对于 B、C 两相，电路完全相同。

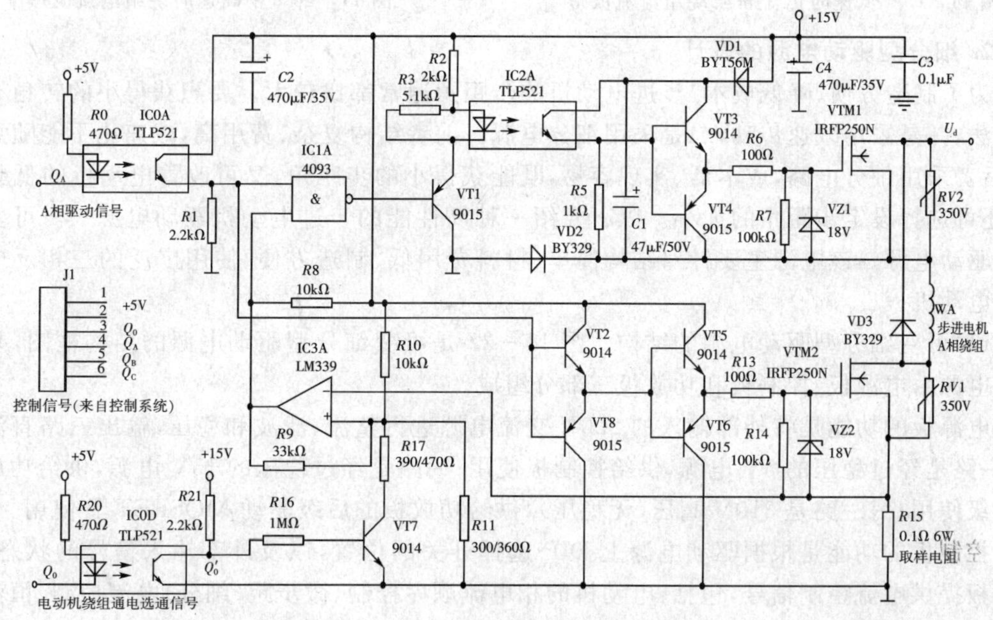

图 11－24　恒流斩波驱动电路的原理图

③锁相电流的设定　在图 11-24 中，Q_0为电动机绕组通电的选通信号。当需要电动机运行时，控制系统输出 Q_0为低电平，经 IC0D 光耦合器 TLP521 隔离后，使 VT7 三极管 9014 截止。IC3 比较器 LM339 的正输入端电压，由 R10 和 R11 之分压比决定。当电动机停止运行，也即电动机锁相时，控制系统输出 Q_0为高电平，IC0D 光耦合器截止，三极管 VT7 导通。IC3 比较器正输入端的电阻值，由 R11 降为 R11×R17/(R11＋R17)，使得锁相电流降低，这样便达到了既保持足够锁定转矩，又降低发热、提高功效之目的。

④功率 VMOS 管的保护　RV1 和 RV2 为压敏电阻，用于吸收 VMOS 管漏—源极之间的浪涌电压。VZ1 和 VZ2 为稳压二极管，用于保护 VMOS 管的栅极。

⑤绕组的电流波形　图 11-25 和图 11-26 为电动机在不同转速下绕组电流的实测波形(纵坐标 IA/div)。可以看出，电动机以不同转速旋转时，通过绕组的电流基本保持在 6.5A 左右(该电流可以根据需要进行调整)，从而使得电动机在不同转速下输出的转矩基本不变，这就是恒流电路的作用结果。同时，在图 11-25 和图 11-26 中也清楚地显示了斩波的效果。

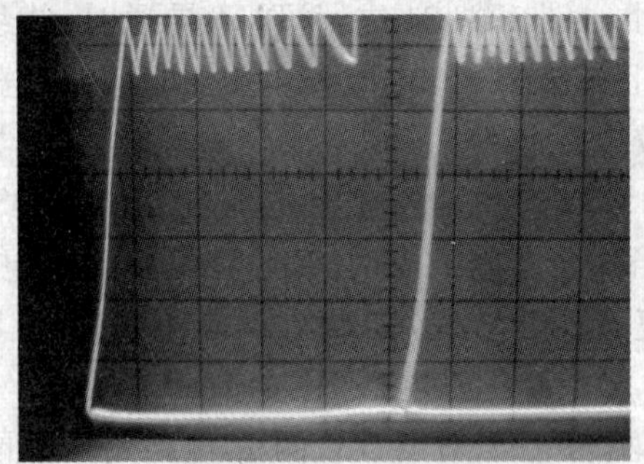

图 11-25　低速时恒流斩波绕组电流波形

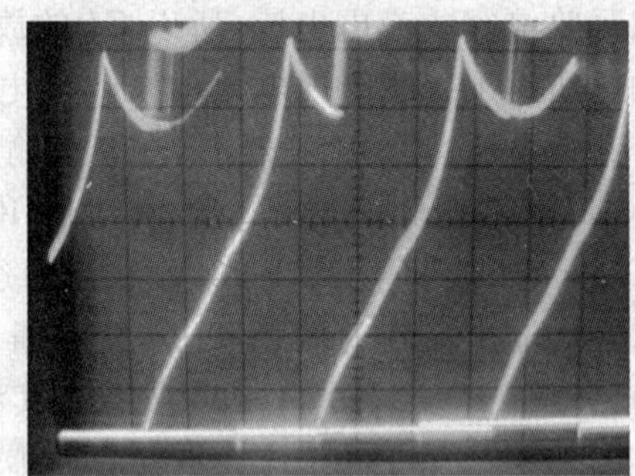

图 11-26　中高速时绕组电流波形

2. 细分型驱动电源的设计

为了制造方便、降低成本，步进电动机的步距角通常都比较大。要想获得小的转角有两种方法，一是采用减速传动，二是采用细分电源。前者结构复杂、费用高，减速比不能随意更改；后者采用细分电路，成本低、实现容易，既能获得小的步距角，又可改善电动机的低频振荡，还可选择设定步距角的大小。以下介绍一种高性能的步进电动机驱动电源——可变细分型驱动电源。该电源主要针对结构简单、材料费用低、制造方便、使用广泛的三相反应式步进电动机。

(1)可变细分型驱动电源的结构　图 11-27 是可变细分型驱动电源的结构框图，整个驱动电源由电源板、控制板和功放板三部分组成。

电源板的功能是将外部输入的 220V 交流电源进行整流、滤波和稳压，输出三路直流电压：一路是经过稳压的 5V 电源，供给控制板使用；一路是经过稳压的 15V 电源，供给功放板的前级使用；另一路是 310V 高压(无稳压)，供给功放板的后级驱动 MOSFET 管使用。

控制板的功能是根据驱动电源上 DIP 选择开关的位置，以及外部输入信号的状态，向功放板提供电流控制信号，包括：电动机的相电流顺序控制、微步距(细分)电流控制、恒流斩波控制、自动限流控制等，板上还设有可以对外输出的初始相位信号和故障报警信号。

功放板的功能是将由控制板送来的控制信号(15V 小电流)，变成高电压(310V)大电流

(最大 10A),注入步进电动机的绕组,并将绕组的电流取样后反馈至控制板,从而形成恒流斩波控制。

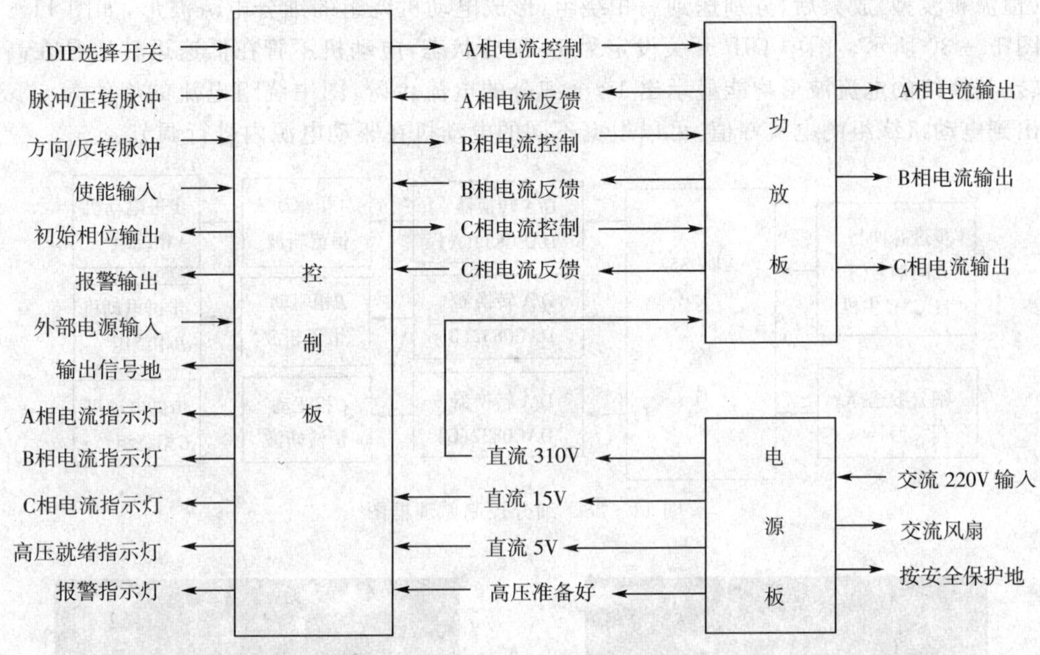

图 11－27　可变细分驱动电源的结构框图

(2)可变细分型驱动电源的工作原理　三相反应式步进电动机的定子放置有三个互成 120°的绕组线圈,三个线圈分别称为 A 相、B 相和 C 相。当三相都无电流时,电动机转子处于自由状态,用手可以转动;当给某一相绕组通电时,电动机转子产生保持转矩,手力不能直接将转子转动;当轮流给三相绕组通电时,转子即开始转动。驱动电源对三相绕组的供电顺序有两种方式:正转时,A→AB→B→BC→C→CA→A…;反转时,A→AC→C→CB→B→BA→A…。不管正转还是反转,供电顺序经 6 个状态之后进行循环,从上一个状态转入下一个状态,电动机将转过半个步距角。步距角的大小由步进电动机的型号所决定,绕组通电状态的转换受外部输入到驱动电源的脉冲与方向信号所控制。例如,驱动电源的 DIP 选择开关设定细分数为 1,选择单脉冲方式,使能输入端输入有效的低电平,外部电源输入端输入高电平,此时,从脉冲输入端每输入一个步进脉冲,电动机将转过半个步距角。在这种情况下,驱动电源不进行细分控制,对应每一个步进脉冲,电动机的相电流是以全值增加(从 0 到最大值)或以全值减小(从最大值到 0)。

当驱动电源设定在 5 细分时,外部每输入一个脉冲,电动机将转过半个步距角的 1/5,相电流就以全值的 1/5 进行递增或递减,供电顺序经过 30 个状态之后进行循环。

当驱动电源设定在 10 细分时,外部每输入一个脉冲,电动机将转过半个步距角的 1/10,相电流就以全值的 1/10 进行递增或递减,供电顺序经过 60 个状态之后进行循环。

当驱动电源的细分数设定在其他状态时,情况依此类推。

细分控制的原理框图如图 11－28 所示。选用 AT89S52 单片机作为控制器(24MHz 晶振),CNC 主机送来的步进脉冲信号与方向信号,以及通过 DIP 开关在驱动电源上所设定的细分数编码，均由 AT89S52 单片机接收。进行细分驱动时，AT89S52 按照设定的细分数进行计算，分别通过 3 片 8 位的数/模转换器 DAC0832，输出低电压的细分波形，再经驱动电路（恒流斩波型）放大后，分别送到三相绕组，形成电动机绕组的细分电流波形，如图 11－29 和图 11－30 所示。图中 DIP 开关设定为 10 细分状态，电动机不管在低速运转还是在高速运转，其绕组的电流波形均能显示出 10 个细分的电流台阶，图中绕组电流的峰值为 6.5A。输出到电动机绕组的电流峰值，可以根据不同的电动机在驱动电源内进行调节。

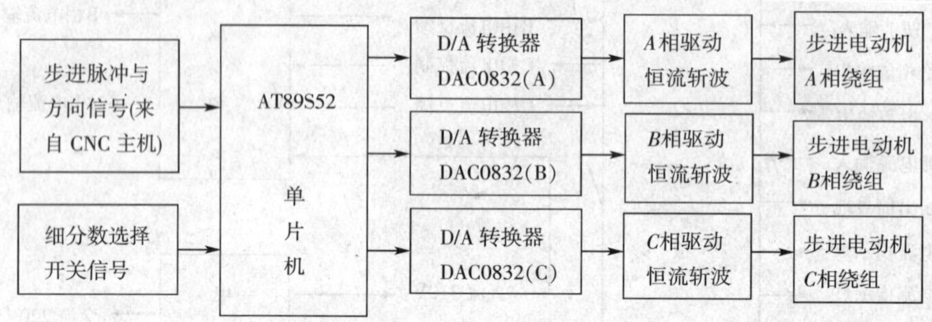

图 11－28　细分控制原理框图

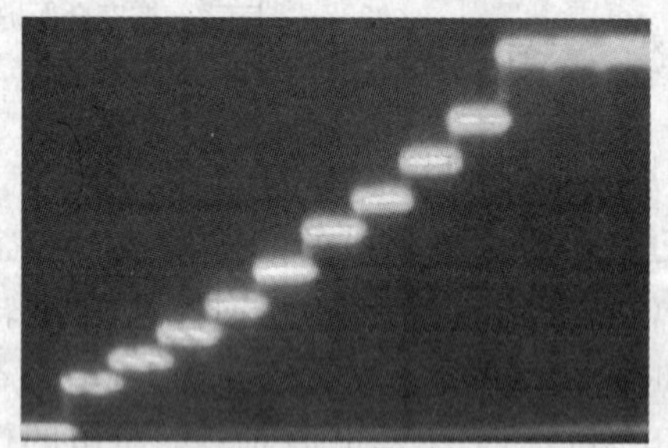

图 11－29　十细分状态低速运转时绕组电流波形

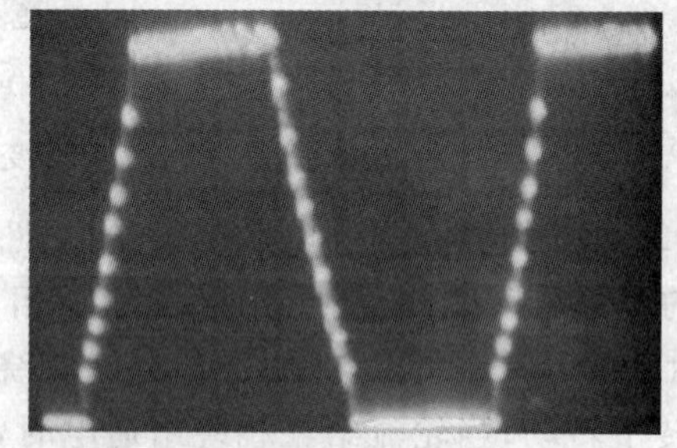

图 11－30　十细分状态高速运转时绕组电流波形

（3）可变细分型驱动电源的特点　以上介绍的高性能可变细分型驱动电源，可以选择设定细分数，用来驱动三相反应式步进电动机，从而获得多种微步距，低速振荡小、不易失步，高速电压高、输出转矩大。这种电源前级的细分思路可以移植到其他类型的步进电动机上。

3. 驱动电源的选择

步进电动机的驱动电源是一种成熟的通用产品，有时为了缩短机电一体化系统的设计周期，可以从市场上直接购得。在选择步进电动机的驱动电源时，主要应该考虑到以下几个问题：

（1）驱动电动机的类型　步进电动机分为永磁式、反应式、混合式三种，每种电动机又有不同的相数，必须清楚所选择的驱动电源用来驱动哪种类型的步进电动机。

（2）输出电流　输出电流的大小，是步进电动机驱动电源最重要的参数。通常，所选择的驱动电源的最大电流要大于电动机的额定电流，一般在 1～10A 之间。

（3）输出电压　输出电压的高低是判断驱动器升速能力的标志，一般在 24～310VDC 之间。

(4)输入电压　有些驱动电源直接使用220V交流的市电,但有些驱动电源需要市电经过变压器降压后供电,还有的驱动电源需要变压后的两个独立绕组供电,甚至有些驱动电源需要供给它直流电源。因此,在选择驱动电源时,要考虑到驱动电源本身的供电问题。

(5)有无细分功能　如果需要小的转角或者要求步进电动机的转动非常平稳,那么所选择的驱动电源最好带有细分功能。需要注意,有些细分电源对抑制电动机的低频振荡有帮助,但可能会影响微步距的精度。

(6)有无环分　驱动电源是否带环分电路,与之配套的控制器分配脉冲的方式就会不同。

(7)控制信号的定义　带有环分电路时,驱动电源接受的信号有两种形式:方向、脉冲或正转脉冲、反转脉冲;不带环分时,环形分配通常用软件来实现,这时,驱动电源的控制信号取决于电动机的相数。另外,还要清楚控制器送出的信号线,在驱动电源端的接线方式是共阴还是共阳。

4. 驱动电源产品举例

对应于表11-3所列反应式步进电动机,推荐相应的驱动电源产品如表11-13所示。

表11-13　反应式步进电动机驱动电源技术参数

<table>
<tr><th>型号</th><th>相数</th><th>输入电压</th><th>相电流</th><th>分配方式</th><th>适用电动机</th></tr>
<tr><td>BD36Na</td><td>3</td><td>20VAC</td><td>0.5～3A</td><td>三相六拍</td><td>36BF003/55BF003/75BF003/75BC380A 等</td></tr>
<tr><td>BD36Nb</td><td>3</td><td>20～40VAC</td><td>1.5～5A</td><td>三相六拍</td><td>75BC340A/90BF003 等</td></tr>
<tr><td>BD36Nc</td><td>3</td><td>110～220VAC</td><td>4/6A</td><td>三相六拍</td><td>110BC3100/110BF003/110BC380F 等</td></tr>
<tr><td>BD36Fa</td><td>3</td><td>20V AC</td><td>0.5～3A</td><td rowspan="3">1/2/4/5/8/10/20/40 细分</td><td>36BF003/45BF003/55BF003/70BF003/75BC380A 等</td></tr>
<tr><td>BD36Fb</td><td>3</td><td>20～40V AC</td><td>1.5～5A</td><td>75BF003/75BC340A/90BF003 等</td></tr>
<tr><td>BD36Fc</td><td>3</td><td>110～220V AC</td><td>4/6/7/8A</td><td>95BC340A/110BC3100/110BF003/110BC380F 等</td></tr>
</table>

[注]　本表数据摘自常州宝马集团公司产品技术手册。

对应于表11-5所列永磁感应式(混合式)步进电动机,推荐相应的驱动电源产品如表11-14所示。

表11-14　混合式步进电动机驱动电源技术参数

<table>
<tr><th>型号</th><th>相数</th><th>输入电压</th><th>相电流</th><th>分配方式</th><th>适用电动机</th></tr>
<tr><td>BD28Nb</td><td>2</td><td>20～100V AC</td><td>2～4A</td><td>二相八拍</td><td>90BYG2502/90BYG2602 等</td></tr>
<tr><td>BD28Nc</td><td>2</td><td>110～220V AC</td><td>4/6/8A</td><td>二相八拍</td><td>110BYG2502/110BYG2602/130BYG2502 等</td></tr>
<tr><td>BD28Fb</td><td>2</td><td>20～100V AC</td><td>2～4A</td><td rowspan="3">1/2/4/5/8/10/20/40 细分</td><td>90BYG2502/90BYG2602 等</td></tr>
<tr><td>BD28Fc</td><td>2</td><td>110～220V AC</td><td>3/4/6/8A</td><td>110BYG2502/110BYG2602/130BYG2502 等</td></tr>
<tr><td>BD3A</td><td>3</td><td>220V AC</td><td>3/5/7A</td><td>110BYG3502/130BYG3502 等</td></tr>
</table>

[注]　本表数据摘自常州宝马集团公司产品技术手册。

步进电动机与驱动电源的接线如图 11－31 所示。

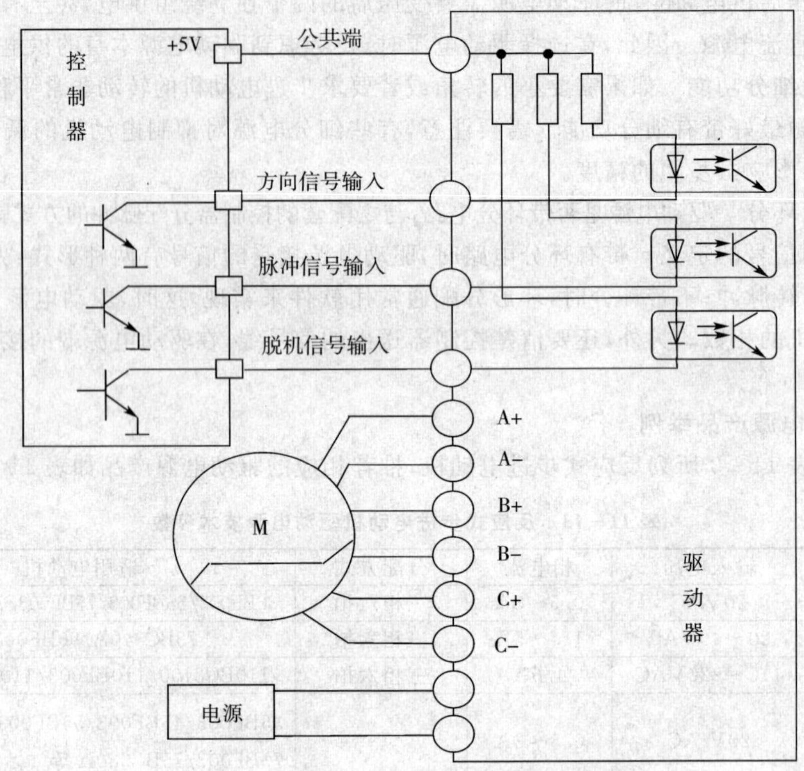

图 11－31　BD36Nc 驱动电源的接线图

第十二章　液压系统的设计与计算

第一节　液压系统的设计内容和步骤

一、概述

液压传动系统的设计是整机设计的有机组成部分。在目前液压系统的设计主要还是经验法，即使使用计算机辅助设计，也是在专家的经验指导下进行的。因而液压系统的设计者除具备坚实的机械基础知识外，还必须熟练地掌握液压传动专业知识。

液压系统的设计，除应符合主机在动作循环和静、动态特性等方面提出的要求外，还必须满足结构简单、使用维护方便、工作安全可靠、效率高、寿命长、经济性好等条件。这些知识并不都是从书本上学到的，因而借鉴先进的设计经验和积累，总结自己的设计经验是极为重要的。

设计液压系统的出发点，可以是充分发挥其组成元件的工作性能，也可以是着重追求其工作状态的绝对可靠。前者着重效能，后者着重安全；实际设计工作则是两种出发点的不同程度地结合。

液压系统的设计，往往随着系统繁简的实际情况，借鉴的多寡，设计人员的经验不同，在做法上显示出差异来。因而液压系统的设计迄今还没有整理出一个一致公认的统一的设计步骤。但是，从总体上看，其基本内容是一致的。本章的主要任务是，综合运用元件和回路的基础知识，简介液压系统设计的基本内容和大致设计步骤，供液压系统的设计者参考。

二、液压系统的内容和流程

液压系统设计的基本内容和一般流程如下：

1. 明确主机对液压系统设计要求；
2. 分析液压系统工况，确定主要参数；
3. 拟定液压系统草图；
4. 液压系统的计算和选择液压元件；
5. 验算液压系统的技术性能；
6. 液压装置的结构设计、绘制液压系统工作图，编制技术文件。

上述设计流程只是说明了一般设计过程，而在实际设计中，这些步骤不是固定不变的。有些步骤可省略或合并，有时又要交叉进行，甚至反复多次。对于关键性的参数和技术性能难以确定是要先经过实验，才能把设计方案确定下来。

如上的有关设计步骤及其内容，分别在以下几节加以介绍。

第二节　明确液压系统设计要求

液压系统设计是整个机器设计的一部分，与主机密切相关。设计液压系统时，首先要明确主机对液压系统的要求，这是液压系统设计的依据。为此：

1. 明确主机和总体布局

主机的功能和工作原理，机器的总体结构图，主要部件的结构、布置及在主机中的位置、作业方式和工作循环等，这些不仅是合理确定液压执行元件的运动方式及其工作范围的需要，也是合理确定液压执行元件安放位置及其空间尺寸的限制条件的需要。

2. 明确主机对液压系统的动作和性能要求

这些要求主要是指：哪些动作要求用液压传动实现，这些动作有无同步要求、互锁要求、是否构成一定的自动循环，运动方式（如往复直线运动、连续转动、往复摆动），行程和速度范围，负载条件，运动平稳性和精度，完成一个循环的时间（周期），工作可靠性，安全性等。即，执行元件的运动方式、行程和速度范围等。

3. 明确主机的工作环境

工作环境的温度、湿度、污染、尘埃、冲击振动、通风情况以及是否有腐蚀性和易燃性等情况均应有明确答案。从而明确液压系统的工作环境，这涉及液压元件和工作介质的选择。必要时设计中还附加防护措施。

4. 其他要求

液压装置在重量、外观尺寸方面的限制及经济性、能耗方面的要求等。另外要了解和搜集同类型机器的有关技术资料，如液压系统工作原理，使用情况及存在问题等，为下一步设计准备必要的参考资料。

第三节　液压系统的工况分析

工况分析主要指对液压执行元件的工作情况的分析，分析的目的是了解在工作过程中执行元件的速度、负载变化的规律，并将此规律用曲线表示出来，作为拟定液压系统方案确定系统主要参数（压力和流量）的依据。进一步说，在上一节工作的基础上，便可对主机作工况分析一负载分析和运动分析并编制负载和运动循环图。对于简单的机器，不必作工况分析只需确定最大负载和最大速度点，根据经验设计，对于复杂的机器，则必须编制运动和负载循环图。实际上，这是进一步明确主机在性能方面的要求。

一、负载分析

即确定主机负载的变化规律，通常用负载一时间（$F-t$，$T-t$）或负载一位移（$F-x$，T

$-\theta$)曲线表示,称负载循环图。液压系统承受的负载可由主机规格确定,可由样机实测确定,也可由理论分析得出。当理论分析确定实际负载时,应考虑工作负载、摩擦负载、惯性负载等。主机负载分为液压缸负载和液压马达负载。

(一)液压缸负载及负载循环图

液压缸带动主机工作结构作往复直线运动时,其负载为

$$F(t)=F_L(t)+F_f+F_a(t) \tag{12-1}$$

式中:$F_L(t)$——工作负载,N;

$F_f(t)$——摩擦负载(摩擦阻力),N;

$F_a(t)$——惯性负载,N;

1. 工作负载 F_L　F_L 与主机工作性质有关,它可能是定值,如挤压过程,也可能是变值,如弯曲工艺;可以是正值,如提升重物,也可以是负值,如下放重物。一般情况下,F_L 是时间 t 的函数,即 $F_L=f(t)$。

2. 惯性负载 F_a　F_a 即启动或制动过程中的惯性力,按下式计算

$$F_a=ma=\frac{G}{g}\frac{\Delta u}{\Delta t} \tag{12-2}$$

式中:m——运动部件质量,kg;

a——运动部件加速度,$a=\dfrac{\Delta u}{\Delta t}$,m/s^2;

Δu——速度变化值,m/s;

Δt——启动或制动时间,s;

G——运动部件重量,$G=mg$,N;

g——重量加速度,m/s^2。

3. 摩擦负载 F_f　即液压缸驱动工作机构时所要克服的外部机械摩擦阻力。按下式计算

$$F_f=\sum_{i=1}^{n}N_i f_i \tag{12-3}$$

式中:N_i——作用在第 i 个支撑面(如导轨面)上的法向力,N;

f_i——第 i 个支撑面的摩擦系数。f_i 与润滑条件、支撑面类型、材料及运动状态有关。可从有关手册中查出。

执行元件的内部摩擦力,详细计算比较繁琐,一般将它算法液压缸的机械效率 η_m 中,通常可取 $\eta_m=0.9-0.97$。

由上述各工况的负载与其相应时间或位移,便可绘制负载循环图 $F-t$ 或 $F-x$。图 12-1 为一

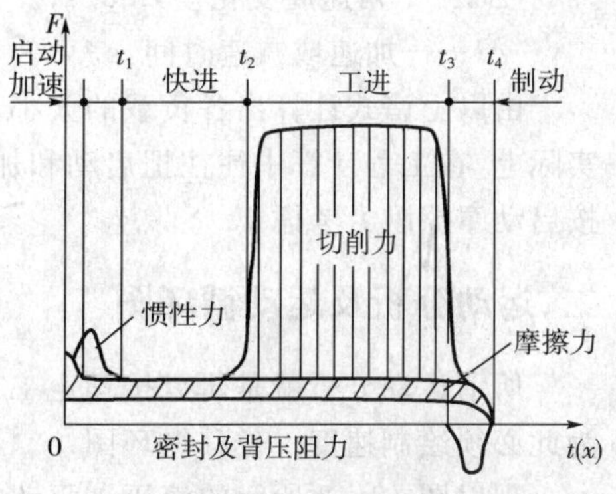

图 12-1　负载循环图

部机器的 $F-t$ 图。其中 $o-t_1$ 为启动过程，t_1-t_2 为加速过程，t_2-t_3 为等速过程，t_3-t_4 为制动过程。$F-t$ 图清楚地表示了在动作循环内的负载变化规律。图中最大负载是初选液压缸工作压力和确定其结构尺寸的依据。

（二）液压马达负载及负载循环图

液压马达驱动工作机构作旋转运动，其负载 T_M 为

$$T_M=T_L+T_f+T_\varepsilon \tag{12-4}$$

式中：T_L——工作负载扭矩，N·m；

T_f——摩擦扭矩，N·m；

T_ε——惯性扭矩，N·m。

1. 工作负载扭矩 T_L　T_L 可能为定值，也可能随时间变化，可以为正值，也可以为负值，应根据机器工作条件具体分析。

2. 摩擦扭矩 T_f　旋转部件轴颈处的摩擦扭矩的计算公式为

$$T_f=G\mu R \tag{12-5}$$

式中：G——旋转部件重量，N；

μ——摩擦系数，静摩擦系数为 μ，动摩擦系数为 μ_d；

R——轴颈半径。

3. 惯性扭矩 T_ε　旋转部件加速或减速的惯性扭矩 T_ε 为

$$T_\varepsilon=J\frac{\Delta\omega}{\Delta t}=\frac{1}{4g}GD^2\frac{\Delta\omega}{\Delta t}\quad(\text{N}\cdot\text{m}) \tag{12-6}$$

式中：J——旋转部件转动惯量，$J=\frac{1}{4g}GD^2$，kg·m²；

G——旋转部件重量，N；

GD^2——旋转部件的飞轮效应（各种回转体的 GD^2 可查《机械设计手册》），N·m²；

ε——角加（减）速度，rad/s²；

$\Delta\omega$——角速度变化量，rad/s；

Δt——加速或减速时间，s。

由以上诸式计算出各负载的大小，便可确定液压马达在一个工作循环图即 T_M-t 图。实际上，在工程计算中往往把启动和加速过程统称为启动过程。计算加速摩擦负载时往往按启动摩擦阻力考虑。

二、运动分析及运动循环图

所谓运动分析就是研究按预定工艺要求，执行元件以何种运动规律完成一个工作循环。为此必须绘制速度—位移循环图。

现以图 12-2 所示的液压缸驱动的组合机床滑台为例来说明，图 12-2(a)是机床的动作循环图，由图可见，工作循环为快进→工进→快退；图 12-2(b)是完成一个工作循环的速

度一位移曲线，即速度图；图 12－2(c)是其负载图。由图可直观地看出在运动过程中何时受力最大或最小，以此作为以后的设计依据。

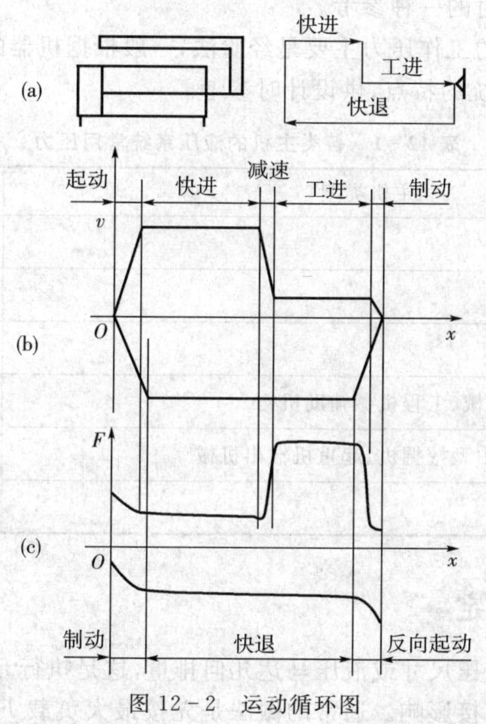

图 12－2　运动循环图

对于多执行元件的系统，可根据速度循环图和负载循环图，来调节各执行元件的动作时间及速度，使系统最为经济合理。

第四节　液压系统主要参数的确定

压力和流量是液压系统最重要的两个参数。根据这两个参数来计算和选择液压元件、辅助元件和原动机的规格型号。系统压力选定后，液压缸尺寸或液压马达的排量可由其负载确定。再由液压缸速度或液压马达的转速确定其流量。据此可进一步初定液压泵的压力和流量。

一、初选系统压力

由对执行元件的工况分析，可以确定其输出功率 $N=F\mu=T_M\omega_M$。在液压传动中，若不计系统的效率，则有 $N=pQ$。可见当 N 为定值时，可有多种压力和流量选择方案。若压力选得过低，则流量过大，即元件的尺寸和重量都较大；反之若压力过高，则流量较小，即元件的尺寸和重量也较小，但对元件的制造精度和维护使用要求也较高，同时因压力较高，泄漏量较大，系统的效率也较低。这两种情况都是不恰当的。

究竟选择多大的压力才能使液压系统最为经济？国外有人认为，就目前的材质情况，取压力为 35MPa 最为经济，并有资料论证低压系统的价格比高压系统的价格高 0.5～2 倍。这一结论尽管有事实根据，也反映了液压技术的高压化和小型化趋势，但并不为国内液压界所公认，可作为选择压力时的一种参考。

目前，初选液压系统的工作压力主要是经验法；一般根据机器的类型选择工作压力。表 12-1 反映了常见液压系统的特点，供设计时参考。

表 12-1 各类主机的液压系统常用压力

主机类型	系统压力 (Mpa)
精加工机床	0.8～2
半精加工机床	3～5
粗加工和重型机床	5～10
农业机械、小型工程机械、工程机械辅助机构	10～16
液压机、重型机械、大中型挖掘机、起重机输出机械	20～32
矿山采掘机械	10～25

二、执行元件容量的确定

执行元件的容量即液压尺寸或液压马达几何排量，这是执行元件的主要参数，对执行元件的深度和承载能力有直接影响。通常的做法是先按最大负载 F_{max} 或 T_{Mmax} 及执行元件的估计机械效率 η_m 或 η_{Mm} 和选定的工作压力 p 计算液压缸的有效工作面积 A 或液压马达几何排量 q_M，再进行速度稳定性检验。

液压缸的有效工作面积按下式确定

$$A=\frac{F_{max}}{\eta_m p} \tag{12-7}$$

式中：A——液压缸有效工作面积，m^2；

F_{max}——液压缸最大负载，在工况分析时已根据式(12-1)算出，N；

η——机械效率，一般取 $\eta_m=0.9$～0.97；

p——压缸工作压力(已初步选定，计算时可不考虑回液腔压力)，Pa。

液压马达的几何排量按下式计算

$$q_M=\frac{2\pi T_{Mmax}}{p_M\eta_{Mm}} \tag{12-8}$$

式中：q_M——液压马达几何排量，m^3/r；

T_{Mmax}——液压马达最大负载扭矩(工况分析时已确定)，N·m；

p_M——液压马达的工作压力(已初选定，初算时可不考虑背压)，Pa；

η_{Mm}——液压马达机械效率，对于齿轮和柱塞马达一般可取 $\eta_{Mm}=0.90$～0.95，对叶片马达可取 $\eta_{Mm}=0.80$～0.90；

对于计算出的 A 和 q_M 分别按下式验算

$$A \geqslant \frac{Q_{\min}}{\mu_{\min}} \quad (\mathrm{m}^2) \tag{12-9}$$

式中：$Q_{\min}$——流量最小稳定流量(由产品样本中查出)，$\mathrm{m^3/s}$；

$\mu_{\min}$——机器要求的最低工作速度，m/s；

$$q_M \geqslant \frac{Q_{\min}}{n_{M\min}} \quad (\mathrm{m}^3/r) \tag{12-10}$$

式中：$n_{M\min}$——机器要求的液压马达最低转速，r/s。对于最后确定的 A 和 q_M 值，应按液压缸内径系列和液压马达排量系列取标准值，进而确定工作压力，即执行元件的实际工作压力。

液压缸的面积 A 或液压泵的几何排量一旦按系列标准确定后，可按下式计算所需的最大流量 $Q_{\max}$

$$Q_{\max} = A\mu_{\max}/\eta_v \tag{12-11}$$

式中：q_M——液压马达几何排量，$\mathrm{m^3/r}$；

$n_{M\max}$——机器要求的液压马达最高转速，r/s；

η_{Mv}——液压马达容积效率(参考同类液压泵取值)。

三、绘制执行元件工况图

执行元件工况图是根据压力循环($p-t$)图、流量循环($Q-t$)图和功率循环($N-t$)图。根据负载循环($F-t$ 或 $T-t$)图，将相应负载除以液压缸面积 A 或液压马达排量 q_M，即可作出压力循环($p-t$)图。同样根据速度循环($u-t$ 或 $n-t$)图，将各阶段速度乘以 A 或 q_M，即可作出流量循环($Q-t$)图，再根据 $N=pQ$ 可绘制功率循环($N-t$)图。某液压缸工况图如图 12-3 示意。

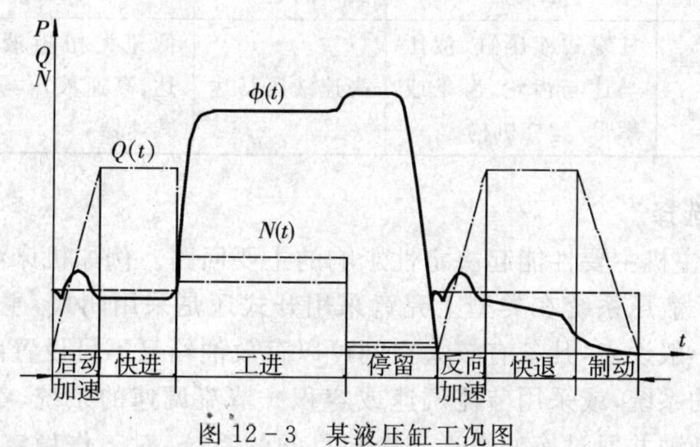

图 12-3　某液压缸工况图

执行元件的工况图是选择系统中其他液压元件和液压基本回路的依据，也是拟定液压系统的依据，这是因为：

1. 通过工况分析，找出最高压力点、最大流量和最大功率点，作为选择液压泵、控制阀及原动机的型式和规格的依据。

2. 利用工况图,验算各工况选定参数的合理性,以便进行合理调整。在分析缸系统时,当按照循环图要求叠加起来的功率图,其最大功率互相“重合”,功率分布很不均衡时,可在工艺允许的条件下,适当调整参数,避开或削减功率“高峰”,增加功率利用的合理性,提高整个系统的效率。另外可将所设计的工况图与调研来的各方案的工况图进行分析比较,以便借鉴和修改原设计的参数,使系统设计更加合理和经济。

3. 通过工况图的分析,可合理选择系统的主回路和其他回路(如调速回路,调压回路)以液压源形式。例如在 $Q-t$ 图中,若 Q_{max} 与 Q_{min} 相差甚大(最大可达几十倍),而相应的时间相差也较大,对于这种系统,其供液回路,既不适宜采用单定量泵,也不宜采用蓄能器,而适宜采用“大小泵”双泵供液回路。相反,尽管 Q_{max} 与 Q_{min} 相差较大,但相应时间相差不大,则适宜采用蓄能器辅助供液回路。这时泵的流量按平均值选择。

第五节　拟定液压系统草图

液压系统图是整个液压系统设计中最重要的一环,它的好坏从根本上影响整个液压系统。拟定液压系统原理图所需的知识面较广,要综合应用前面的各章内容。一般的方法是:先根据具体的动作性能要求选择液压基本回路,然后将基本回路加上必要的连接措施有机地组合成一个完整的液压系统,拟定液压系统图时,应考虑以下几个方面的问题:

1. 所用液压执行元件的类型

液压传动系统采用的执行元件形式可视主机所要实现的运动种类和性质而定,参见表12-2。

表 12-2　选择执行元件的形式

运动形式	往复直线运动		回转运动		往复摆动
	短行程	长行程	高速	低速	
建议采用的执行元件的形式	活塞式液压缸	柱塞式液压缸、液压马达与齿轮/齿条或螺母/丝杠机构	高速液压马达	低速大扭矩液压马达、高速液压马达带减速器	摆动液压缸

2. 液压回路的选择

(1)首先确定对主机主要性能起决定性影响的主要回路。例如机床液压系统、调速和速度换接是主要回路。液压系统在类型上究竟采用开式还是采用闭式,主要取决于它的调速方式和散热要求。一般说来,凡备有较大空间可以存放油箱且不另设置散热装置的系统、要求结构尽可能简单的系统,或采用节流调速或容积—节流调速的系统,都宜采用开式;凡容许采用辅助泵进行补油并通过换油来达到冷却目的的系统、对工作稳定和效串有较高要求的系统,或采用容积调速的系统,都宜采用闭式。

(2)然后再考虑其他辅助回路,例如有垂直运动部件的系统要考虑平衡回路,有多个执行元件的系统要考虑顺序动作,同步和防干扰回路等。

(3)同时也要考虑节省能源,减少发热,减少冲击,保证动作精度等问题。

3. 液压回路的综合

液压回路的综合是把选出来的各种液压回路放在一起,进行归并、整理、再增加一些必要的元件或辅助油路,使之成为完整的液压传动系统。进行这项工作时还必须注意以下几点:

(1)尽可能省去不必要的元件,以简化系统结构。

(2)最终综合出来的液压系统应保证其工作循环中的每个动作都安全可靠,无相互干扰。

(3)尽可能提高系统的效率,防止系统过热。

(4)尽可能使系统经济合理,便于维修检测。

(5)尽可能采用标准元件,减少自行设计的专用件。

第六节　计算和选择液压元件

所谓液压元件的计算,是要计算该元件在工作中承受的压力和通过的流量,以便确定元件的规格和型号。

一、液压泵的选择

先根据设计要求和系统工况确定液压泵的类型,然后根据液压泵的最高供油压力和最大供油量来选择液压泵的规格。液压泵的最大工作压力必须等于或超过液压执行元件最大工作压力及进油路上总压力损失这两者之和。液压执行元件的最大工作压力可以从工况图中找到;进油路上的总压力损失可以通过估算求得,也可以按经验资料估计。一般节流调速及管路简单的系统总压力损失 0.2～0.5MPa;进油路油调速阀及管路复杂的系统总压力损失 0.5～1.5MPa。

液压泵的流量必须等于或超过几个同时工作的液压执行元件总流量的最大值以及回路中泄漏量这两者之和。液压执行元件总流量的最大值可以从工况图中找到(当系统中备有蓄能器时此值应为一个工作循环中液压执行元件的平均流量);而回路中的泄漏虽则可按总流量最大值的10%～30%估算。

在参照产品样本选取液压泵时,泵的额定压力应选得比上述最大工作压力高 25%～60%,以便留有压力储备;额定流量则只需选得能满足上述最大流量需要即可。

液压泵在额定压力和额定流量下工作时,其驱动电机的功率一般可以直接从产品样本上查到。电机功率也可以根据具体工况计算出来。

二、阀类元件的选择

阀类元件的选择是根据阀的最大工作压力和流经阀的最大流量来选择控制阀的规格。即所选用的阀类元件的额定压力和额定流量要大于系统的最高工作压力及实际通过阀的最大流量。选择节流阀和调速阀时还要考虑它的最小稳定流量是否符合设计要求。各类阀都须选得使其实际通过流量最多不超过其公称流量的 120%,以免引起发热、噪声和过大的压力损失。对于可靠性要求特别高的系统来说,阀类元件的额定压力应高出其工作压力较多。

三、液压辅助元件的选择

油箱、过滤器、蓄能器、油管、管接头、冷却器等液压辅助元件可按有关原则选取。

第七节　液压系统的性能验算

验算液压系统性能的目的在于判断设计质量,或从几种方案中评选最佳设计方案。液压系统的性能验算是一个复杂的问题,目前只是采用一些简化公式进行近似估算,以便定性地说明情况。当设计中能找到经过实践检验的同类型系统作为对比参考,或可靠的实验结果可供使用时,系统的性能验算就可以省略。

液压系统性能验算的项目很多,常见的有回路压力损失验算和发热温升验算。

一、液压系统压力损失的验算

液压系统压力损失发生在多处,包括管道内的沿程损失和局部损失以及阀类元件处的局部损失三项。计算液压系统的回路压力损失时,不同的工作阶段要分开来计算。回油路上的压力损失一般都须折算到进油路上去。根据回路压力损失估算出来的压力阀调整压力和回路效率,对不同方案的对比来说都具有参考价值,但在进行这些估算时,回路中的油管布置情况必须先行明确。

二、液压系统发热温升的验算

液压系统在工作时由于存在着各种各样的机械损失、压力损失和流量损失,这些损失大都转变为热能,使系统发热,油温升高,导致系统泄漏增加,运动部件动作失灵等不良后果。

这项验算是用热平衡原理来对油液的温升值进行估计。单位时间内进入液压系统的热量是液压泵输入功率 P_i 和液压执行元件有效功率 P_o 之差,假如这些热量全部由油箱散发出去,不考虑系统其他部分的散热效能,则油液温升的估算公式可以根据不同的条件分别从有关的手册中找出来。例如,当油箱三个边的尺寸比例在 1∶1∶1 到 1∶2∶3 之间、油面高度是油箱高度的 80%、且油箱通风情况良好时,油液温升 ΔT(以℃计)的计算式可以用单位时间内输入热量 H_i,和油箱有效容积 V(以 L 计)近似地表示成

$$\Delta T=\frac{H_i}{\sqrt[3]{V^2}}\times 10^8 \tag{12-12}$$

当验算出来的油液温升值超过允许数值时,系统中必须考虑设置适当的冷却器。油箱中油液允许的温升值随主机的不同而不同:一般机床为 25～30℃,工程机械为 35～40℃,等等。

第八节　绘制工作图和编制技术文件

所设计的液压系统经验算后，即可对初步拟定的液压系统进行修改，并绘制工作图和编制技术文件。

一、绘制工作图

(1)液压系统原理图　图上除画出整个系统的回路之外，还应注明各元件的规格、型号、压力调整值，并给出各执行元件的工作循环图，列出电磁铁及压力继电器的动作顺序表。

(2)集成油路装配图　若选用油路板，应将各元件画在油路板上，便于装配；若采用集成块或叠加阀时，因有通用件，设计者只需选用，最后将选用的产品组合起来绘制成装配图。

(3)泵站装配图　将集成油路装置、泵、电动机与油箱组合在一起画成装配图，表明它们各自之间的相互位置、安装尺寸及总体外形。

(4)画出非标准专用件的装配图及零件图。

(5)管路装配图　表示出油管的走向，注明管道的直径及长度，各种管接头的规格、管夹的安装位置和装配技术要求等。

(6)电气线路图　表示出电动机的控制线路，电磁阀的控制线路、压力继电器和行程开关等。

二、编写技术文件

技术文件一般包括液压系统设计计算说明书，液压系统的使用及维护技术说明书，零部件目录表、标准件通用件及外购件总表等。

[毕业设计篇]

第十三章　毕业设计概述

机电一体化，也称为机械电子工程，它是将计算机技术、电子技术、控制技术、流体传动技术等有效地、巧妙地应用于机械技术中而形成的新的综合技术。由于行业差别和解决问题对象不同，在机械电子一体化技术总的范围内，不同课题会有不同侧重面，形式多样。比如，有在机械工程中采用电子技术的系统，有利用电子技术进行信息处理的机械设备或机械系统，以及在机械产品设计、制造和管理等领域环节的机械与电子、流体传动、控制结合等。

在机电一体化专业毕业设计中，主要课题内容有：类似数控机床设计、机器人设计等的新型机械电子产品设计；控制系统的硬件设计、软件设计；机械系统的测试技术研究；机械加工新技术；机电液气控相结合的用于各种产品或零部件性能检测的试验台设计等。

第一节　设计内容与要求

机电一体化专业毕业设计的选题应当具备先进性，与专业培养目标相一致，符合国家法律规定，且在规定时间内有可能完成的条件等。值得注意的是，对于机械类专业的学生，毕业设计题目仍然应当立足于“机械”，应当将电子、控制等技术应用于机械设计、机械加工设备、机械生产系统中，使之成为有灵魂的新型机械。

一、毕业设计任务书

任务书是指导教师向学生下达设计任务和要求的书面文件，其中毕业设计具体内容应该重点反映毕业设计的“静态”内涵。设计内容就是学生应完成的任务，也就是设计工作量。例如：测控系统设计、研制调试、试验及试验数据分析。由于机械电子类课题通常较大，往往一个教师指导若干个学生，共同完成同一课题设计研究任务。在一个大课题下，每个学生可以只完成其中一部分内容。例如总设计课题为数控绗缝机设计，但副标题或称为主设计任务可以分为:缝纫系统设计、横向进给系统设计、纵向进给系统设计、控制系统设计、应用软件设计等等。

二、毕业设计基本内容

1. 机械设计

现代设计方法有计算机辅助设计、优化设计、并行工程设计等。它要求在设计中要更多注意到功能设计、可靠性设计、美学设计、模块化设计、价值工程、热态性能设计、动态性能设计、声学性能设计等。当然,毕业设计课题只能是其中一部分,基本内容应当包括应用数学基本理论和机械工程基本理论建立力学模型,运用计算机源程序进行运算,并对运算结果进行数据分析处理等。

2. 机械制造及其工艺

机械制造及其工艺包括热加工和冷加工工艺。工业机器人广泛应用于机械生产中的热加工工序、切削加工工序、输送和装配工序等,特别用于诸如油漆、水下作业或某些恶劣环境条件下的工作。机器人是典型的机械电子一体化系统,涉及的内容很多,是一个大系统,毕业设计往往只能完成其中一部分。通常是将机构部分与液压气动、控制部分分开,分别由若干个学生完成。从事机构设计、液压气动与控制部分设计的学生除了各自完成本身设计研究任务外,均应掌握整体系统的功能要求、使用条件等各项性能技术指标,以及达到这些指标的途径,各自所设计研究部分对以上要求的作用和约束。所设计研究部分提供相邻部分的条件,对相邻部分的要求,确保相互衔接的各种参数一致性等。机械部分的设计应当反映相应的机械学中有关的基础理论,必要的运动轨迹,运动参数,约束冗余理论。控制部分的设计研究内容应当反映控制系统基本原理、基本要求、基本组成、系统布局、元件参数、可靠性分析及必要的试验方法和试验结果分析等。它对于我们同学锻炼团队合作非常好。

3. 测试和控制系统

该类课题一般包含设计研究中、生产系统中以及机械电子产品中的测试、控制和监控系统。这类课题内容涉及控制理论、计算机技术、传感器技术,牵涉到传递函数数学模型以及状态方程的数学模型等,通常都相当复杂。

由于毕业设计时间有限,每一个学生一般只能完成其中某一部分。它应当反映各自研究部分在整个系统中的作用,对系统的贡献,该部分技术要求的拟定原则和拟定结果,达到这些技术指标的措施,该部分的组成,各相邻部分衔接要求,研制成果的检测验证方案,检测结果及检测数据分析。从课题完整性而言,每个学生应当充分了解整个系统的组成、技术要求、功能、使用条件及约束等。设计研究内容中还应当反映实用性、安全性、可靠性、准确性、可操作性等。

三、毕业设计基本要求

机电一体化专业毕业设计基本要求是:学生的设计内容及成果应当反映学生的全面发展,有利于培养独立分析问题和解决问题的能力,应当符合培养目标要求,应当反映学生所在专业的特点。

毕业设计成果的表示方式一般有:产品设计或装置设计图纸;技术文件;研究论文或设

计说明书；试验设计及试验数据和数据处理；硬件和软件资料；调试报告等。

尽管毕业设计课题内容和构成的千差万别，毕业设计成果的组成和表示方式不同，但必须要求其内容的构成具有完整性和系统性，以便反映学生通过毕业设计之后所取得的具体成果的水平。

机电一体化专业毕业设计具体要求：

1. 毕业设计(论文)应主题突出，内容充实，结论正确，论据充分，论证有力，数据可靠，结构紧凑，层次分明，图表清晰，格式规范，文字流畅，字迹工整。反映对课题及研究过程纵深发展中的现象、状况的分析，以便反映学生的独立分析问题和解决问题的能力。

2. 反映调查研究能力和成果的内容，其表示方式有：翻译 1～2 万印刷符(或译出 5000 汉字)以上的有关技术资料(并附原文)，内容应尽量结合课题。查阅文献资料，并有简要的摘录，阅读有关文献资料 15 篇左右；现场调查研究及相应的记录。

3. 必要的图纸设计，包括原理图、系统图、过程图、布线图、装配图、零件图等。通常不少于折合成 A0 图幅图纸 3 张，其中必须具有 1 张 A1 以上的中等复杂程度的装配图。图纸均按标准绘制。毕业设计(论文)中所使用的度量单位应采用国际标准单位，专业符号符合国标或行标。

4. 必要的工艺文件。

5. 设计说明书：反映设计过程中的主要内容，如功能分析、材料选择、元件选用、计算等。毕业设计(说明书)的字数一般为 0.8～1.0 万字、毕业论文的字数一般为 1.5～2.0 万字。

6. 硬件设计：包括设计图纸、组装、调试及相应的分析。

7. 软件设计：包括程序设计和按照软件设计要求的各种文件和资料。

8. 试验设计：试验过程、试验数据记录和分析。试验系统应当完整，数据记录完整和准确，数据处理和分析应当科学。

9. 源程序、图纸、数据等不作为设计说明书内容，仅作为附录。

第二节 设计方法与步骤

传统的机电产品定义为："由传动件、动力件、执行件及电气和机械控制组成的产品"。但随着计算机技术的发展，形成了将机械、电子相结合的机电一体化技术。这一技术提高了机电产品的质量和性能，给传统机电工业带来了巨大变革，出现了机械与微电子技术相结合的一大类产品。图 13－1 是机电一体化产品各组成部分框图：

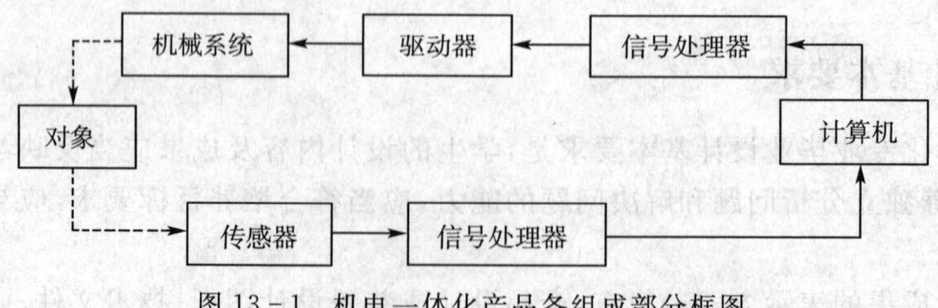

图 13－1 机电一体化产品各组成部分框图

由于机电一体化技术和产品是多学科、多专业技术的交叉，所以，很难找出一个统一的设计模式，这里仅就一般规律性的东西来表示这类产品的设计过程。

一、机电一体化产品的功能设计

(一)机电一体化产品的功能要求与分析

1. 机电一体化产品功能要求

(1)精确性要求

该项要求主要针对产品的测量精度、机械运动精度、机械电子设备加工精度等。

(2)智能化要求

比如由开环控制转变为闭环控制，由被动测量转为主动测量，由单纯的信号处理转变为具有人工智能的专家系统。该项要求主要针对反馈信号及信号处理。

(3)数字化要求

一般指将模拟量仪表、目视刻度转变为数字显示，将模拟量控制转变为数字量控制。

(4)小型化和最优化要求

该项要求主要是指优化结构设计以减小产品的质量和体积；优化传动机构设计以提高平稳性，延长使用寿命。

(5)稳定性和可靠性要求

包括对温度、湿度等环境因素、使用安全性、抗干扰性等的要求。

2. 机电一体化产品功能分析

(1)可行性分析

查阅技术资料、数据等进行判断：在现有技术水平的条件下，所提出的性能指标是否可以达到或用最经济的手段达到。例如：要求某一参数的测量精度是否超过该测量原理的理论精度极限，要求系统的响应速度是否超过现有电子器件的最高响应速度。

(2)必要性分析

就是分析机电一体化产品的使用要求与课题要求的性能指标是否匹配。例如：仪表显示准确方便的仪器是否都要数字化显示；低速运转件是否要求很高的动平衡；工作环境空间很大的产品是否要提出小型化等。

(3)经济性分析

就是分析在能达到同样效果的情况下实施方案花费最少。例如：选择传感器的精度范围等，可从整机考虑，增加价格低而实用的性能以提高性能价格比，而舍弃价格高而不太必要的性能。

(二)机电一体化产品精度设计

机电一体化产品精度包括机械和信息传递及处理两大部分，机械部分中有动力与传动机构、运动机构；传感器及信息传递与处理，驱动电路及设备，A/D、D/A 转换器，计算机等。各部分的精度指标及影响因素分析如下。

1. 动力及传动机构

(1)动力件

动力件对精度的影响主要在两点:首先,动力部分的振动影响其他部分精度;其次,动力部分本身参与完成整个机电产品的精度要求。比如步进电机的制造误差、回转精度、空回等都会影响它所驱动部件的运动精度。

(2)螺旋副

螺旋副螺母位置误差表示传动精度,其主要影响因素是螺纹制造的中径误差、螺距误差、半角误差。设计中采取的主要方法是用弹性螺旋副消除局部误差,用误差修正板消除螺距累积误差,用双螺母法消除螺旋副的空回。

(3)齿轮

传动精度由齿轮本身误差(如:齿轮径向综合误差,基节和齿形误差)及安装误差决定,齿轮的基节和齿形误差影响传动的平稳性,而齿轮径向综合误差影响传递运动的精确性,设计中核心问题是削减空回和消除传动误差。主要方法是设置可调中心距或加载弹簧消除空回,用整体齿轮消除偏心等。

2. 机械运动机构

轴系和导轨副是运动机构的两个重要部分,以完成给定直线或曲线运动。轴系使可动机械部分按给定方向旋转;导轨副是用来实现给定运动轨迹的导向机构。

(1)轴系

轴系最主要的评定指标是回转精度,用回转误差表示,按误差性质分为轴向窜动误差、角运动误差、径向摆动误差。

影响此精度的因素有:第一,轴系零件的尺寸误差和形位误差;第二,主轴回转速度与摩擦阻力的关系,在轴系工作速度处于低磨损的状态时回转精度高,使用寿命长;第三,外部干扰的影响。例如:温度变化造成零件变形,降低回转精度,这就要求使用相同膨胀系数的轴和套,但相同材料表面相对运动时却会产生较大磨损,可见,精度设计应当综合考虑各种因素。

(2)导轨副

其最主要的评定指标是导向精度,就是直线导轨上运动件沿给定方向运动的准确度。影响导向精度的因素有三:第一,导轨副的制造精度。第二,负载与滑行速度的关系,要防止出现爬行现象。第三,热冲击、外力和外振的干扰作用。用导向误差表示导向精度,导向误差对机电产品的影响很直接。

3. 传感器精度

传感器是机电一体化产品中信息流动的主要环节,传感器的精度是产品总体精度的重要组成部分,因此在精度设计时应当从传感器入手,以进一步确定信息的采集及处理方式。可考虑两方面:第一是研制新型传感器,或提高传感器本身的精度,这类传感器精度设计要进行原理分析、试制、研究适用范围等。第二是把现有传感器应用于机电产品。例如:使用光栅传感器替代计量仪器中的测微鼓轮,使用光电转速表替代频闪测速仪。

4. 信号处理精度

设计中要从模拟信号、模/数转换、数字信号处理等三部分入手全面考虑整个信号处理过程的误差源。

(1)以电压或电流的大小表示模拟信号。首先,影响处理精度的因素包括放大器的线性度、增益、稳定性、漂移、干扰和噪声、基准电压的稳定度等;其次,测量频谱较宽时,还要考虑放大器的通频带,一般来说,模拟式处理电路误差较大,精度只能达到1%至0.1%。

(2)引入数字信号处理,减少误差。由于它是以脉冲有无而不是以幅度表示信息的,所以其抗干扰性和稳定性好。精度设计主要考虑量化误差、运算误差和延时误差,而选择适当元件、电路、或处理器就可以削减运算误差和延时误差,使误差控制在允许范围内。

(3)模数转换是量化误差的来源,是处理过程最基本误差,其大小由转换器位数决定。目前电压转换精度可达万分之一至百万分之一。

方案选择,减小漂移和提高抗干扰性是提高信号处理精度的主要途径。

5. 总体精度

机电一体化产品的总体精度是机械部分和信号处理部分按误差性质的不同进行综合的结果。

(三)机电一体化产品的可靠性设计

可靠性就是在规定条件下和规定时间内,完成规定功能的能力,它是质量的主要要求。

在机电一体化产品设计任务书中,必须对产品提出必要的可靠性要求。可靠性要求包括故障率、寿命、维修性和可用性等,大体上分为定性的与定量的两大类。

1. 可靠性的定性要求

产品的有一些可靠性要求属于定性的。设计良好的维修性应当达到下列定性要求:

(1)较高标准化程度,如使用标准件的百分比。

(2)产品有防差错的识别标记,如重要零部件的编码设置。

(3)检测路线明朗、迅速、简便。

(4)有良好的维修空间,如机箱的大小、松紧螺栓的空间等。

(5)保证维修安全,如高温、高压、腐蚀性的部件应有标志。

(6)较低的维修费用。

2. 可靠性的定量参数的要求如下:

(1)与产品完成规定任务相关的参数,例如平均使用寿命。

(2)与产品有效性相关的参数,例如平均修复时间。

(3)与产品保养有关的参数,例如维修周期。

(4)与产品维修要求有关的参数,例如最大修复时间。

3. 设计中一般性步骤

机电一体化产品可靠性要求因产品不同而异,但一般性步骤如下:

(1)采用已经过可靠性验证的零部件或设计,例如采用经过可靠性验证的工程设计,采用已证明为可靠的标准工具、标准零件、标准测试设备。

(2)采用冗余技术,给机械件、电子元件一定的安全系数、例如轴承、电机、液压件等。

(3)充分考虑机电产品在环境中的工作状态,例如耐腐蚀性、密封性、抗振抗干扰、耐热防老化等。

(4)安全保险措施,例如应急报警、人身及设备的防护等。

(5)提供设备的故障自检措施。

(6)对多因素可靠性设计应用数理统计方法进行定性和定量分析。

二、机电一体化产品的总体设计

(一)方案设计

下面是一般设计步骤:

1. 综合研究总体方案;

2. 进行数字化、智能化、小型化、最优化、可靠性、精确性等功能要求分析;

3. 查询研究现有产品相关资料,包括收集相关设计方案及试验某种原理方案等;

4. 分析判断功能要求的可行性、必要性、经济性等;

5. 综合考虑现有生产条件、产品生产批量、产品进一步开发潜力、经济性、功能要求等比较几种初步设计方案;

6. 确定总体方案和参数:包括各构造参数与技术指标的关系、分系统指标及参数等。

(二)技术指标设计

技术指标的确定是在总体方案确定的基础上进行的,把已确定的总体参数划分成分系统技术指标,包括:机械设计技术指标、光学设计技术指标、电路设计技术指标、传感器设计技术指标、智能化设计技术指标。

分系统技术指标确定步骤无一定的格式,通常采用下列几种方式:

1. 按系统工作过程的次序逐一确定;

2. 按系统精度传递过程逐一确定;

3. 按系统中技术指标的重要性逐一确定。

(三)动力与传动设计

传统的动力源是电机加电气控制系统。传统的传动系统包括变速传动系统和内联系传动系统。随着计算机的发展,伺服电机和伺服机械传动系统日臻完善,大大缩短了机电一体化产品中传动链的长度,减少了传动链的数量,简化了机构,使动力件、传动件和执行件向一体化发展。

1. 选择动力和执行元件的一般步骤

(1)分析交流电机、直流电机、伺服电机、步进电机等各类电机的特点,选择电动机;

(2)明确各类电机的性能和应用范围。包括:起动、过载能力,负荷率,速度、加速度,调速方式(调压调速/变频调速/机械调速),平稳性,工作方式,环境要求等;

(3)确定所选用电机;

2. 传动部分的设计

根据总体设计作以下要求:

(1)要求应使其具有所需要的各种运动；

(2)要求严格传动比的运动；

(3)要求一定变速范围的运动；

(4)要求按控制指令的运动。

传动系统动力学性能设计应考虑如下几方面：

(1)合理选择电机和传动链，使负载的变化与工作负载、摩擦负载的变化相适应；

(2)研究传动的启停特性、控制的快速性、位移和速度的偏差受惯性的影响程度，以研究传动链惯性；

(3)分析传动精度和系统谐振以研究传动链固有频率；

(4)分析传动平稳性和传动精度以控制间隙、摩擦、润滑和温升等。

3. 伺服传动设计的一般步骤

(1)根据工作载荷、惯性载荷、摩擦载荷等估算载荷；

(2)按照如下优化设计转速与转矩匹配的原则选择总转速比：

"折算负载峰值力矩最小"原则、"折算负载均方根力矩最小"原则、"转矩储备最大"原则、"加速度最大"原则；

(3)考虑到齿轮传动的瞬时传动比为常数、传动精确、无侧隙和空回、负载能力强、机构紧凑、运动平稳等，传动机构的形式多使用齿轮传动；

(4)确定级数和各级传动比。其优化设计原则有：提高精度，减少回程误差的原则；最小折算转动惯量的原则；重量最轻原则；

(5)考虑低频分量和高频分量造成的传动误差、回程误差对传动精度和稳定性的影响，估算传动链精度；

(6)计算整个系统的刚度估算传动装置位置变动度和机构固有频率；

(7)根据现有标准件、零件加工工艺性、装配工艺性、生产类型、生产条件等分析其工艺性和经济性。

三、机电一体化产品的结构设计

(一)机电一体化产品部件设计

部件设计的方案有一定的选择性，同时又要满足整体设计的功能要求，使该部件的精度满足整体精度的分配，使该部件的大小限制在整体设计给定的空间内，使该部件的设计方案与整体设计方案相协调。

一般步骤：

1. 对部件功能、精度、可靠性等技术指标进行分析；

2. 查询部件的标准设计、现有设计等相关材料；

3. 分析确定几种可行性设计方案；

4. 通过对几种可行性设计方案的原理与整体一致性、功能性、经济性、小型化和最优化等方面的比较和选择确定一种优选的设计方案；

5. 绘制所选设计方案的运动简图、原理草图、零件草图等；

6. 确定组成零件的技术要求，完成部件设计图和零件设计图，并且分析确定加工工艺。

(二)机电一体化产品造型设计

当前高等学校中机电一体化专业纯产品艺术造型的毕业设计题目虽然较少，但是，几乎每个机电产品都要考虑造型的问题。它涉及美学、人机工程学、制造工艺学、市场营销等多方面的知识，属于技术美学的范畴。新颖的艺术造型有利于促进和正确地体现产品功能的合理性、内外质量的统一性和技术的先进性。

艺术造型的一般设计内容和步骤如下：

1. 通过市场调查，收集产品情报，了解新技术，研究新方案，综合分析“环境一人一机”的关系，提出体现艺术和技术的人机工程学指标和美学指标，提出几种造型方案，为产品开发做准备；

2. 绘制造型的主观草图和透视草图，并制作模型，比较和确定方案以进行总体造型；

3. 绘制部分艺术设计图和总体透视效果图，制作外观效果模型，确定材料和装饰，从而实现整机立体技术造型。

4. 审批各种艺术造型设计图、产品外观效果图；

5. 确定外观件加工工艺和特种工艺方案；

6. 分析鉴定样机的外观质量和艺术造型。

四、机电一体化产品的控制系统设计

1. 可编程控制器(PLC)控制或工业微机控制；

2. 计算机程序设计；

3. 产品设计中的图形、文字、数字显示。

详细内容可参考相关资料。

第十四章　毕业设计范例

气压制动软管试压台的设计

学生姓名：钟　明　　班级：机电 01－1
指导老师：曾亿山　　指导单位：机-汽学院

摘　要：介绍了汽车气压制动软管压力试验台的基本结构和工作原理。本设计采用机械装置、气动系统和电气控制系统相结合，通过对夹紧密封后完全浸入水中的软管充气保压来检测其耐压性能。充分利用气缸传动动作迅速、反应快的特点，应用气缸实现试压台的夹紧封堵和工件的升降动作，再通过电磁阀控制气缸的进气排气，从而实现对试压台工作的控制。此外，还应用了时间继电器、温控器控制保压时间和水温，使系统自动保压和调节水温。本设备采用半自动化控制，适用于 250mm～1500mm 之间不同长度的气压制动软管的检测，通过控制面板上的按钮对设备进行操作，结构简单，方便实用。

关键词：制动软管；性能；试验台

Abstract: The construction and operating principles of the vehicle brake hose pressure tester were introduced. This design adopts the machinery, pneumatic system and electricity to control the system. Charge and keep pressure of the hoses which are immerged into water after being clamped and sealed to examine their capability of bearing pressure. Use pneumatic cylinder which is drived quickly and sensitive to respond to carry out the action of the clamping, ascending and descending of the hoses. Use electromagnetism valve to control the pneumatic cylinder, then control the whole tester. Meanwhile, with the help of relay and temperature controller, teser can keep pressure and requlate temperature of water automatically tester. This hoses adopts the half automation control and is suitable for the examination of the hoses which have different length between 250mm～1500mm. It is proved in practice that this system has a reasonable design and can be controlled easily.

Keywords: brake hose; capability; test stand

0. 引 言

气压制动软管由长纤维多股棉线编织而成的胶管和扣压式管接头组成，是汽车制动系统中的关键部件。其质量的好坏直接关系到行车安全。劣质产品在实际使用中会快速老化，刹车时可能出现软管破裂，制动失效，直接威胁到驾驶员的生命安全。国家强制性标准GB16897—1997对汽车制动软管最大膨胀量、抗拉强度、爆裂强度等作了严格的要求，产品在出厂前都要经过质量检验。为此，我们设计了气压制动软管试压台，用以检验制动软管最主要的性能指标——管材的耐压能力。

1. 总体方案设计

本试压台采用浸水气泡法原理。在试压过程中将产品整体浸埋水中，通过人工观察其是否漏气，从而确定产品质量的好坏。检测气压为1.4MPa，保压时间为两分钟，并且压力、试压时间可调。

技术要求：

(1)能够适应两种接头型式：A型M16×1.5内螺纹接头，B型M22×1.5内螺纹接头；

(2)试压台测试距离可调，制动软管最长1500mm，最短250mm；

(3)一次检测数量：10根；

(4)管内测试气体压力为1.4MPa，保压时间2分钟；

(5)装夹操作方式：水面上装卸工件，水下面检测工件；

(6)带电加热装置：冬季水温达到10～20℃，加热时间不多于40分钟；

(7)控制方式：电气控制；

(8)材料要求：防水防锈。

依据根据工作原理及技术要求，本设备采用机械装置、气动系统和电气控制相结合，由自动夹紧封堵装置、升降装置、水槽装置、气动系统、电气控制系统等组成。其中上料、定位、下料由人工手动完成，夹紧封堵、旋转入水、充气、排气、旋转出水、松堵、加热等试压过程完全由电气控制。具体工作流程如图1。

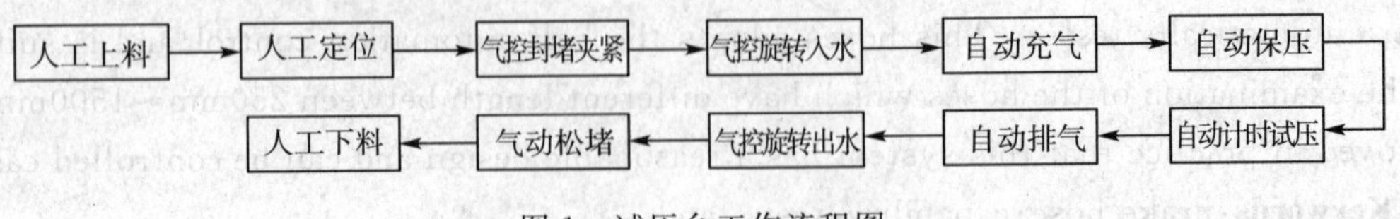

图1 试压台工作流程图

2. 机构设计

2.1　夹紧封堵装置

夹紧封堵装置由气缸、气缸支架、工件夹具、封堵头等元部件组成。将工件放入静夹具体，打开封堵电磁阀，压缩空气充入气缸无杆腔，使气缸活塞杆前进，推动封堵头作用在接头端面上，完成工件的夹紧封堵。当工件试压完毕，电磁阀换向，压缩空气充入气缸有杆腔，使气缸活塞杆后退，带动封堵头与工件脱离，即实现松堵。气压制动软管参数如下：

长度：250mm～1500mm；胶管直径：17mm；管套长度：26mm；接头螺母：M22、M16；接头内径：7.2mm。

对工件进行夹紧封堵，首先要找准定位面。考虑到制动软管内气体的测试压力为1.4MPa，对封堵头的作用力会比较大，所需的封堵压力要比较大，且夹紧时不能对工件有所损坏，选取的定位面须具有足够的强度。现选择管套扣压后末端翘起的环状端面作为定位面，如图2所示。

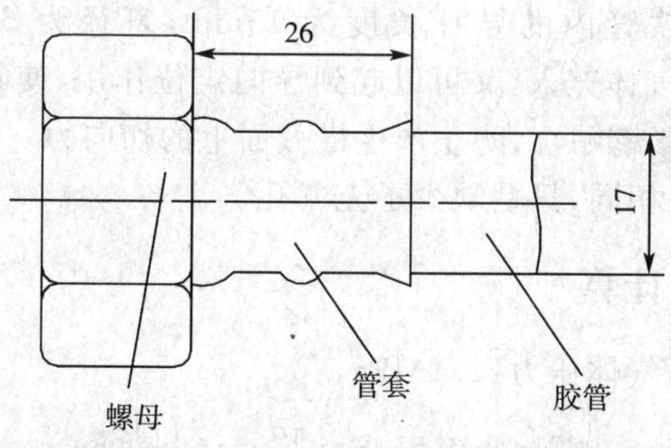

图2　气压制动软管扣压接头图

为方便上料、下料，定位夹具设计成半开口圆形导块，如图3所示。

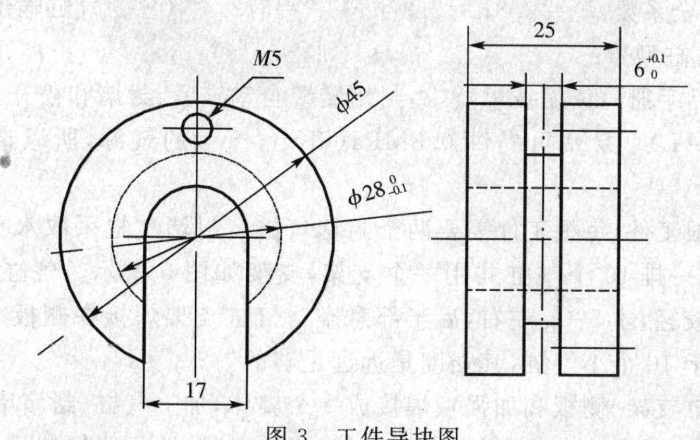

图3　工件导块图

气压制动软管胶管直径为17mm，刚好能放进导块的开口槽中，管套末端翘起的环状端面被导块挡住，起到定位支撑作用。导块厚度达 25mm，也就是说胶管部分有 25mm 长的部分卡在导块里，足以起到定位定向作用。再把工件导块固定在底架上，便形成了一个完整的工件支架。导块的固定采取插装式固定，如图 3 所示，导块圆侧面上的环型凹槽和与之相配合的底架凹槽啮合，再用一个螺栓定位，便完成导块的固定。这种设计方便灵活，可以根据胶管直径的不同选择不同的尺寸大小工件导块与之相配合，大大增加了工件支架的通用性。

工件的接头端面为平面，查《机械设计手册》知，1.4MPa 的气压用○型密封圈密封足以保证其密封性能。气缸推动封堵头作用在工件接头平面上，封堵头端面上压缩后的○型密封圈和工件接头平面紧密接触，就实现工件接头的密封。封堵头设计如图 4：

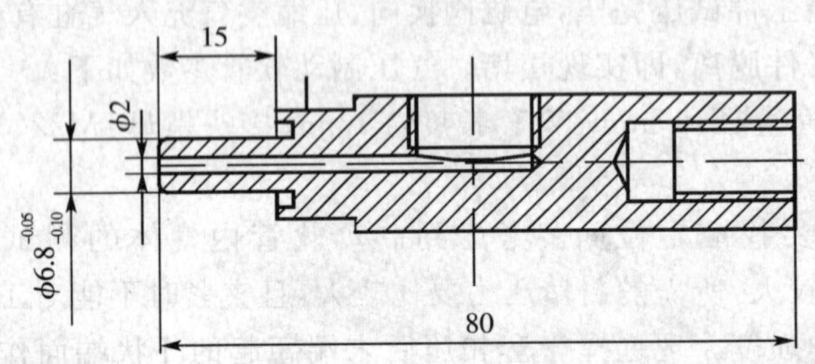

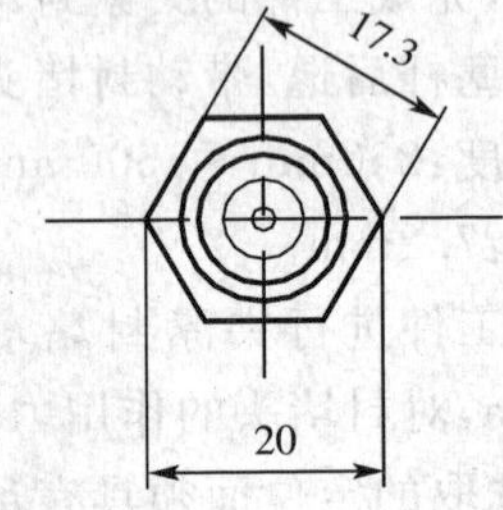

图 4　充气端封堵头图

封堵时封堵头插入软管内的导杆长度为 15mm，直径为 6.8mm，略小于接头内径(7.2mm)，这样既有利于气体充入，又可以起到导向定位作用，使管接头和封堵头尽可能保持同轴度，确保密封面能紧密贴合，防止产生横截面上的切向力。另一端无充气孔的封堵头结构和带充气孔的封堵头相同，只是缺少了充气孔。

2.2　封堵气缸的选择计算

气压制动软管的试压气体压力：1.4MPa，

密封圈的外径 d＝11mm，则封堵面积：$S=\frac{\pi d^2}{4}=\frac{\pi 111^2}{4}\text{mm}^2=95\text{mm}^2$

试压气体作用在封堵面的压力：$F=P\cdot S=1.4\times10^6\times95\times10^6\text{N}=133\text{N}$

考虑封堵力安全系数：$F'=2.8F=2.8\times133\text{N}=372.4\text{N}$（$F'$为气缸输出力）

根据 F'选择气缸型号：

查《亚德客产品手册》，依据技术要求，封堵装置自动夹紧、封堵和松开工件，所以选择复动型气缸(代号 MAL)。泵站可提供 0.8MPa(8Kgf/cm²)的气源，所以选择气缸型号为：MAL－CM25×50。

一次检测 10 根工件，每根工件需要两个封堵气缸。封堵气缸采取水平安装，由前段螺母固定在支架上。一排 10 个气缸共用一个支架，支架如图 5 所示。气缸前段固定在支架上，考虑到气缸比较轻，才 500g 左右，后半部悬空。气缸支架焊接在侧板上，底部还增加了一块加强板，相对于 10 个小气缸，其强度是远远足够的。

工件支架、气缸支架、侧板和加强板焊接成一个整体，加上气缸、封堵堵头即构成一个完整的封堵装置。当工件定位夹紧封堵时，工件接头和封堵装置便能保持相对静止，从而保证工件检测时的密封性。

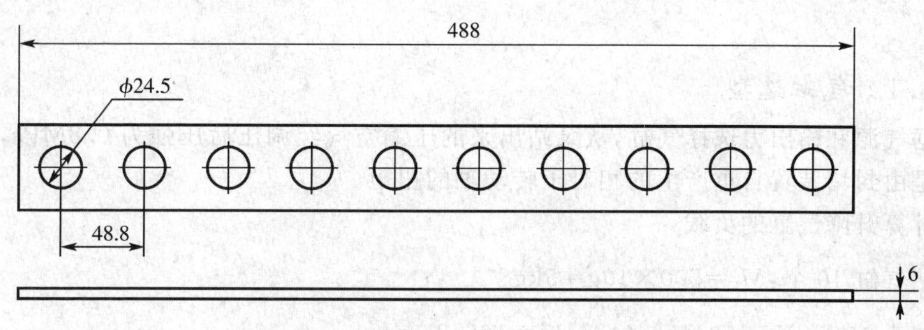

图 5　气缸支架图

2.3　升降机构设计

工件试压时，接头部分必须进入水中，而上料、下料时，为了便于操作，接头又需露出水面。为了减少人工操作、提高工作效率，设计一个升降装置控制工件接头的入水、出水。试压时，工件接头固定在封堵装置上，其接头的入水、出水，只需要让封堵装置绕远离工件支架的一端的轴转动一个比较小的角度便能实现，所以只需通过控制封堵装置的转动便能对工件接头入水、出水的控制。这个控制机构设计为一个连杆机构，连杆机构具有结构简单，功能易实现等优点。具体设计如图 6 所示，连杆机构导杆为一个摆尾气缸，曲柄一端和封堵装置转动轴固定在一起，当气缸工作时，就能通过活塞杆的伸缩控制封堵装置的转动，从而实现对工件接头入水、出水的控制。

依据前面封堵装置的设计，接头在封堵装置上固定时，其距离转动轴 142mm，初步设定封堵装置需转动 30°，则工件接头摆动弧长为：$L=142\times\pi/6=74.3$mm

而工件接头部分长度仅为 45mm，所以封堵装置支架转动 30°能够保证工件接头部分全部浸入水中。封堵装置转动的角度即为与之固定在一起的连杆机构的曲柄转动的角度，所以曲柄也要转动 30°。曲柄的转动由导杆控制，即由气缸行程决定。

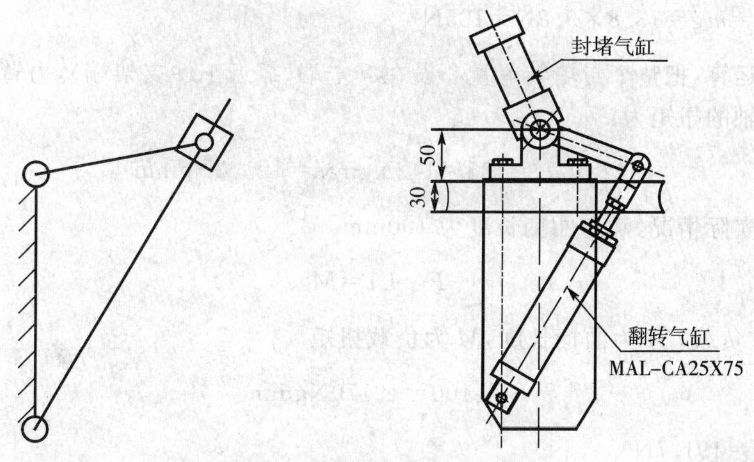

图 6　升降机构结构原理图

2.3.1 气缸选型

根据气源和输出力选择气缸，从泵站出来的压缩空气经调压后压强为 0.8MPa，气缸负载主要是由封堵装置自重产生的相对于转动轴的扭矩。

现计算升降气缸的负载：

封堵气缸 10 个：$M_1 = 500 \times 10\text{g} = 5\text{kg}$

封堵头 10 只：$V_1 = 10 \times 53 \times \pi \times 10^2 = 16642\text{mm}^2$

工件支架：$V_2 = (488 \times 50 - \pi \times 14^2 \times 5 - 22 \times 20.8 \times 10) \times 6 = 100480.8\text{mm}^3$

封堵气缸支架：$V_3 = (488 \times 50 - \pi \times 24.5 \times 10 \times 0.25) \times 6 = 118128\text{mm}^3$

加强板：$V_4 = 504 \times 60 \times 6 \times 2 = 362880\text{mm}^3$

侧板：$V_5 = (210 \times 50 - \pi \times 11^2 - \frac{\pi \times 9^2}{4} - 25 \times 9) \times 8 \times 2 = 154256\text{mm}^3$

工件导块：$V_6 = [(25-6) \times \pi \times 45^2 \times \frac{1}{4} - 22.5 \times 17 \times (25-6)] \times 10 = 229354\text{mm}^3$

总体积：

$$\begin{aligned} V &= V_1 + V_2 + V_3 + V_4 + V_5 + V_6 \\ &= 166420 + 100480 + 118128 + 362880 + 154256 + 229354 \\ &= 1131518.8\text{mm}^3 = 113.5188\text{cm}^3 \end{aligned}$$

总质量：$M = 5 + \frac{113.5188 \times 7.75}{1000} = 13.8\text{kg}$

总重量：$G = mg = 13.8 \times 9.8\text{N} = 135\text{N}$

为了简化运算，把整个封堵装置重心设在其末端(靠近工件支架端)，力臂为 142mm，所以其相对于转轴的扭矩为：

$$M = GL = 135 \times 142\text{Ngmm} = 19170\text{Ngmm}$$

根据机构实际情况，确定曲柄长度为 100mm

$$F \cdot L1 = M$$

式中：F 为气缸负载，$L1$ 为曲柄长度，M 为负载扭矩

$$Fg100 = 19170\text{Ngmm}$$

计算得：$F = 191.7\text{N}$

考虑安全系数，$F' = 2F = 2 \times 191.7\text{N} = 383.4\text{N}$

式中：F'——气缸输出力。

根据气源压力和输出力，查《亚德客产品手册》，选择型号为 MAL－CA25×75 的摆尾

气缸。

2.3.2 连杆机构设计计算

气缸：A＝210mm，活塞杆伸出前；L＝A＋气缸行程＝210＋75＝285mm，活塞杆完全伸出后。

已知曲柄长度 100mm，转角 30°导杆长度变化范围：75 mm 即曲柄移动副在导杆上的移动范围为 75mm，现在须确定机架长度，即封堵装置转动轴到气缸转动轴的距离。由图谱法确定支架长度为 304mm。经现场模拟，导杆驱动曲柄转动角略大于 30°，可以满足升降装置的转动要求。

曲柄和封堵装置转动轴用一个定位螺钉固定，可以根据实际情况调节其转动时倾斜角度。曲柄和活塞杆接头由直径为 18mm 的不锈钢加工的，相对于负载来说，具有足够的强度。

2.4 水槽及支架设计

工件检测时必须整体浸入水中，所以水槽必须有足够的宽度和深度保证工件能全部浸入水中。另外，封堵装置是安装在水槽上平面，所以其侧壁强度须满足这个工作要求。支架承受着整个设备的重量，所以设计选材上都要充分考虑到其强度要求。

2.4.1 水槽设计

本设备所需检测的气压制动软管最长为 1500mm，一次检测的软管数量为 10 根，根据此确定水槽基本尺寸。

封堵装置总长度：$L1$＝气缸原始长度＋气缸行程＋封堵头长度＝210＋75＋80＝365mm

水前，封堵装置假设倾斜角为 15°，此时封堵装置的水平长度：365×COS15°＝352mm

水槽理论长度：L＝365×2＋1500＝2200mm

但考虑到封堵装置是安装在水槽端面上的挂脚上，高出其端面不少，且其始终处于一种倾斜状态，封堵气缸后段部分可以露在水槽外面，且软管装夹后由于自重的原因，处于弯曲状态。综合封堵装置的倾斜程度和软管的弯曲程度，确定水箱长度为 1800mm，宽为 520mm，深度为 293mm。

查《机械设计手册》(第四版 · 第 1 卷 · 成大先主编)，水槽材料采用 0Cr18Ni9 不锈钢板，厚度为 3mm，$\delta_b=500\text{MPa}$，$\delta_{0.2}=210\text{MPa}$，$\delta_5=40\%$。

底板所受到的水的压力：

$$P=\rho gh=1000\times 9.8\times 0.293\text{Pa}=2.87\text{MPa}$$

水槽底板上仅受到垂直载荷作用，虽然在 2.87MPa 的垂直压强作用下，底板中面将产生弯曲及面内的拉伸或剪切变形，中间挠面成一曲面。但由于水槽是安装固定在支架上，支架对水槽底面起着支撑作用，所以曲面变形很小。底板和侧板采用焊接成型，形成一个开口箱体，且水槽工作时是静止的，其强度满足工作要求。

2.4.2 支架设计

为了使工作台有一个合适的高度，便于人员操作，必须设计一个支架用于支撑水槽。支架设计成一个工作柜，里面布置气动元件和电器元件，既能保证操作人员的安全又使整个设备简洁美观。

以身高 170cm 的操作人员为基准设计，工作台高度为 900mm 左右最适合操作。水槽高度为 293mm，所以支架高度取 610mm，工作台总高度 903mm。

支架所需承受的负载为：

$$G=G_1+G_2+G_3$$

式中：G_1——封堵装置的重量；

G_2——水槽中水的重量；

G_3——水槽的重量。

$$G_3=(1800\times520+293\times520\times2+1800\times293\times2)\times7.75\times9.8\times6/10^6\text{N}=1046\text{N}$$

$$G=G_1+G_2+G_3=135+2685+1046=3866\text{N}$$

查《机械设计手册》(第四版 · 第 1 卷 · 成大先主编)，支架材料选用边长为 40mm 的结构冷弯方形空心型钢(GB/T6728－1986)。支架结构如图 7 所示，图 8 为支架的上平面视图，即受力面。

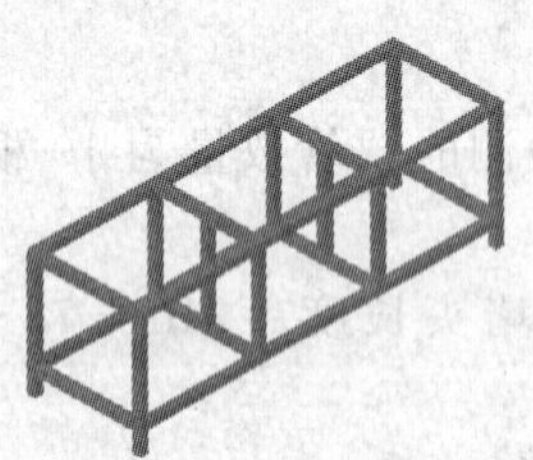

图 7 支架结构图

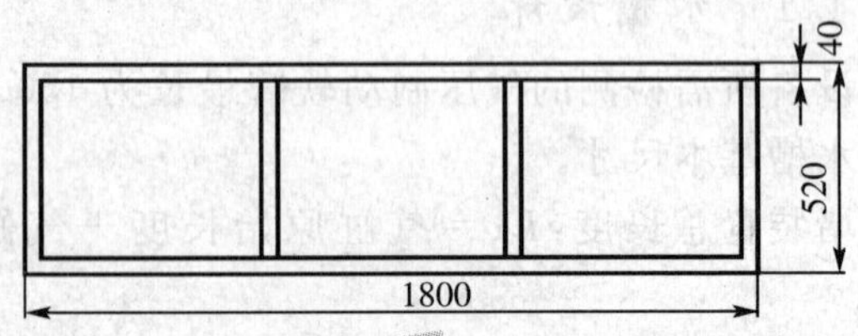

图 8 支架上平面图

支架强度校核：

上平面支架单位长度受力：

$$L=(520-80)\times4+1800\times2=5360\text{mm}=536\text{cm}$$

$$F_l=G/L=3866/536=7.2\text{N/cm}$$

由图 7 和图 8 可知 1800mm 长的方钢梁所受到的力最大，只要校核其强度就可以推断其他梁强度是否满足要求。

1800mm 梁受力分析如图 9。

如图 9 所示，梁受到均部载荷 q 和集中力 F、P 的作用，集中力 F 和 P 方向相反，为了简化计算，方便受力分析，把 F 和 P 看做是一对反作用力，相互抵消。这样横梁就只受到均部载荷和支架反力的作用。

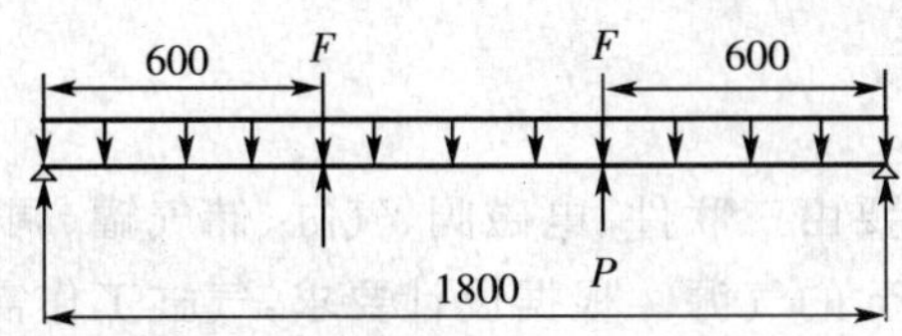

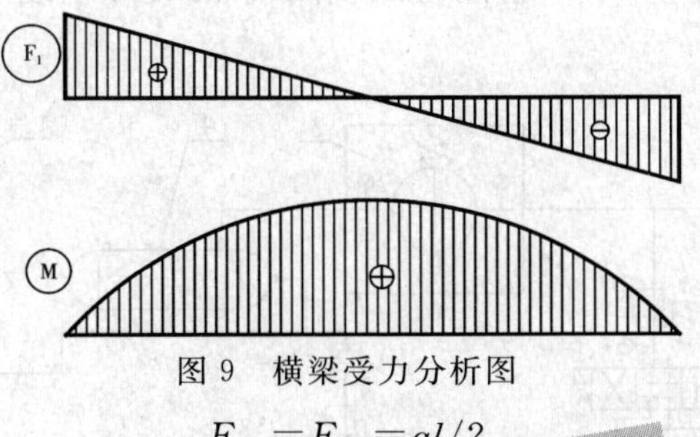

图 9 横梁受力分析图

$$F_{Ay}=F_{By}=ql/2$$

剪力方程和弯矩方程:

$$F_Q(x)=\frac{ql}{2}-qx \tag{a}$$

$$M(x)=\frac{ql}{2}x\frac{qx^2}{2} \tag{b}$$

式(a)说明 F_Q图是一斜线,且在 $x=0$ 处,$F_Q=ql/2$;$x=l$ 处,$F_Q=-ql/2$。连接这两个坐标点作出 F_Q图,见图 9 所示。

式(b)说明 M 图是 x 的二次抛物线。由式(b)可求出 $M(x)$的一些对应值如下表,连接这些坐标点,即作出弯矩图,如图 9 所示。

由图可见,最大剪力发生在支座截面处,其值为$|F_Q|_{\max}=ql/2$;最大弯矩发生在中央截面处,其值 $M_{\max}=ql^2/8$,注意到该处的 $F_Q=0$。

$$|F_Q|_{\max}=ql/2=7.2\times180\text{N}=1296\text{N};\ M_{\max}=ql^2/8$$

$$=\frac{7.2\times180^2}{100\times8}\text{Ngm}=291.6\text{Ngm}$$

支座截面的切应力:

$$\tau=\frac{F_Q}{A_Q}=\frac{F_Q}{a^2}=\frac{1296}{40^2}\text{MPa}=0.81\text{MPa}$$

查《机械设计手册》(第一版·第一册·徐灏主编),表 3·2-19 一般工程用铸钢的机械性能及应用举例,牌号:ZG270-500(ZG35),$\delta_S=270$MPa,$\delta_b=500$MPa。条件屈服强度和抗拉强度都远远大于负载,所以支架具有足够的强度和稳定性。

3. 气动系统设计

本设备工件的封堵和封堵装置的旋转控制都是采用气动执行元件——气缸控制。

3.1 工作原理

本设备的气动系统主要由三联件、电磁阀、气缸、储气罐、调压阀、增压阀等元件组成。

泵站能够提供 0.8MPa 的气源。根据设计要求，气缸工作需要 0.8MPa 的气源，而工件试压所需的压缩空气达到 1.4MPa，所以从泵站出来的气源须经过调压。气路原理如图 10 所示。

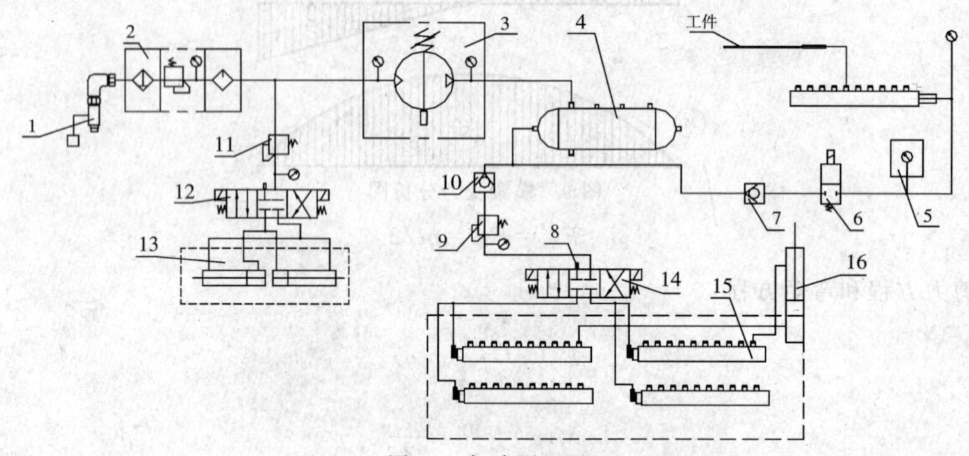

图 10 气路原理图

从泵站出来的 0.8MPa 压缩空气先接入一个球阀，以控制整个回路。为了防止气源在从泵站到设备这段较长距离的传输中所夹含的杂质和灰尘进入机体和系统，加剧相对滑动件的磨损，加速润滑油的老化，降低密封性能，从球阀 1 出来的压缩空气接入一个三联件 2(过滤器、调压器和油雾器)。经三联件 2 过滤、调压、加油后的压缩空气分成两路：一路经调压阀 11 调压后接入电磁阀 12，由电磁阀 12 控制升降气缸 13 的进气排气；另一路接入一个增压阀 3，把压缩空气增压到 1.5MPa。考虑到封堵气缸 16(20 只)、工件(10 根)所需压缩空气量比较大，为了消除压力波动，保证输出气流的连续性，增压后的气体接入一个储气罐 4。再通过储气罐为封堵气缸 16 和试压工件供气。从储气罐出来的气体再分为两路，一路为封堵气缸 16 供气，另一路为试压工件提供检测气体。因为封堵气缸 16 所需气源压力为 0.8MPa，所以从储气罐 4 出来的 1.5MPa 的压缩空气须接入一个单向阀 10，再经过调压阀 9 减压到 0.8MPa 再接入电磁阀 14，由电磁阀 14 控制封堵气缸的工作。另一路气体经过一个单向阀 7 后，接入电磁阀 6，经电磁阀控制试压工件的充气、排气。工件的试压需要相对稳定的 1.4MPa 的压缩空气，所以在工件和电磁阀 6 之间接入一个触电式压力表 5，以保证试压气体压力的稳定性。

在气路回路中，为了补偿管道损失，每条支路在接入电磁阀前都增加一个调压阀，以保证气缸工作所需的气源压力。另外，气压传动装置的噪声一般都比较大，尤其是当压缩气体直接从气缸或阀排向大气时，较高的压差使气体体积急剧膨胀，产生涡流，引起气体的振动，发出强烈的噪声。为了消除这种噪声，在电磁阀排气口增加了消音器 8。

3.2 基本设计参数的确定

(1)压缩空气管道管径的确定

$p_1=0.7\text{MPa}$，$v=8\text{m/s}$ 时，可得近似公式：

$$d=20\sqrt{Q}=20\times\sqrt{0.4}=12.7\text{mm}$$

(2)储气罐容积确定

以下是试压台一次检测所需的压缩空气量：

$$C=C_1+C_2$$

式中：C—每次检测储气罐供气量；

C_1—封堵气缸满行程工作所需气体总体积；

C_2—试压工件内充气体总体积。

$$C_1=\frac{2.5^2\times75\times\pi\times20}{4}\text{mm}^3=735937.5\text{mm}^3=0.736\text{L}$$

$$C_2=\frac{7.2^2\times1500\times\pi\times10}{4}\text{mm}^3=610406\text{mm}^3=0.610\text{L}$$

$$C=C_1+C_2=0.736+0.610\text{L}=1.346\text{L}$$

综合以上计算结果和压缩空气流量，选取容积为 9L 的储气罐。

(3)管道压力损失计算

考虑到本设备气路管道比较短，且压缩空气在应用前都经过调压，所以其压力损失对设备的正常工作影响很小，可以忽略不计。

4. 电气控制系统

电气控制系统包括气路控制系统和水温度控制系统。气路控制系统通过控制电磁阀控制气缸工作和工件充气排气；水温控制系统控制水槽中水的温度，使水温保持在一定温度之上。控制系统操作界面为按钮，操作人员只需要通过控制面板上的按钮就能实现对设备的控制操作。

4.1 气控制系统路

气路控制系统由以下三部分构成：(1)工件接头的封堵和松堵；(2)工件的入水和出水；(3)工件充气、保压和排气。系统接 24V 的直流电源，封堵、松堵、入水、出水、充气都通过继电器控制电磁阀来实现。试压气体的保压由系统自动控制。充气后，当工件内检测气体的压力达到 1.4MPa 时，压力触点开关闭合，时间继电器工作，保压两分钟后，自动断开，工件排气。工作流程如图 11 所示。系统中试压压力可以通过调节触点开关调节，保压时间也可调，只要改变时间继电器的设定值就可以实现了。

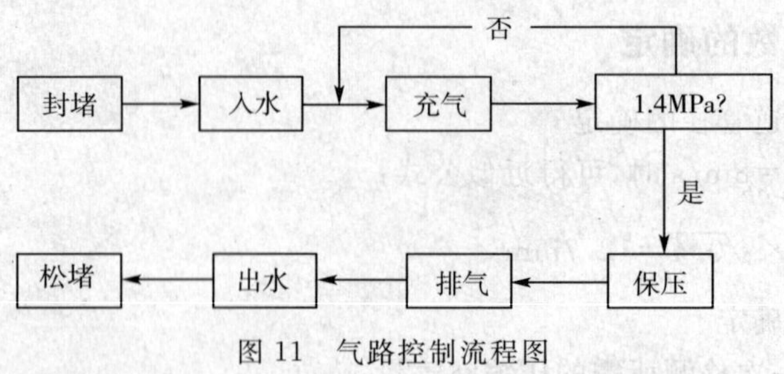

图 11 气路控制流程图

4.2 水温度控制系统

水槽里的水冬天温度过低甚至结冰冻住，不利于工人操作。为避免出现这种情况，水槽里安装了一个水温控制系统，使水自动保持在一定的温度上。

水温控制系统由加热装置、热电偶、温控器、接触器和电源等元件组成。当热电偶探测到水温低于 15 度时，把信息反馈给温控器，温控器控制加热装置对水槽中的水进行加热。当热电偶探测到水温达到 15 度时，又把信息反馈给温控器，温控器控制加热装置对水进行保温。

水温可根据实际情况调节，只要通过改变温控器上的温度设定值就可实现了。根据技术要求，加热时间不能多于 40 分钟，所以必须根据加热时间选择加热装置的功率，计算如下：

水槽容积 $V=Sh=1800\times520\times293\text{mm}^3=274\text{L}$； $Q=mc_p\Delta t$

式中：m——加热水的质量，kg；

C_p—比定压热容，J/(kg·K)；

Δt——加热前后温差，K。

假设水槽装满水，冬季水温达到－5℃，把水加热到 15℃所需的热量为

$$Q=mc_p\Delta t=274\times4.212\times20\text{kJ}=2308.6\text{kJ}$$

而

$$Q=0.8PT$$

式中：0.8——加热有效率；

P——加热装置功率，W；

T——加热时间，S。

加热装置的功率：

$$P=\frac{Q}{0.8T}=\frac{0.081}{0.8\times40\times60}\text{KW}=12\text{KW}$$

所以加热装置的功率至少为 12KW。加热装置安装在水槽底部两侧，以免加热时烫伤操作人员和工件。由于加热装置采用的是 220V 交流电源，所以必须采取必要的绝缘措施。

5. 结　　论

本设备是按江淮制管厂的要求而设计用以检测汽车气压制动软管的耐压性能的试压台，机械图纸省略，设计出的样机照片见图 12。

图 12　样机照片

它由机械装置、气动系统和电气控制系统相结合。试压台采用半自动化控制，能够一次检测 10 根气压制动软管(如图 13)，且能通过更换封堵头和移动活动封堵夹紧装置适用于长度和接头内径尺寸不同的气压制动软管的检测。

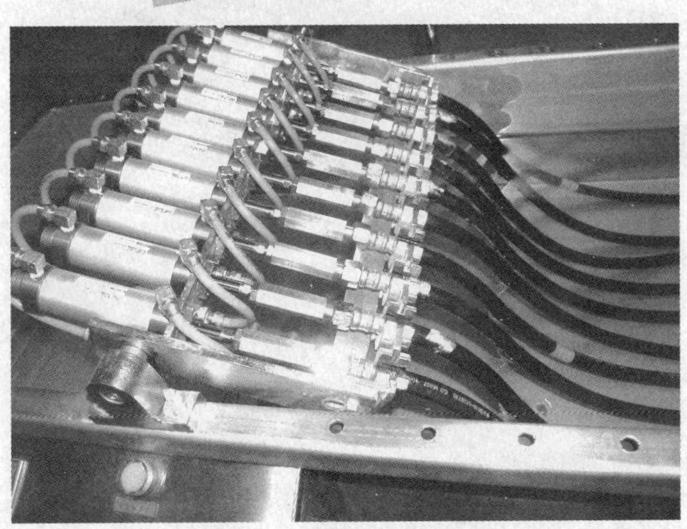

图 13　试压台制动软管

其操作简单、性能可靠且成本较低，已由厂家生产并投入市场，并取得较高的经济效益。但由于其只是通过操作人员的观察来确定软管是否存在质量问题，所以这跟人为因素关系比较大。为了减少人为不确定因素的影响，用微机控制的闭环检测系统代替人工观察检测，将会大大提高检测的精度和系统可靠性。

谢　辞

看着两个多月来的努力就要画上一个圆满的句号，心情无法平静。将近两个月朝九晚五的上班族式生活和设计过程中所经历的困惑、艰辛和努力都成为一种美好的回忆。毕业设计可以说是我四年大学学习的一次总结和检验，在此过程中，不仅仅巩固、学习了专业知识，还学会了不少做人的道理，锻炼了意志品质。从开始进入课题到论文的顺利完成，无不凝聚着师长和同学的关心和帮助，让我至诚难忘。在此之际，我要感谢尊敬的导师曾亿山副教授，在他的精心指导和悉心关怀下，我的毕业设计才得以顺利完成；感谢合肥三鹰精密机械有限公司的贯总和技术部的所有成员，在设计过程中给了我很多无私的帮助；感谢我的同学在学习和生活上关心和帮助。最后，要感谢的是我的母校——合肥工业大学，在这我度过了人生中最具激情和梦想的四年。

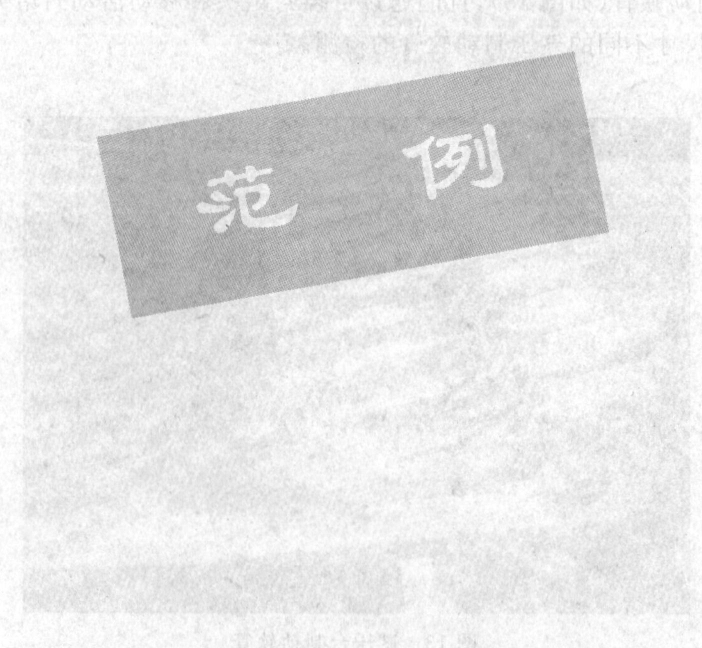

参考文献

[1]杨叔子等．机械工程控制基础［M］．武汉：华中科技大学出版社，2002
[2]上海航虹高科技有限公司．爱迪克教学实验系统实验指导书［M］．上海，2005
[3] 左健民．液压与气压传动［M］．北京：机械工业出版社，2005
[4] 于骏一，邹青．机械制造技术基础［M］．北京：机械工业出版社，2004
[5] 艾兴，肖诗纲．切削用量简明手册（第3版）［M］．北京：机械工业出版社，1994
[6] 成大先．机械设计手册 单行本 机械传动［M］．北京：化学工业出版社，2004
[7] 张建民．机电一体化系统设计（第2版）［M］．北京：高等教育出版社，2001
[8] 林述温．机电装备设计［M］．北京：机械工业出版社，2002
[9] 尹志强．机电一体化系统设计课程设计指导书［M］．北京：机械工业出版社，2007
[10] 王玉琳．步进电动机的软件脉冲分配［J］．制造技术与机床，2006(7)
[11] 王玉琳．三相反应式步进电机的一种实用型驱动器［J］．电力电子技术，2005(3)
[12] 王玉琳．提高车床闭环控制系统的软件可用性的研究［J］．计算机工程，2005(23)
[13] 陈波，尹志强，王玉琳．HFUT—1型机电一体化实验平台的研制［J］．机电工程技术，2006(9)
[14] 成大先主编．机械设计手册．第四版．北京：化学工业出版社，1999
[15] 徐灏主编．机械设计手册．第一版．北京：机械工业出版社，1993
[16] 左健民主编．液压与气压传动．第二版．北京：机械工业出版社，1999
[17] 郑文纬，吴克坚主编．机械原理．第七版．北京：高等教育出版社，2001
[18] 朱振杰，宋维波．微机控制的塑料管材压力试验机的设计．机床与液压，2005(5)
[19] 孟少农主编．机械加工工艺手册．北京：机械工业出版社，1991
[20] 杨伯源主编．材料力学(1)．第一版．北京：机械工业出版社，2001
[21] 秦曾煌主编．电工学(上册)．第五版．北京：高等教育出版社，2002
[22] 张学学，李桂馥主编．热工基础．第一版．北京：高等教育出版社，2003
[23] 方向威主编．机械工程手册．第二版．北京：机械工业出版社，1996
[24] 章宏甲，黄谊主编．液压传动．北京：机械工业出版社，1992
[25] 许贤良，王传礼主编．液压传动．北京：国防工业出版社，2006
[26] 朱传礼，林浦生主编．高等学校毕业设计(论文)指导手册：机械卷．北京：高等教育出版社，1998

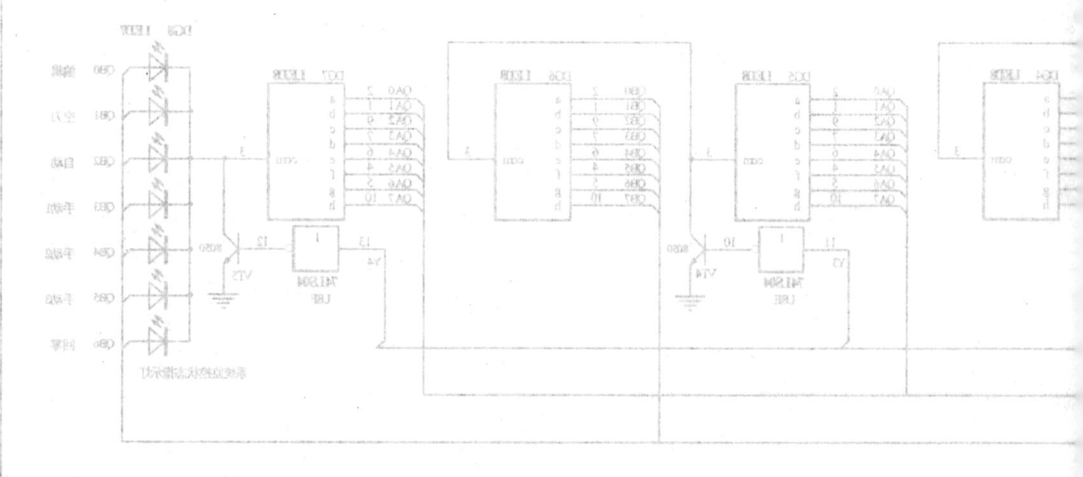

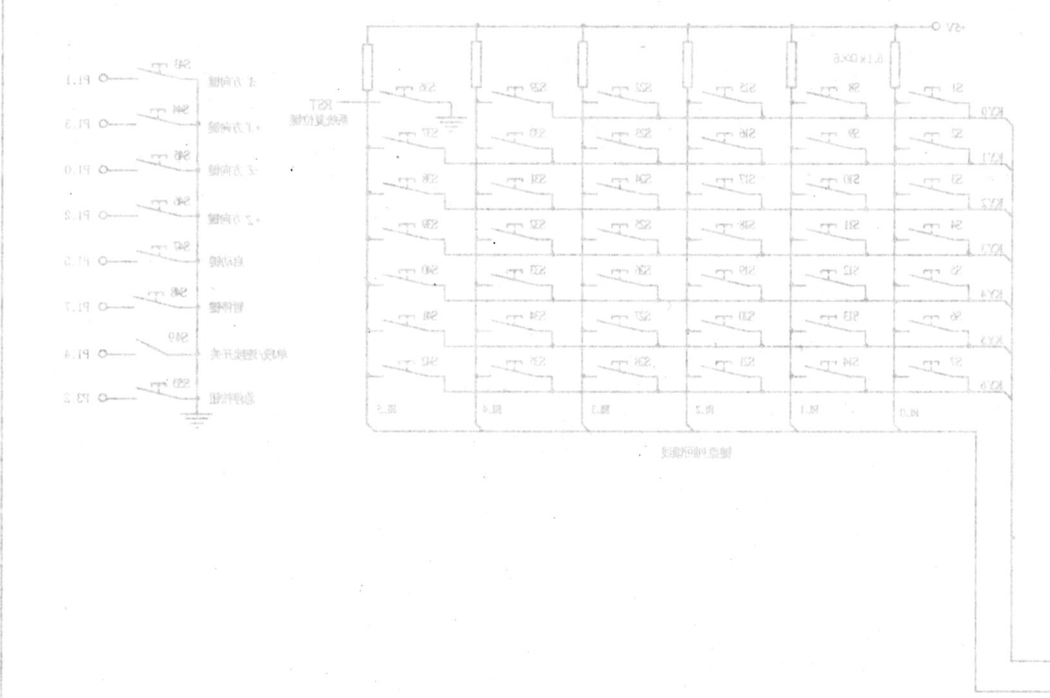

	图号	车床数控系统键盘与LED显示电原理图		
第1张	共1张	2006.8	王玉琳	设计
		2006.8	尹志强	审核

…统键盘与LED显示电原理图

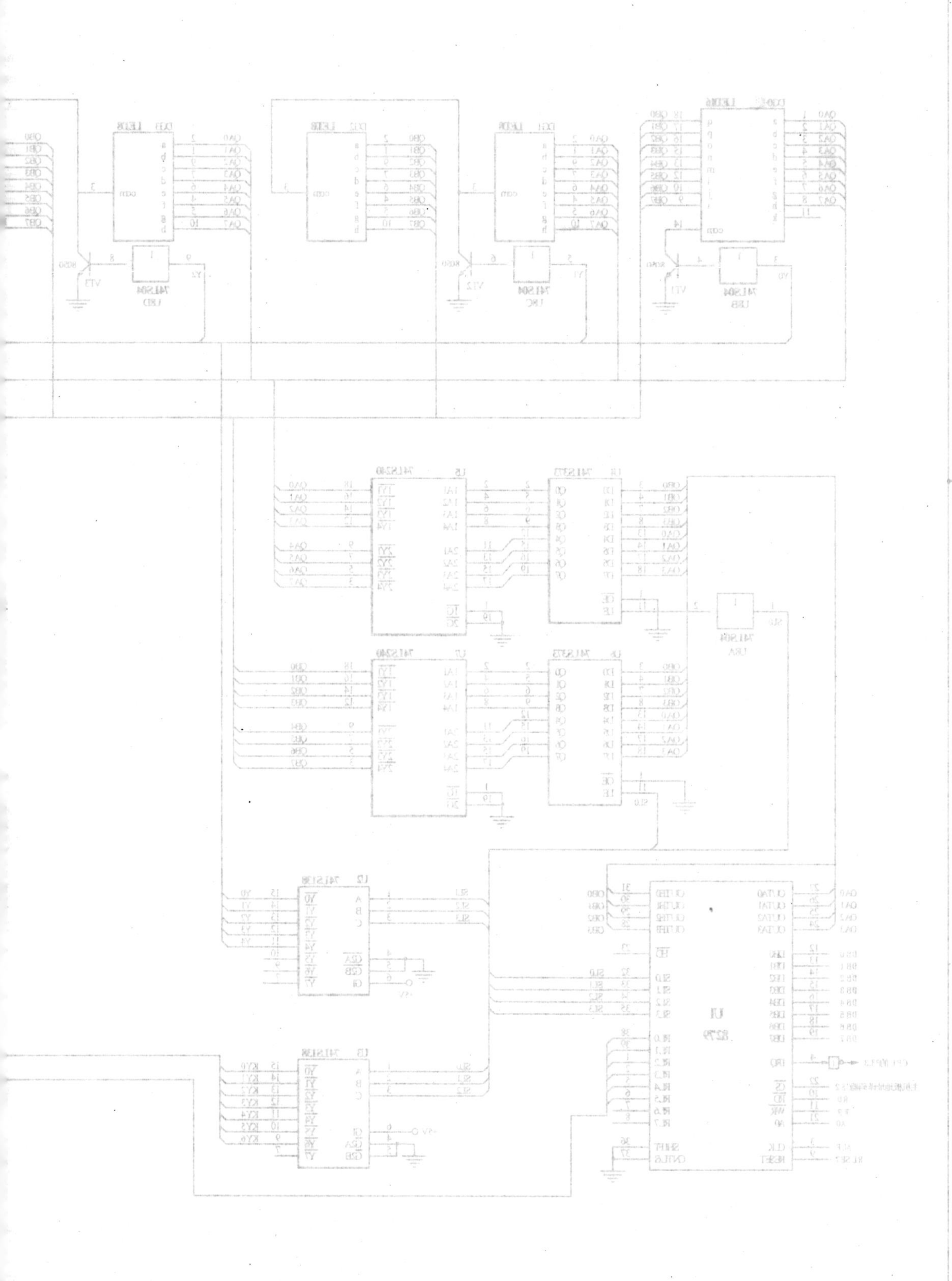

附图4 车床数控